无公害农产品生产管理技术

武明昆　肖宜兵　周　兴　主编

U0345335

中国农业科学技术出版社

图书在版编目（CIP）数据

无公害农产品生产管理技术/武明昆，肖宜兵，周兴主编.—北京：中国农业科学技术出版社，2009.5

ISBN 978 - 7 - 80233 - 883 - 8

Ⅰ. 无…　Ⅱ. ①武…②肖…③周…　Ⅲ. 农产品 - 无污染技术　Ⅳ. S3

中国版本图书馆 CIP 数据核字（2009）第 063691 号

责任编辑　朱　绯　黄桂英
责任校对　贾晓红

出 版 者　中国农业科学技术出版社
　　　　　北京市中关村南大街 12 号　邮编：100081
电　　话　(010)82106626(编辑室) (010)82109704(发行部)
　　　　　(010)82109703(读者服务部)
传　　真　(010) 82106626
网　　址　http://www.castp.cn
经 销 者　新华书店北京发行所
印 刷 者　北京富泰印刷有限责任公司
开　　本　185 mm×260 mm　1/16
印　　张　18.5
字　　数　509 千字
版　　次　2009 年 5 月第 1 版　2009 年 5 月第 1 次印刷
定　　价　45.00 元

《无公害农产品生产管理技术》
编 委 会

主 编： 武明昆 肖宜兵 周 兴

副主编： 石文军 江新社 曹 杰 李艳珍 张玉虎

杨怀超 王殿君 李慧玲 杨文建

主要编写人员 （排名不分先后，以姓氏笔画为序）

王晓丹 刘东英 刘 洋 刘 明 孙 辉

乔慧芳 刘玉荣 齐献忠 许金魁 陈体能

张 飞 豆志培 李雪文 李 洁 杨有林

赵玉英 赵亚男 罗留义 郑 辉 郑洪涛

胡永博 夏志伟 鹿 青 董海英 翟 超

蔡 娜 潘俊强

序

　　以施用化肥和化学农药为主要形式的石油农业的发展，极大地推动了农产品的供给能力，但也对资源环境和人类生存安全带来了很多负面影响。面对这些问题，国外早在20世纪40年代，有人就提出了保护土壤的"健康"，发展有机农业的倡导。1972年11月5日，英国、瑞典、南非、美国和法国等5国代表在法国成立了有机农业运动国际联盟（IFOAM），进一步推动了有机农业、生物动力农业、生态农业和自然农业等各种替代农业的发展，提升了经济发展国家食品安全的生产水平，并推动了世界各地农业生产形式和意识的转变。

　　在中国，党中央十分关心农业生产与农产品的质量安全问题。党的"十六大"报告对我国农产品的生产明确提出了要"健全农产品质量安全体系，增强农业的市场竞争力"的新要求，这对加强我国农产品质量安全管理工作发挥着重要的指导作用，2001年7月出台了《全面推进"无公害食品行动计划"的实施意见》；2006年11月出台《中华人民共和国农产品质量安全法》。2009年中央一号文件明确提出要"加快农业标准化示范区建设，推动龙头企业、农民专业合作社、专业大户等率先实行标准化生产，支持建设绿色和有机农产品生产基地"。即通过健全体系、完善制度对农产品质量安全实施全过程监管，有效的改善和提高了我国农产品质量安全水平，并逐渐建立起了一套既符合中国国情又与国际接轨的农产品质量安全管理制度。

　　开封市是农业大市，是粮、棉、油、菜的集中产区，也是许多名、特、优、新、稀产品的集中产地。所以，开封市农产品质量安全如何直接影响着全省农产品的质量水平，为了加快和扩大开封市无公害农产品的生产，提高农产品质量，解决从"农田到餐桌"的食品安全等工作，开封市农产品质量安全检测中心及各县区农检部门，大力开展无公害农产品基地建设，在狠抓以粮食为重点的大宗农产品优质化工程的同时，加强了以"菜篮子"工程为重点的农产品质量安全管理工作。通过这一工作使开封市食品质量得到了明显提高，促进了无公害农产品生产，保障了广大群众的消费安全。

　　《无公害农产品生产管理技术》一书是为适应开封市无公害农产品快速发展的需要而编写的，该书紧紧围绕开封市农产品生产实际，以无公害理论为基础，以实用技术为核心，以指导当地生产为根本，从满足生产一线农技人员的实际需要为出发点，系统地论述了无公害农产品的发展、模式和制度，对认证管理各技术环节进行了较为详尽的阐述；编写了开封市主要农产品生产技术规程，收录了农产品监督管理的相关法律依据，具有很强的针对性和可操作性。该书的出版将为开展无公害技术培训和无公害农产品认证管理工作起到积极地指导和促进作用。

前　　言

　　无公害农产品认证是依据国家认证认可制度和相关政策法规、程序，按照无公害食品标准，对未经加工或初加工食用农产品的产地环境、农业投入品、生产过程和产品质量进行全程审查验证，向评定合格的农产品颁发无公害农产品认证证书，并允许使用全国统一的无公害农产品标志的活动。自"无公害食品行动计划"实施以来，在各级政府和农业部门的积极组织和推动下，无公害农产品各项工作进展较快，目前，我国无公害农产品法制管理已有一定的标准体系和检测体系等支撑体系。同时，无公害产地认定和产品认证数量迅速增加，总量已具备一定的规模。

　　加入世贸组织以来，我国农业生产在国际市场上面临着绿色技术壁垒的挑战，在国内市场上，面临着广大人民群众对农产品质量安全提出新的更高要求。然而，农业生产是一个复杂过程，包括产前、产中和产后三个环节，涉及农业环境（气候、土壤、降水及生物等）、农业生物、农业技术和农业经济等不同组成要素的影响，特别是随着人们对食物数量的大量需求，化肥、农药等农业生产资料被大量施用，这就随之带来了有毒有害物质在土壤和水体中的富积、土壤板结和农田生产能力下降；农业生产成本增加、农业收入减少和对人体健康带来潜在危害等不良影响。为切实保障我市农产品质量安全，我们组织相关专家编写了本书，希望对广大的无公害农产品生产和经营者有一定帮助。

　　本书共分为三部分：第一部分主要阐述无公害农产品产生的背景、认证的依据、认证程序、一体化认证要点、种植业产品一体化认证以及监督管理等内容。第二部分主要是无公害农产品生产技术规程汇编，具有较强的理论与实用性，为无公害农产品认证提供技术服务，满足生产一线技术人员实际需要。第三部分主要是农产品质量安全相关法律法规及政策性文件汇编。

　　本书服务对象是从事无公害农产品生产的技术人员、经营者和从事农产品质量安全管理人员。在编写过程中由于时间仓促和水平所限，书中会有一些疏漏和不当之处，恳请广大读者谅解，欢迎提出批评指正。

编　者

2009 年 2 月

目　　录

第一章　无公害农产品概述

为解决我国农产品基本质量安全问题，经国务院批准，农业部于 2001 年 4 月启动"无公害食品行动计划"，并于 2003 年 4 月开展了全国统一标志的无公害农产品认证工作，无公害农产品保持了快速发展的态势，具备了一定的发展基础和总量规模，已成为许多大中城市农产品市场准入的重要条件。目前，无公害农产品认证已经不仅仅是促进农户、企业和其他组织提高生产与管理水平、保证农产品质量安全、提高竞争力的可靠方式和重要手段，同时，也成为国家从源头上确保农产品质量安全、保护环境和人民身体健康、规范市场行为、指导消费、促进对外贸易、建设和谐社会的战略性选择。

第一节　无公害农产品的产生背景

无公害农产品的产生和发展，有其深刻的历史背景和社会基础，是我国农业阶段性发展的必然产物，也是我国经济发展和现代化进程的必然选择。

一、现代农业发展过程中存在的问题

从原始农业转变为传统农业，再从传统农业转变为现代农业，实现农业现代化，这是世界上大多数国家和地区农业发展的必由之路。现代农业首先在发达国家实现，主要是农业机械、化肥、农药和良种的应用，促进了生产力水平的提高。现代化农业发展在取得成就的同时，也产生了一系列问题。农业生产中大量使用的化肥、农药等农业化学物质在土壤和水体中残留，造成有毒、有害物质富集，并通过物质循环进入农作物、牲畜和水生动植物体内，一部分还将延伸到食品加工环节，最终损害人体健康。进入 20 世纪 60 年代以后，发达国家首先对现代农业带来的负面影响进行了反思和批判，积极研究、示范和推广多种农业生产模式和农业生产技术。许多国家先后发展生态农业、有机农业等可持续农业，如盛行全球的有机食品、韩国的"亲环境农产品"（包括有机农产品、转换期内的有机农产品、无农药农产品和低农药农产品）、日本的 JAS 农产品、美国的生态食品以及法国的红色标签食品等。

我国的现代农业起步较晚，但发展较快，在发达国家反思现代农业负面影响的同时，我国刚刚进入加速发展时期。20 世纪 70 年代，我国也有一些专家提出忠告，但当时我国粮食供给不足，农产品质量安全问题没有引起足够重视，在一定程度上重复着发达国家所走过的农业发展道路。到 20 世纪末，现代农业带来的问题已非常严重。每年因农业环境污染造成农作物损失 150 亿元，农畜产品污染损失 160 亿元。为应对现代农业发展带来的负面影响，保护农业生态环境，促进农业的可持续发展，提高当地农产品质量安全水平，各地政府积极探索新的农业生产方式。湖北、黑龙江、山东、河北、云南等省在农业部的组织下，开展了无公害农产品生产技术的研究、技术推广和基地示范。2000 年，湖北省

以人民政府令的形式率先颁布了《湖北省无公害农产品管理办法》。随后，海南、新疆维吾尔自治区、江苏等省区相继颁布了相关的管理法规。各地的探索和实践为无公害农产品的产生奠定了基础。

二、农产品质量安全问题突出

20世纪90年代后半期，我国农业和农村经济的发展已经进入了一个新阶段，主要农产品供求关系发生了重大变化，由长期传统农业型的食物短缺时代进入到食物供需相对平衡或丰年略有阶段，并正在由主要解决食物数量问题步入倾向于注重食品质量安全问题的发展时期。农产品质量安全问题日益成为公众关注的焦点，成为农业发展的主要矛盾之一。一方面，国内食用农产品中毒事件时有发生，特别是蔬菜农药残留的群体性中毒和生猪"瘦肉精"污染群体性中毒事件较为突出；另一方面，我国的农产品出口因质量安全问题被拒收、扣留、退货、销毁、索赔和中止合同的现象时有出现，许多传统大宗出口创汇农产品被迫退出国际市场。

从当时的情况看，农产品的质量安全问题，不仅直接危及到人民群众的身体健康，同时，也是我国加入WTO后面临国际市场激烈竞争的一个巨大隐患，事关各级政府在广大百姓心目中的地位和形象，备受社会各界的关注，特别是连续数年人大、政协两会上关于农产品质量安全问题的建议和提案居高不下。从1999年开始，两会代表、委员关于治理餐桌污染和加强农产品质量安全管理的提案、建议成倍增长，其中，2001年全国人大、政协有关"农产品质量安全"的建议、提案多达70多件，仅全国人大30位以上代表联名的议案就多达9件。正是在这样一个大的时代背景下，农业部按照国务院的指示精神，在充分调研的基础上，于2001年4月启动了"无公害食品行动计划"，并率先在北京、天津、上海和深圳4个城市进行试点，并于次年开始在全国范围内全面加快推进。2002年，农业部和国家质量监督检验检疫总局联合发布了《无公害农产品管理办法》；同年，农业部又和国家认证认可监督管理委员会联合发布了《无公害农产品标志管理办法》。2003年，农业部正式启动了全国统一标志的无公害农产品认证工作。

第二节　无公害农产品概念

一、无公害农产品的定义及内涵

无公害农产品是指产地环境、生产过程、产品质量符合国家有关标准和规范的要求，经认证合格获得认证证书并允许使用无公害农产品标志的未经加工或初加工的食用农产品；也就是使用安全的投入品，按照规定的技术规范生产，产地环境、产品质量符合国家强制性标准并使用特有标志的安全农产品。

无公害农产品，也就是安全农产品，或者说是在安全方面合格的农产品，是农产品上市销售的基本条件。但由于无公害农产品的管理是一种质量认证性质的管理，而通常质量认证合格的表示方式是颁发"认证证书"和"认证标志"，并予以注册登记。因此，只有经农业部农产品质量安全中心认证合格，颁发认证证书，并在产品及产品包装上使用全国统一的无公害农产品标志的食用农产品，才是无公害农产品。

关于无公害农产品和无公害食品的称谓问题，这只是我国由于历史、体制等方面的原因，将食物分为农产品和食品，国际上统称食物（food）。为了体现农产品质量安全从"农田到餐桌"全程控制和政府抓农产品消费安全的切入点，农业部在"无公害食品行动计划"和行业标准中使用的是无公害食品。行业标准是技术法规，需要全社会共同遵循，包括生产、消费和流通领域，所以，叫无公害食品；"无公害食品行动计划"是受国务院委托，由农业部牵头，各相关方面共同推进，所以，叫"无公害食品行动计划"。为了便于各级农业部门根据职能分工抓住工作重点，农业部在各项规章、制度和办法中使用的是无公害农产品概念。

二、无公害农产品特征

（一）市场定位

无公害农产品是公共安全品牌，保障基本安全，满足大众消费。

（二）产品结构

无公害农产品主要是百姓日常生活离不开的"菜篮子"和"米袋子"等大宗未经加工及初加工的农产品。

（三）技术制度

无公害农产品推行"标准化生产、投入品监管、关键点控制、安全性保障"的技术制度。

（四）认证方式

无公害农产品认证采取产地认定与产品认证相结合的方式，产地认定主要解决产地环境和生产过程中的质量安全控制问题，是产品认证的前提和基础，产品认证主要解决产品安全和市场准入问题。

（五）发展机制

无公害农产品认证是为保障农产品生产和消费安全而实施的政府质量安全担保制度，属于公益性事业，实行政府推动的发展机制，认证不收费。

（六）标志管理

无公害农产品标志是由农业部和国家认证认可监督管理委员会联合公告的，依据《无公害农产品标志管理办法》实施全国统一标志管理。

第三节　无公害农产品认证

无公害农产品认证是我国农产品认证主要形式之一。开展农产品认证工作，对从源头上确保农产品质量安全，转变农业生产方式，提高农业生产管理水平，规范市场行为，指导消费和促进对外贸易具有重要意义。

一、认证概述

（一）认证的基本概念

认证是指由具有资质的专门机构证明产品、服务、管理体系符合相关技术规范的强制性要求或者标准的合格性评定活动，其基本功能视为市场或消费者提供符合标准和技术规范要求的产品、服务和管理体系信息。

按照认证所依据标准的性质，认证可分为强制性认证和自愿性认证。强制性认证是为了贯彻强制性标准而采取的政府管理行为，故也称之为强制性管理下的产品认证。因此，它的程序和自愿性认证基本相似，但具有不同的性质和特点。强制性认证和自愿性认证比较见表1-1。

表1-1　强制性认证和自愿性认证的特点比较

项目	强制性认证	自愿性认证
认证对象	主要是涉及人身安全或公共安全的产品	非安全性产品或已达到政府强制性标准要求的产品
认证依据	政府统一的强制性标准和技术规范	政府推荐性标准、国际组织标准、企业标准等
证明方式	国家统一发布的认证标志	认证机构自行制定的认证证书和认证标志
制约作用	未取得认证合格，未在产品上带有统一的认证标志，不得销售、进口和使用	未取得认证，仍可销售、进口和使用。但可能受到市场制约

按照认证对象的不同，认证可分为产品质量认证和质量管理体系认证。产品质量认证（以下简称产品认证）是依据产品标准和相应技术要求，经认证机构确认并颁发认证证书和认证标志来证明某一产品符合相应技术标准和相应技术要求的活动。质量管理体系认证（以下简称体系认证）是指经认证机构确认并颁发体系认证证书，证明某一企业的质量管理体系的质量保证能力符合质量保证标准要求的活动。产品认证和体系认证的比较见表1-2。

表1-2　产品认证和体系认证的特点比较

项目	产品认证	体系认证
认证对象	特定产品	供方的质量管理体系
评定依据（获准认证的基本条件）	产品质量符合指定的标准要求 质量管理体系满足指定的质量保证标准要求及特定的产品补充要求 认证依据应经认证机构认可	质量管理体系满足申请的质量保证模式标准要求和必要的补充要求 保证模式由申请企业选定
证明方式	产品认证证书，认证标志	质量管理体系认证（注册）证书
证明的使用	认证标志能用于产品及其包装上	认证证书和认证标记可用于宣传资料，但不能用于产品或包装上
认证性质	既有自愿性认证，也有强制性认证	一般属于自愿性认证

（二）认证发展简况

认证制度是市场经济发展的产物。随着市场经济的不断扩大和日益国际化，为提高产品信誉，减少重复检验，削弱和消除贸易技术壁垒，维护生产者、经销者、用户和消费者各方权益，产生了第三方认证。这种认证不受产销双方经济利益支配，以公正、科学的工作逐步树立了权威和信誉，现已成为各国对产品和组织进行质量评价和监督的通行做法。

从认证发展历史来看，认证活动起源于市场经济条件下标准化生产的工业产品。早在1903年，英国以国家标准为依据，对钢轨进行合格认证，并在钢轨上刻印风筝标志，即

"BS"标志，以表示该钢轨的尺寸符合英国的规定。这在世界上开创了建立国家认证的先河，并开始了在政府领导下开展认证工作的规范性活动。受英国的影响，世界各发达工业国家也争先采用质量认证制度，并给予推动，国际标准化组织（ISO）为此于1980年成立了专业技术委员会ISO/TC176，该委员会经过7年的努力，于1987年正式发布了第一部管理标准——ISO9000质量管理和质量保证系列标准，适用于不同的组织，包括：制造业、服务业、商业、建筑业、食品加工业等。ISO9000系列标准的出现极大地促进了各国质量认证的发展，质量认证逐渐形成了产品质量认证、质量体系认证和认可（注册）、实验室认可、认证人员及培训机构注册四大系列。

农产品质量认证始于20世纪初美国开展的农作物种子认证，并以有机食品认证为代表。到20世纪中叶，随着食品生产传统方式的逐步退出和工业化比重的增加，国际贸易的日益发展，食品安全风险程度的增加，许多国家引入"农田到餐桌"的过程管理理念，把农产品认证作为确保农产品质量安全和同时能降低政府管理成本的有效政策措施。于是，出现了HACCP（食品安全管理体系）、GMP（良好生产规范）、欧洲EurepGAP、澳大利亚SQF、加拿大On-Farm等体系认证以及日本JAS认证、韩国亲环境农产品认证、法国农产品标识制度、英国的小红拖拉机标志认证等多种农产品认证形式。

我国农产品认证始于20世纪90年代初农业部实施的绿色食品认证。2001年，在中央提出发展高产、优质、高效、生态、安全农业的背景下，农业部提出了无公害农产品的概念，并组织实施"无公害食品行动计划"，各地自行制定标准并开展了当地的无公害农产品认证。在此基础上，2003年实现了统一标准、统一标志、统一程序、统一管理、统一监督的全国统一的无公害农产品认证。20世纪90年代后期，国内一些机构引入国外有机食品标准，实施了有机食品认证。有机食品认证是农产品质量安全认证的一个组成部分。另外，我国还在种植业产品生产推行GAP（良好农业操作规范）和在畜牧业产品、水产品生产加工中实施HACCP食品安全管理体系认证。目前，我国基本上形成了以产品认证为重点、体系认证为补充的农产品认证体系。

（三）农产品认证的特点

农产品认证除具有认证的基本特征外，还具备其自身的特点，这些特点是由农业生产的特点所决定的。

1. 农产品生产周期长、认证的实时性强

农业生产季节性强、生产（生长）周期长，在作物（畜、禽、水产品）生长的一个完整周期中，需要认证机构经常进行检查和监督，以确保农产品生产过程符合认证标准要求。同时，农业生产受气候条件影响较大，气候条件的变化直接对一些危害农产品质量安全的因子产生影响，比如：直接影响作物病虫害、动物疫病的发生和变化，进而不断改变生产者对农药、兽药等农业投入品的使用。从而产生农产品质量安全风险。因此，对农产品认证的实时性要求高。

2. 农产品认证的过程长、环节多

农产品生产和消费是一个从"农田到餐桌"的完整过程，要求农产品认证（包括体系认证）遵循全程质量控制的原则，从产地环境条件、生产过程（种植、养殖和加工）到产品包装、运输、销售实行全过程现场认证和管理。

3. 农产品认证的个案差异性大

一方面，农产品认证产品种类繁多，认证的对象既有植物类产品，又有动物类产品，物种差异大，产品质量变化幅度大；另一方面，现阶段我国农业生产分散，组织化和标准化程度较低，农产品质量的一致性较差，且由于农民技术水平和文化素质的差异，生产方式有较大不同。因此，与工业产品认证相比，农产品认证的个案差异较大。

4. 农产品认证的风险评价因素复杂

农业生产的对象是复杂的动植物生命体，具有多变化的、非人为控制因素。农产品受遗传及生态环境影响较大，其变化具有内在规律，不以人的意志为转移，产品质量安全控制的方式、方法多样，与工业产品质量安全控制的工艺性、同一性有很大的不同。

5. 农产品认证的地域性特点突出

农业生产地域性差异较大，相同品种的作物，在不同地区受气候、土壤、水质等影响，产品质量也会有很大的差异。因此，保障农产品质量安全采取的技术措施也不尽相同，农产品认证的地域性特点比较突出。

二、无公害农产品认证

无公害农产品认证工作是农产品质量安全管理的重要内容。开展无公害农产品认证工作是促进结构调整、推动农业产业化发展、实施农业名牌战略、提升农产品竞争力和扩大出口的重要手段。

（一）无公害农产品认证的特点

1. 认证性质

无公害农产品认证执行的是无公害食品标准，认证的对象主要是百姓日常生活中离不开的"菜篮子"和"米袋子"产品。也就是说，无公害农产品认证的目的是保障基本安全，满足大众消费，是政府推动的公益性认证，具有强制性（《无公害农产品管理办法》第八条规定国家适时推行强制性无公害农产品认证制度）。

2. 认证方式

无公害农产品认证采取产地认定与产品认证相结合的模式，运用了从"农田到餐桌"全过程管理的指导思想，打破了过去农产品质量安全管理分行业、分环节管理的理念，强调以生产过程控制为重点，以产品管理为主线，以市场准入为切入点，以保证最终产品消费安全为基本目标。产地认定主要解决生产环节的质量安全控制问题；产品认证主要解决产品安全和市场准入问题。无公害农产品认证的过程是一个自上而下的农产品质量安全监督管理行为；产地认定是对农业生产过程的检查监督行为；产品认证是对管理成效的确认，包括监督产地环境、投入品使用、生产过程的检查及产品的准入检测等方面。

3. 技术制度

无公害农产品认证推行"标准化生产、投入品监管、关键点控制、安全性保障"的技术制度。从产地环境、生产过程和产品质量三个重点环节控制危害因素含量，保障农产品的质量安全。

（二）无公害农产品认证的进展

在各级农业部门的积极组织和协调下，无公害农产品目前已步入了规范、有序、快速发展的轨道，形成了全国"一盘棋"的发展格局。截至2005年底，全国累计产地认定备案21 627个，其中，种植业已累计认定无公害农产品产地15 881个，面积规模1 644万公顷，全国累计统一认证的无公害农产品已达18 192个，获证企业11 415家，产品总量11 383.5万吨。其中，种植业认证产品13 997个，总面积规模711.4万公顷；畜牧业产品1 874个；渔业产品2 321个。

第二章　无公害农产品产地认定

第一节　无公害农产品产地认定程序

（2003 年 4 月 17 日农业部、国家认证认可监督管理委员会第 264 号公告发布）

第一条　为规范无公害农产品产地认定工作，保证产地认定结果的科学、公正，根据《无公害农产品管理办法》，制定本程序。

第二条　各省、自治区、直辖市和计划单列市人民政府农业行政主管部门（以下简称省级农业行政主管部门）负责本辖区内无公害农产品产地认定（以下简称产地认定）工作。

第三条　申请产地认定的单位和个人（以下简称申请人），应当向产地所在地县级人民政府农业行政主管部门（以下简称县级农业行政主管部门）提出申请，并提交以下材料。

（一）《无公害农产品产地认定申请书》；

（二）产地的区域范围、生产规模；

（三）产地环境状况说明；

（四）无公害农产品生产计划；

（五）无公害农产品质量控制措施；

（六）专业技术人员的资质证明；

（七）保证执行无公害农产品标准和规范的声明；

（八）要求提交的其他有关材料。

申请人向所在地县级以上人民政府农业行政主管部门申领《无公害农产品产地认定申请书》和相关资料，或者从中国农业信息网站（www.agri.gov.cn）下载获取。

第四条　县级农业行政主管部门自受理之日起 30 日内，对申请人的申请材料进行形式审查。符合要求的，出具推荐意见，连同产地认定申请材料逐级上报省级农业行政主管部门；不符合要求的，应当书面通知申请人。

第五条　省级农业行政主管部门应当自收到推荐意见和产地认定申请材料之日起 30 日内，组织有资质的检查员对产地认定申请材料进行审查。材料审查不符合要求的，应当书面通知申请人。

第六条　材料审查符合要求的，省级农业行政主管部门组织有资质的检查员参加的检查组对产地进行现场检查。现场检查不符合要求的，应当书面通知申请人。

第七条　申请材料和现场检查符合要求的，省级农业行政主管部门通知申请人委托具有资质的检测机构对其产地环境进行抽样检验。

第八条　检测机构应当按照标准进行检验，出具环境检验报告和环境评价报告，分送省级农业行政主管部门和申请人。

第九条 环境检验不合格或者环境评价不符合要求的，省级农业行政主管部门应当书面通知申请人。

第十条 省级农业行政主管部门对材料审查、现场检查、环境检验和环境现状评价符合要求的，进行全面评审，并作出认定终审结论。

（一）符合颁证条件的，颁发《无公害农产品产地认定证书》；

（二）不符合颁证条件的，应当书面通知申请人。

第十一条 《无公害农产品产地认定证书》有效期为 3 年。期满后需要继续使用的，证书持有人应当在有效期满前 90 日内按照本程序重新办理。

第十二条 省级农业行政主管部门应当在颁发《无公害农产品产地认定证书》之日起 30 日内，将获得证书的产地名录报农业部和国家认证认可监督管理委员会备案。

第十三条 在本程序发布之日前，省级农业行政主管部门已经认定并颁发证书的无公害农产品产地，符合本程序规定的，可以换发《无公害农产品产地认定证书》。

第十四条 《无公害农产品产地认定申请书》、《无公害农产品产地认定证书》的格式，由农业部统一规定。

第十五条 省级农业行政主管部门根据本程序可以制定本辖区内具体的实施程序。

第十六条 本程序由农业部、国家认证认可监督管理委员会负责解释。

第十七条 本程序自发布之日起执行。

第二节 无公害农产品产地认定规范

1. 范围

本标准规定了无公害农产品产地认定的环境质量要求、生产过程要求、认定程序要求和产地管理。

本标准适用于无公害农产品产地的认定。

2. 规范性引用文件

下列文件中的条款通过本标准的引用而成为本标准的条款。凡是注日期的引用文件，其随后所有的修改单（不包括勘误的内容）或修订版均不适用本标准，然而鼓励本标准达成协议的各方研究是否可使用这些文件的最新版本。凡不注日期的引用文件，其最新版本适用本部分。

NY/T 5341—2006　无公害食品　认定认证现场检查规范
NY/T 5335—2006　无公害食品　产地环境质量调查规范
NY/T 5295　　　　无公害食品　产地环境评价准则

3. 术语和定义

下列术语和定义适用于本标准

无公害农产品产地认定申请人

无公害农产品产地申报主体应是从事农产品生产、经营、管理的单位或者个人。

4. 环境质量要求

4.1 产地周边环境

4.1.1 种植业产地：周围 5 千米以内应没有对产地环境可能造成污染的污染源，蔬菜、茶叶、果品等园艺产品产地应距离交通主干道 100 米以上。

4.1.2 畜牧业产地：周围 1 千米范围内及水源上游应没有对产地环境可能造成污染的污染源。

养殖区所处位置应符合环境保护和动物防疫要求，应远离干线公路、铁路、城镇、居民区、公共场所等。

4.1.3 渔业产地：周围及水源上游应没有对产地环境可能造成污染的污染源。

4.2 产地环境

4.2.1 产地环境条件：产地环境应达到无公害农产品产地环境条件要求。产地生产两种以上农产品且分别申报无公害农产品产地的，其产地环境条件应同时符合相应的无公害农产品产地环境条件要求。

4.2.2 产地环境检测：按照产地环境质量调查结论确定的检测项目进行检测；检测机构应具备无公害农产品产地环境检测资质。

4.3 产地规模

4.3.1 种植业产地：NY/T 5343—2006 区域范围明确、相对集中。生产规模宜为：粮油作物 66.7 公顷以上，露地蔬菜 10 公顷以上，设施蔬菜 5 公顷以上，茶、果 10 公顷以上，食用菌 10 000 平方米以上。

4.3.2 畜牧业产地：生产规模宜为：蛋用禽存栏 3 000 羽以上，肉用禽年出栏 6 000 羽以上，生猪年出栏 600 头以上，肉牛年出栏 200 头以上，奶牛存栏 60 头以上，羊存栏 180 只以上。

4.3.3 渔业产地：区域范围明确、相对集中。生产规模宜为：湖泊面积 20 公顷以上，池塘面积 2 公顷以上，工厂化养殖水体 5 000 立方米以上。

5. 生产过程要求

5.1 管理制度

应有能满足无公害农产品生产的组织管理机构和相应的技术、管理人员，并建立无公害农产品生产管理制度。

5.2 生产规程

应参照无公害食品相关标准，并结合产地生产特点，制定无公害农产品生产质量控制措施和生产操作细则。

5.3 农业投入品使用

按无公害农产品生产技术标准（规程、规范、准则）要求使用农业投入品，实施农、兽药停（休）药期制度。不得使用国家禁用、淘汰的农业投入品。

5.4 动植物病虫害监测

应定期开展动植物病虫害监测。

5.5　生产记录档案

应建立生产过程和主要措施的记录制度，并做好记录及档案管理。

6.　认定程序要求

6.1　申请

申请人应向所在地的县级农业有关机构领取无公害农产品产地认定申请书和相关资料，并按要求提出书面申请。

6.2　受理、初审

县级农业有关机构受理申请，并在规定时间内就申报主体资格、材料的完整性和真实性等进行初审，提出初审意见。符合要求的，报地级农业有关机构；不符合要求的，书面通知申请人。

6.3　复核

地级农业有关机构对申报材料进行复核，并在规定时间内提出复核意见，报省级农业有关机构。

6.4　现场检查和环境质量调查

省级农业有关机构在规定时间内完成申报材料的审核。符合要求的，组织现场检查和环境质量调查。现场检查按 NY/T 5341—2006《无公害食品认定认证现场检查规范》执行，环境质量调查按 NY/T 5335—2006《无公害食品产地环境质量调查规范》执行。

6.5　环境监测与评价

对现场检查符合要求和环境质量调查结论需要检测和评价的，按 NY/T 5295 执行。

6.6　综合评审

省级农业有关机构组织专家对申报材料、现场检查报告、环境调查或检测报告和环境评价报告进行综合评审，提出专家评审推荐意见。符合要求的，建议颁证；不符合要求的，书面通知申请人。

6.7　颁证

综合评审符合要求的，由省级农业有关机构作出认定，颁发无公害农产品产地认定证书，并报主管部门备案。

7.　产地管理

7.1　证书管理

无公害农产品产地认定证书有效期为 3 年。期满需继续使用的，应在规定时间内办理复查换证手续。

持有无公害农产品产地认定证书者，应根据有关规定申请无公害农产品认证。

7.2　标牌管理

无公害农产品产地应树立标示牌，标明范围、产品品种、责任人。

7.3　监督管理

应按照国家有关规定职责分工对获得产地认定证书的产地进行定期或不定期的监督检查。对不符合无公害农产品产地要求的责令其限期整改、逾期未整改的，撤销其无公害农产品产地认定证书。

第三节　无公害农产品产地认定认证现场检查规范

1. 范围

本标准规定了无公害农产品产地认定和产品认证现场检查的要求。

本标准适用于无公害农产品产地认定和产品认证的现场检查。

2. 规范性引用文件

下列文件中的条款通过本标准的引用而成为本部分的条款。凡是注日期的引用文件，其随后所有的修改单（不包括勘误的内容）或修订版均不用于本标准，然而，鼓励根据本标准达成协议的各方研究是否可使用这些文件的最新版本。凡是不注日期的引用文件，其最新版本适用于本标准。

3. 现场检查要求

3.1　检查确认的原则

产地认定应实施现场检查，产品认证必要时可实施现场检查。现场检查应独立进行。

3.2　检查准备

3.2.1　检查组的组成：现场检查实行组长负责制。检查组应由两名以上有资质的检查员组成。

3.2.2　委派：检查组由无公害农产品产地认定或产品认证机构委派。

3.2.3　通知受检方：无公害农产品产地认定或产品认证机构向受检方发出现场检查通知。

3.2.4　制定现场检查计划：检查组组长负责制定现场检查计划、拟定检查提纲和检查核实的重点内容，做好现场检查的日程安排，并与受检方负责人沟通，确认检查计划和日程。

3.3　首次会议

3.3.1　参加人员：检查组成员和受检方的主要负责人及相关人员参加会议。

3.3.2　内容：会议由检查组组长主持。检查组组长说明检查依据、目的和注意事项；宣读检查纪律和保密承诺；确认检查内容、范围和程序；介绍检查方法和检查结论的报告方式。确定陪同人员。

3.4　检查

产地认定应对相关资料和生产实地进行全面检查；产品认证应根据需要对资料和生产实施地进行有针对性检查。

3.5　检查方法

采用查阅资料、实地考察、座谈提问等形式进行检查，产地环境调查可参照 NY/T 5335 执行。

3.6　情况沟通

3.6.1　检查组内部沟通：检查工作完成后，检查组组长主持召开检察员内部沟通会，对现场检查所获得信息进行分析和评估。

3.6.2　与受检方沟通：检查组组长将现场检查所获得信息的分析和评估意见与受检方主要负责人沟通。

3.7　现场检查结论与报告

3.7.1　结论：根据内部沟通会的分析和评估，作出以下 3 种情况之一的结论。

a）现场检查通过；

b）现场检查有条件通过；

c）现场检查不予通过。

3.7.2　报告：根据现场检查结论，检查组组长填写现场检查报告。

3.8　末次会议

3.8.1　参加人员：检查组成员和受检方的主要负责人及相关人员参加会议。

3.8.2　内容：会议由检查组组长主持。检查组组长对检查结果作出整体评价，指出检查中存在的主要问题，提出整改建议并宣布检查结论。

3.8.3　现场检查结论确认：检查组组长和受检方主要负责人在无公害农产品认定认证现场检查报告上签字。

<h1 style="text-align:center">第四节　复查换证</h1>

已获得无公害农产品产地认定证书的单位和个人（统称"申请人"）在证书有效期满，需要继续使用无公害农产品产地认定证书的，必须按照规定时限和要求提出重新取证申请，经确认合格准予换发新的无公害农产品产地证书。复查换证按《无公害农产品产地认定复查换证规范》进行。

一、申请产地复查换证应提交的材料

（1）《无公害农产品产地认定复查换证申请书》。

（2）产地变化情况说明，包括区域范围、生产规模、环境状况、质量控制措施等。

（3）保证申请材料真实性和执行无公害农产品标准及规范的声明。

（4）原《无公害农产品产地认定证书》（复印件）。

（5）其他需要说明的事项。

二、产地认定复查换证的程序

（一）材料组织和提交

产地复查换证申请书及相关要求可以向所在地县级农业部门领取或咨询，也可从农业部农产品质量安全中心网站（http：//www.aqsc.gov.cn）或中国农业信息网站（http：//www.agri.gov.cn）下载。申请人备齐相关申请材料后，向所在地县级农业部门提出产地复查换证申请。

（二）初审

县级农业部门自收到产地复查换证申请之日起 10 个工作日内，完成对申请人产地复查换证材料的形式审查。符合条件的，提出推荐意见，连同产地复查换证申请材料报送地市级农业部门审查；不符合要求的，书面通知申请人整改、补充、完善。

（三）复审

地市级农业部门自收到产地复查换证申请、推荐材料之日起20个工作日内，按照省级农业部门统一规定的要求，组织有资质的检查员对产地复查换证材料进行审查、对现场进行核查。对材料审查和现场核查符合要求的，提出审查推荐意见和是否需要进行环境检测及环境评价的建议报送省级农业行政主管部门；对材料审查或现场核查不符合要求的，书面通知县级农业部门或申请人整改、补充、完善。

（四）终审

省级农业行政主管部门自收到产地复查换证及地、县两级农业部门推荐材料之日起30个工作日内，完成对申请材料、现场核查材料的审查，并对需要进行环境检测和环境评价的作出决定，通知申请人委托有资质的产地环境检测机构进行环境监测和环境评价。

省级农业行政主管部门在规定的时限和范围内，通过对材料审查、现场核查、环境检验和环境现状评价等方面的全面复查评审，对产地复查换证申请作出终审结论。符合换证条件的，重新颁发《无公害农产品产地认定证书》；不符合换证条件的，书面通知申请人整改和补充相应材料。

新换发的《无公害农产品产地认定证书》有效期3年。期满后需要继续使用的，证书持有人应当在有效期满前90天内按照《无公害农产品产地认定程序》和《无公害农产品产地认定复查换证规范》的要求重新办理复查换证手续。

（五）备案

省级农业行政主管部门应当在颁发《无公害农产品产地认定证书》之日起30天内，将通过复查换证的产地目录报农业部农产品质量安全中心备案；农业部农产品质量安全中心定期将备案的产地认定目录报农业部和国家认证认可监督管理委员会。

第三章 无公害农产品产品认证

第一节 无公害农产品认证程序

第一条 为规范无公害农产品认证工作，保证产品认证结果的科学、公正，根据《无公害农产品管理办法》，制定本程序。

第二条 农业部农产品质量安全中心（以下简称中心）承担无公害农产品认证（以下简称产品认证）工作。

第三条 农业部和国家认证认可监督管理委员会（以下简称国家认监委）依据相关的国家标准或者行业标准发布《实施无公害农产品认证的产品目录》（以下简称产品目录）。

第四条 凡生产产品目录内的产品，并获得无公害农产品产地认定证书的单位和个人，均可申请产品认证。

第五条 申请产品认证的单位和个人（以下简称申请人），可以通过省、自治区、直辖市和计划单列市人民政府农业行政主管部门或者直接向中心申请产品认证，并提交以下材料。

（一）《无公害农产品认证申请书》；

（二）《无公害农产品产地认定证书》（复印件）；

（三）产地《环境检验报告》和《环境评价报告》；

（四）产地区域范围、生产规模；

（五）无公害农产品的生产计划；

（六）无公害农产品质量控制措施；

（七）无公害农产品生产操作规程；

（八）专业技术人员的资质证明；

（九）保证执行无公害农产品标准和规范的声明；

（十）无公害农产品有关培训情况和计划；

（十一）申请认证产品的生产过程记录档案；

（十二）"公司加农户"形式的申请人应当提供公司和农户签订的购销合同范本、农户名单以及管理措施；

（十三）要求提交的其他材料。

申请人向中心申领《无公害农产品认证申请书》和相关资料，或者从中国农业信息网站（http：//www.agri.gov.cn）下载。

第六条 中心自收到申请材料之日起，应当在15个工作日内完成申请材料的审查。

第七条 申请材料不符合要求的，中心应当书面通知申请人。

第八条 申请材料不规范的，中心应当书面通知申请人补充相关材料。申请人自收到通知之日起，应当在 15 个工作日内按要求完成补充材料并报中心。中心应当在 5 个工作日内完成补充材料的审查。

第九条 申请材料符合要求的，但需要对产地进行现场检查的，中心应当在 10 个工作日内作出现场检查计划并组织有资质的检查员组成检查组，同时，通知申请人并请申请人予以确认。检查组在检查计划规定的时间内完成现场检查工作。

现场检查不符合要求的，应当书面通知申请人。

第十条 申请材料符合要求（不需要对申请认证产品产地进行现场检查的）或者申请材料和产地现场检查符合要求的，中心应当书面通知申请人委托有资质的检测机构对其申请认证产品进行抽样检验。

第十一条 检测机构应当按照相应的标准进行检验，并出具产品检验报告，分送中心和申请人。

第十二条 产品检验不合格的，中心应当书面通知申请人。

第十三条 中心对材料审查、现场检查（需要的）和产品检验符合要求的，进行全面评审，在 15 个工作日内作出认证结论。

（一）符合颁证条件的，由中心主任签发《无公害农产品认证证书》；

（二）不符合颁证条件的，中心应当书面通知申请人。

第十四条 每月 10 日前，中心应当将上月获得无公害农产品认证的产品目录同时报农业部和国家认监委备案。由农业部和国家认监委公告。

第十五条 《无公害农产品认证证书》有效期为 3 年，期满后需要继续使用的，证书持有人应当在有效期满前 90 日内按照本程序重新办理。

第十六条 任何单位和个人（以下简称投诉人）对中心检查员、工作人员、认证结论、委托检测机构、获证人等有异议的均可向中心反映或投诉。

第十七条 中心应当及时调查、处理所投诉事项，并将结果通报投诉人，并抄报农业部和国家认监委。

第十八条 投诉人对中心的处理结论仍有异议，可向农业部和国家认监委反映或投诉。

第十九条 中心对获得认证的产品应当进行定期或不定期的检查。

第二十条 获得产品认证证书的，有下列情况之一的，中心应当暂停其使用产品认证证书，并责令限期改正。

（一）生产过程发生变化，产品达不到无公害农产品标准要求；

（二）经检查、检验、鉴定，不符合无公害农产品标准要求。

第二十一条 获得产品认证证书，有下列情况之一的，中心应当撤销其产品认证证书。

（一）擅自扩大标志使用范围；

（二）转让、买卖产品认证证书和标志；

（三）产地认定证书被撤销；

（四）被暂停产品认证证书未在规定限期内改正的。

第二十二条 本程序由农业部、国家认监委负责解释。

第二十三条 本程序自发布之日起执行。

第二节 无公害农产品认证准则

1. 范围

本标准规定了无公害农产品认证的要求、审查、颁证及复查换证、监督管理、申投诉处理。

本标准适用于无公害农产品认证。

2. 规范性引用文件

下列文件中的条款通过标准的引用而成为本标准的条款。凡是注日期的引用文件，其随后所有的修改单（不包括勘误的内容）或修订版均不适用于本标准，然而，鼓励根据本标准达成协议的各方研究是否可使用这些文件的最新版本。凡是不注日期的引用文件，其最新版本适用于本标准。

NY/T 5344.1—2006 无公害食品 产品抽样规范 第1部分：通则

NY/T 5344.2—2006 无公害食品 产品抽样规范 第2部分：粮油

NY/T 5344.3—2006 无公害食品 产品抽样规范 第3部分：蔬菜

NY/T 5344.4—2006 无公害食品 产品抽样规范 第4部分：水果

NY/T 5344.5—2006 无公害食品 产品抽样规范 第5部分：茶叶

NY/T 5344.6—2006 无公害食品 产品抽样规范 第6部分：畜禽产品

NY/T 5344.7—2006 无公害食品 产品抽样规范 第7部分：水产品

NY/T 5340—2006 无公害食品 产品检验规范

NY/T 5341—2006 无公害食品 认定认证现场检查规范

3. 要求

3.1 申请

持有有效无公害农产品产地认定证书的农产品生产、经营者，均可向无公害农产品认证机构提出认证申请。

3.2 认证范围

按照国家颁布的实施无公害农产品的产品目录执行。

不在国家颁布的实施无公害农产品认证的产品目录的产品，经无公害农产品认证机构确认后，可以申请无公害农产品认证。

3.3 适用标准

无公害农产品认证执行无公害食品相关标准。

3.4 产品检验

产品检验由具备资质的监测机构实施。产品的抽样和检验执行 NY/T 5344.1—2006、NY/T 5344.2—2006、NY/T 5344.3—2006、NY/T 5344.4—2006、NY/T 5344.5—2006、NY/T 5344.6—2006、NY/T 5344.7—2006 和 NY/T 5340—2006。

4. 审查

4.1 初审

无公害农产品地方工作机构对认证申请材料进行登记、编号，并录入有关认证信息，审查认证申请材料的真实性和完整性，作出初审结论。符合初审要求的，进入认证复审环节；不符合要求的，书面通知申请人。

4.2 复审

无公害农产品认证机构所属专业技术部门对认证申请材料的符合性和可行性进行复审，作出复审结论。符合复审要求的，进入认证环节；不符合复审要求的，书面通知申请人。

4.3 终审

无公害农产品认证机构对认证申请材料以及认证初审和认证复审结论进行最后的审查和确认，并进行综合评价，作出颁证或暂缓颁证的结论。

4.4 现场检查

在认证审查过程中需要进行现场检查的，按 NY/T 5341—2006 执行。

5. 颁证及复查换证

5.1 颁证

无公害农产品认证机构根据认证终审结论，对于符合颁证条件的颁发无公害农产品证书，对于暂缓颁证的书面通知申请人。

5.2 复查换证

无公害农产品证书有效期 3 年。期满继续使用的，应在规定时间内办理复查换证手续。

6. 监督管理

应依据国家规定职责分工对获证的产品按照有关规定进行定期的监督检查。对不符合无公害食品标准要求的，责令其限期整改，逾期未整改的，撤销其无公害农产品产地认定证书。

7. 申投诉处理

任何单位和个人对从事无公害农产品认证的工作人员及证书结论等存在异议的，可向无公害农产品认证机构进行投诉。无公害农产品认证机构接受申请投诉并对申请投诉及时调查、处理，申投诉人对处理结果仍有异议的，可向其主管部门申投诉。

第三节　无公害农产品检验规范

1. 范围

本标准规定了无公害农产品的检验类别、抽样和判定规则。

本标准适用于无公害农产品的产品检验。

2. 规范性引用文件

下列文件中的条款通过标准的引用而成为本标准的条款。凡是注日期的引用文件，其随后所有的修改单（不包括勘误的内容）或修订版均不适用于本标准，然而，鼓励根据本标准达成协议的各方研究是否可使用这些文件的最新版本。凡是不注日期的引用文件，其最新版本适用于本标准。

NY/T 5344.1—2006 无公害食品　产品抽样规范　第 1 部分：通则

NY/T 5344.2—2006 无公害食品　产品抽样规范　第 2 部分：粮油

NY/T 5344.3—2006 无公害食品　产品抽样规范　第 3 部分：蔬菜

NY/T 5344.4—2006 无公害食品　产品抽样规范　第 4 部分：水果

NY/T 5344.5—2006 无公害食品　产品抽样规范　第 5 部分：茶叶

NY/T 5344.6—2006 无公害食品　产品抽样规范　第 6 部分：畜禽产品

NY/T 5344.7—2006 无公害食品　产品抽样规范　第 7 部分：水产品

国家质量技术监督局第 4 号（1999）《产品质量仲裁检验和产品质量鉴定管理办法》

3. 检验类别

3.1　交收检验

每批产品交收前，生产单位都应进行交收检验，交收检验内容包括产品标准中有规定的包装、标净含量、感官等，检验合格并附合格证方可交收。

3.2　型式检验

型式检验是对产品进行全面考核，即对产品标准的全部要求（指标）进行检验，一般情况下每个生产周期要进行一次。有下列情况之一时，也应进行型式检验。

a）主管部门或国家质量监督机构提出进行型式检验要求时；

b）因人为或自然因素使生产环境发生较大变化时；

c）初加工品的原料、工艺、配方有较大变化，可能影响产品质量时；

d）前后两次抽样检验结果差异较大时。

3.3　认证检验

申请无公害农产品认证时要对产品质量安全进行全面考核，应按照产品标准规定的要求进行检验合格后方可获得标志使用权。检验项目为相应的产品标准中规定的指标；如果是尚未制定无公害标准但仍在无公害产品认证规定范围内的产品，应根据农业部有关规定按程序确定检验项目。

3.4　监督检验

监督抽查检验是对获得无公害农产品标志使用权的跟踪检验。组织监督抽检的机构可以根据抽检农产品产地环境情况、生产过程中的化肥和农药等投入品的使用情况及当时所检产品中存在的主要质量问题确定检测项目，并应在监督抽查实施细则中予以规定。

4. 抽样

按 NY/T 5344.1—2006、NY/T 5344.2—2006、NY/T 5344.3—2006、NY/T 5344.4—

2006、NY/T 5344.5—2006、NY/T 5344.6—2006、NY/T 5344.7—2006 规定执行。

5. 判定规定

5.1 判定结果

全部合格时则判该批产品合格。包装、标志、净含量、感官等常规项目有 2 项以上或任何 1 项安全卫生指标不合格时则判该批产品不合格。如有一项常规项目不符合要求，可重新加倍取样检验，仍不符合规定时，则该批产品不合格。

5.2 复检

对检验结果有争议时，应对保存样进行复检，或在同批次产品中重新加倍抽样，对不合格项复检，以复检结果为最终结果。当供需双方对产品质量发生异议时，按国家质量技术监督局第 4 号（1999）《产品质量仲裁检验和产品质量鉴定管理办法》的规定处理。

第四节　复查换证

已获得无公害农产品认证证书的单位和个人（统称"申请人"）在证书有效期满，需要继续使用无公害农产品认证证书和标志的，必须按照规定时限和要求提出重新取证申请，经确认合格准予换发新的无公害农产品证书。产品认证复查换证按《无公害农产品认证复查换证规范》进行。

一、申请产品复查换证应提交的材料

（1）《无公害农产品认证复查换证申请书》。

（2）《无公害农产品产地认定证书》（复印件）。

（3）原《无公害农产品认证证书》（复印件）。

（4）《产品检验报告》。

（5）生产过程记录档案。

二、产品复查换证的程序

（一）材料组织和提交

产品复查换证申请书及相关要求可向省级工作机构及省级以下无公害农产品工作机构领取或咨询，也可从农业部农产品质量安全中心网站（http：//www. aqsc. gov. cn）或中国农业信息网站（http：//www. agri. gov. cn）下载。

申请人备齐相关申请材料后，可通过县级农业部门逐级向省级工作机构提出产品复查换证申请，也可直接向省级工作机构提出产品复查换证申请。

（二）初审

省级工作机构自收到产品复查换证申请之日起 15 个工作日内，负责完成对申请材料的初审，并根据需要通知申请人委托符合资质条件的检测机构对复查换证产品进行抽样检测。

省级工作机构确认，复查换证产品质量稳定，并有有效的检验报告（申请之日前一年内）证明符合无公害农产品标准要求的，可免予抽样检测。

经省级工作机构初审，符合产品复查换证要求的，产品复查换证申请及相应材料分专业分别报农业部农产品质量安全中心种植业、畜牧业、渔业产品三个认证分中心。

（三）复审

认证分中心自收到产品复查换证申请及省级工作机构初审意见之日起 15 个工作日内，负责完成对申请材料的复审。经复审，符合产品复查换证要求的，将全套复查换证材料及复审意见报农业部农产品质量安全中心；需补充材料的和不符合要求的，通过省级工作机构通知申请人补充材料或限期整改补充材料。必要时，认证分中心应当对各地方的产品复查换证工作情况进行指导和检查。

（四）综合审查

农业部农产品质量安全中心自收到产品复查换证材料及认证分中心复审意见之日起 15 个工作日内，负责完成对产品复查换证申请及推荐材料的综合审查。符合产品复查换证要求的，提交全国无公害农产品认证评审委员会专家终审；不符合产品复查换证要求的，通过认证分中心或省级工作机构通知申请人补充材料或限期整改补充材料。

（五）终审

经无公害农产品认证评审委员会专家终审，符合换证条件的，由农业部农产品质量安全中心审批颁发新的《无公害农产品认证证书》；不符合换证条件的，由农业部农产品质量安全中心通过认证分中心或省级工作机构通知申请人补充材料或限期整改补充材料。

新颁发的《无公害农产品认证证书》有效期 3 年。期满后需要继续使用的，证书持有人应当在有效期满前 90 天内按照《无公害农产品认证程序》和本规范重新办理产品复查换证手续。

三、产品复查换证的注意事项

（一）关于地方认证向全国统一认证转换产品证书有效期限认定问题

地方认证向全国统一认证转换试点的产品，在转换过程中从申报、审查、评审到审批发证的各个环节，均严格按照《无公害农产品管理办法》的相关规定进行，从技术把关和程序方面基本符合正常发证的程序和要求。为减轻申请者负担，体现"统一规范、简便快捷"的原则，凡地方认证向全国统一认证转换的产品，证书有效期统一调整为自全国转换颁证之日起 3 年内有效。转换有效期延展产品《无公害农产品证书》，由农业部农产品质量安全中心统一重新制作，并通过各省（区、市）农产品质量安全中心、无公害农产品工作机构分发各获证企业（单位），原到期《无公害农产品证书》统一收回交农业部农产品质量安全中心。

（二）关于复查换证产品的必检和选检参数确定问题

各省（区、市）农产品质量安全中心、无公害农产品工作机构可以依据无公害农产品质量安全检测标准和申请者生产情况，结合当地的危害因素和污染源，组织专家论证确定必检参数和选检参数，由省级农业主管部门以正式文件形式确认并报农业部农产品质量安全中心备案后实施。

（三）关于申请复查换证产品《产品检验报告》确认问题

申请人提交的《产品检验报告》符合下列情形之一的，视为符合规定要求。

在证书有效期内，由农业部农产品质量安全中心委托的产品检测机构抽样或代表性样品委托检验合格出具的《产品检验报告》，包括经省级以上农业部门实施例行检测、监督抽检合格的《产品检验报告》。

在证书有效期内，由农业部农产品质量安全中心委托的产品检测机构出具的涵盖申报产品所有必检参数的代表性样品《产品检验报告》。

另外，在证书有效期间，产品未出现过质量安全事故和不合格现象，经现场检查确认产品质量稳定，产地环境、生产过程控制符合规范要求，现场检查合格的，可不提交《产品检验报告》。

（四）关于与绿色食品、有机农产品的衔接问题

凡在无公害农产品证书有效期内，已通过绿色食品和有机农产品认证的，可不要求进行复查换证。

第四章 无公害农产品产地认定
与产品认证一体化

第一节 无公害农产品产地认定与产品认证一体化规范

第一条 为做好无公害农产品产地认定与产品认证一体化推进工作，根据《无公害农产品管理办法》、《无公害农产品产地认定程序》和《无公害农产品认证程序》，结合无公害农产品发展需要，制定本工作流程规范。

第二条 本工作流程规范适用于经农业部农产品质量安全中心批复认可的省、自治区、直辖市及计划单列市无公害农产品产地认定与产品认证一体化推进工作。

第三条 从事农产品生产的单位和个人，可以直接向所在县级农产品质量安全工作机构（简称工作机构）提出无公害农产品产地认定和产品认证一体化申请，并提交以下材料：

（一）《无公害农产品产地认定与产品认证（复查换证）申请书》；

（二）国家法律法规规定申请者必须具备的资质证明文件（复印件）；

（三）无公害农产品生产质量控制措施；

（四）无公害农产品生产操作规程；

（五）符合规定要求的《产地环境检验报告》和《产地环境现状评价报告》，或者符合无公害农产品产地要求的《产地环境调查报告》；

（六）符合规定要求的《产品检验报告》；

（七）规定提交的其他相应材料。

申请产品扩项认证的，提交材料（一）、（四）、（六）和有效的《无公害农产品产地认定证书》。

申请复查换证的，提交材料（一）、（六）、（七）和原《无公害农产品产地认定证书》、《无公害农产品认证证书》复印件，其中材料（六）的要求按照《无公害农产品认证复查换证有关问题的处理意见》执行。

第四条 同一产地、同一生长周期、适用同一无公害食品标准生产的多种产品在申请认证时，检测产品抽样数量原则上采取按照申请产品数量开二次平方根（四舍五入取整）的方法确定，并按规定标准进行检测。

申请之日前两年内部、省监督抽检质量安全不合格的产品应包含在检测产品抽样数量之内。

第五条 县级工作机构自收到申请之日起 10 个工作日内，负责完成对申请人申请材料的形式审查。符合要求的，在《无公害农产品产地认定与产品认证报告》（以下简称《认证报告》）签署推荐意见，连同申请材料报送地级工作机构审查。

不符合要求的，书面通知申请人整改、补充材料。

第六条　地级工作机构自收到申请材料、县级工作机构推荐意见之日起 15 个工作日内，对全套申请材料进行符合性审查，符合要求的，在《认证报告》上签署审查意见（北京、天津、重庆等直辖市和计划单列市的地级工作合并到县级一并完成），报送省级工作机构。

不符合要求的，书面告之县级工作机构通知申请人整改、补充材料。

第七条　省级工作机构自收到申请材料及县、地两级工作机构推荐、审查意见之日起 20 个工作日内，应当组织或者委托地县两级有资质的检查员按照《无公害农产品认证现场检查工作程序》进行现场检查，完成对整个认证申请的初审，并在《认证报告》上提出初审意见。

通过初审的，报请省级农业行政主管部门颁发《无公害农产品产地认定证书》，同时将申请材料、《认证报告》和《无公害农产品产地认定与产品认证现场检查报告》及时报送部直各业务对口分中心复审。

未通过初审的，书面告之地县级工作机构通知申请人整改、补充材料。

第八条　本工作流程规范未对无公害农产品产地认定和产品认证作调整的内容，仍按照原有无公害农产品产地认定与产品认证相应规定执行。

第九条　农业部农产品质量安全中心审核颁发《无公害农产品证书》前，申请人应当获得《无公害农产品产地认定证书》或者省级工作机构出具的产地认定证明。

第十条　本工作流程规范由农业部农产品质量安全中心负责解释。

第二节　无公害农产品产地认定与产品认证一体化申请

第一条　凡是具有一定组织能力和责任追溯能力的单位和个人，都可以作为无公害农产品产地认定和产品认证申报的主体，包括部分乡镇人民政府及其所属的各种产销联合体、协会等服务农民和拓展农产品市场的服务组织。

第二条　"县级—地级—省级—部直分中心—部中心"一个工作流程 5 个环节。申请人提交一次申请书，即可完成产地认定和产品认证申请。

第三条　从事农产品生产的单位和个人，可以直接向所在县级农产品质量安全工作机构（简称工作机构）提出无公害农产品产地认定和产品认证一体化申请，并提交以下材料。

（一）《无公害农产品产地认定与产品认证申请书》；

（二）国家法律法规规定申请者必须具备的资质证明文件（复印件）；

（三）无公害农产品生产质量控制措施；

（四）无公害农产品生产操作规程；

（五）符合规定要求的《产地环境检验报告》和《产地环境现状评价报告》或者符合无公害农产品产地要求的《产地环境调查报告》（已获得无公害农产品产地认定的提交产地认定证书复印件即可）；

（六）符合规定要求的《产品检验报告》；

（七）规定提交的其他相应材料。

申请产品扩项认证的，提交材料（一）、（四）、（六）和有效的《无公害农产品产地认定证书》。

申请复查换证的，提交材料（一）、（六）、（七）和原《无公害农产品产地认定证书》、《无公害农产品认证证书》复印件，其中，材料（六）的要求按照《无公害农产品认证复查换证有关问题的处理意见》执行。

第四条 同一产地、同一生长周期、适用同一无公害食品标准生产的多种产品在申请认证时，检测产品抽样数量原则上采取按照申请产品数量开二次平方根（四舍五入取整）的方法确定，并按规定标准进行检测。

申请之日前两年内部、省监督抽检质量安全不合格的产品应包含在检测产品抽样数量之内。

第五条 县级工作机构自收到申请之日起 10 个工作日内，负责完成对申请人申请材料的形式审查。符合要求的，在《无公害农产品产地认定与产品认证报告》（以下简称《认证报告》）签署推荐意见，连同申请材料报送地级工作机构审查。

不符合要求的，书面通知申请人整改、补充材料。

第六条 地级工作机构自收到申请材料、县级工作机构推荐意见之日起 15 个工作日内，对全套申请材料进行符合性审查，符合要求的，在《认证报告》上签署审查意见，报送省级工作机构。

不符合要求的，书面告之县级工作机构通知申请人整改、补充材料。

第七条 省级工作机构自收到申请材料及县、地两级工作机构推荐、审查意见之日起 20 个工作日内，应当组织或者委托地县两级有资质的检查员按照《无公害农产品认证现场检查工作程序》进行现场检查，完成对整个认证申请的初审，并在《认证报告》上提出初审意见。

通过初审的，报请省级农业行政主管部门颁发《无公害农产品产地认定证书》，同时，将申请材料、《认证报告》和《无公害农产品产地认定与产品认证现场检查报告》及时报送部直各业务对口分中心复审。

未通过初审的，书面告之地县级工作机构通知申请人整改、补充材料。

第八条 农业部农产品质量安全中心审核颁发《无公害农产品证书》前，申请人应当获得《无公害农产品产地认定证书》或者省级工作机构出具的产地认定证明。

第三节 无公害农产品产地认定与产品认证一体化复查换证

一、提交材料、申报流程和审查时限要求

在没有实施一体化推进的行业和地区，按照正常申报方式复查换证，即在完成产地复查换证、确保产地有效的基础上，开展产品复查换证；在实施一体化推进的行业和地区，无论产地和产品到期时间是否一致，原则上，全部按照一体化推进方式组织材料对产地和产品同时进行复查换证。

（一）提交材料要求

复查换证申请者需要提交的材料以及省级工作机构完成产品初审后上报材料见附表1。

（二）申报流程
1. 产品复查换证流程

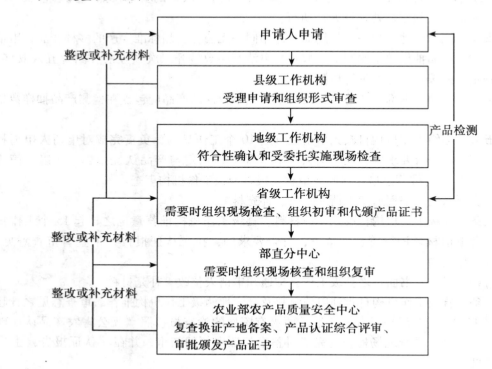

2. 产地复查换证流程

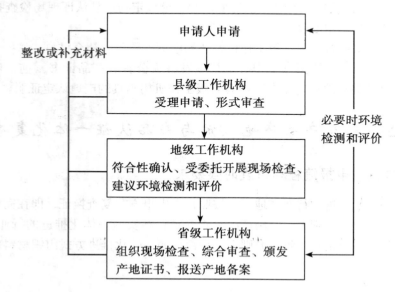

3. 一体化复查换证流程

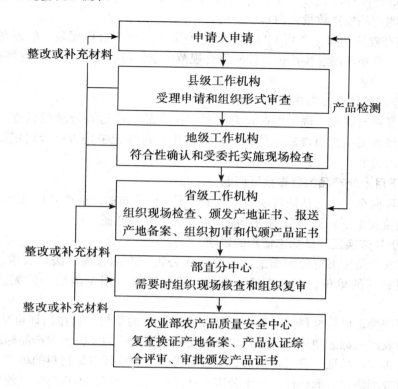

（三）审查时限要求

各级工作机构受理、审查复查换证材料的时限要求。

二、几点说明

（一）关于产品检验报告的认可问题

申请人提交的材料符合下列情形之一的，视为符合《无公害农产品认证复查换证规范》对于产品检验报告的规定要求。

1. 在证书有效期内，由农业部农产品质量安全中心委托的产品检测机构抽样或代表性样品委托检验合格出具的《产品检验报告》。

2. 在证书有效期内，由农业部农产品质量安全中心委托的产品检测机构出具的涵盖申报产品所有必检参数的代表性样品《产品检验报告》（复查换证产品必检参数由省级农业主管部门组织专家论证确定，以正式文件形式确认并报农业部农产品质量安全中心备案后实施）。

3. 在证书有效期内，由省级以上农业部门实施例行监测、监督抽检合格的《产品检验报告》。

4. 在有效期内，已通过绿色食品和有机食品认证的，可不要求进行复查换证；如果继续申请复查换证，其绿色食品和有机食品认证的有效产品检验报告可等同性予以认可。

5. 实施一体化复查换证的行业和地区，同一产地、同一生长周期、适用同一无公害食品标准生产的多种产品按照产品数量开二次平方根（四舍五入取整）的方法确定检测产品抽样数量的产品检验报告（申请之日前两年内部、省监督抽检质量安全不合格的产品应包含在检测产品抽样数量之内）。

6. 在证书有效期期间，产品未出现过质量安全事故和不合格现象，经现场检查确认产品质量稳定，产地环境、生产过程控制符合规范要求，可提交合格的《现场检查报告》代替《产品检验报告》。

（二）关于现场检查报告内容的说明

在一体化复查换证中，现场检查要突出对申报产品生产过程记录的核查，并在《无公害农产品认证现场检查报告》总体评价栏中就生产过程记录是否符合规定要求作为一项重要内容加以说明。

（三）关于目录外产品的复查换证问题

在地方认证向全国统一认证转换的产品中，不在已发布的认证产品目录范围内且不属于《农产品质量安全法》调整范围的产品，可不进行复查换证。

（四）关于复查换证产品标志使用的说明

在无公害农产品证书有效期满前，按照《无公害农产品管理办法》要求，按时提交复查换证申报材料的单位，在复查换证期间，可以继续使用全国统一的无公害农产品标志。

已提交复查换证申报材料但未能通过复查换证评审的单位，自作出评审结论之日起，停止其无公害农产品标志使用权，不得再继续使用全国统一的无公害农产品标志。

原有无公害农产品证书有效期满后，仍没有提交复查换证申报材料的单位，自无公害农产品证书有效期满之日起，停止其无公害农产品标志使用权，不得再继续使用全国统一的无公害农产品标志。

第五章　无公害生产技术标准

第一节　无公害小麦生产技术规程

1. 范围

本规程规定了无公害小麦生产技术要求。本规程适用于本地及相似生态条件的无公害小麦生产。

2. 规范性引用文件

下列文件中的条款通过本规程的引用而构成为本规程的条款。凡是注日期的引用文件，其随后所有的修改单（不包括勘误的内容）或修订版均不适用于本规程，然而，鼓励根据本规程达成协议的各方研究是否可使用这些文件的最新版本。凡是不注日期的引用文件，其最新版本适用于本规程。

GB 3095	环境空气质量标准
GB 15818	土壤环境质量标准
GB 5084	农田灌溉水质量标准要求
GB/T 8321.1—8321.7	农药安全使用标准
GB/T 15798	粘虫测报调查规范
NY/T 498	肥料合理使用准则　通则

3. 术语和定义

下列术语和定义适用于本规程，无公害小麦生产技术是指遵循可持续发展的原则，产地环境、空气质量、土壤环境质量、农田灌溉水质量符合 GB 3095、GB 15818、GB 5084 规定，并按 GB/T 8321.1—8321.7、NY/T 498 要求合理使用农药和肥料，符合无公害农产品质量标准，技术环节最大限度的控制化肥用量，严禁使用高毒、高残留农药。同时，防止收、贮、销过程中的二次污染。

4. 生产管理措施

4.1　播前准备和播种

4.1.1　精细整地：及早整地，适当深耕，耕深以 25～30 厘米为宜，不漏耕，整细耙平，上松下实，地平埂直，达到"早、深、净、细、实、平"。

4.1.2　合理施肥：施肥原则在增加有机肥投入的基础上，适量增氮、钾，根据测土定磷肥量，针对性补微肥，要求 667 平方米施有机肥 3.5 方以上。高产田 667 平方米施纯氮 13～15 千克，氧化钾 8～10 千克。中产田 667 平方米施纯氮 11～13 千克，氧化钾 8～

10 千克，磷肥依土壤中有效磷的含量而定，土壤有效磷大于 30 毫克/千克可免施。五氧化二磷为 20 ~ 30 毫克/千克的麦田，氮：五氧化二磷以 1：（0.3 ~ 0.4）为宜，五氧化二磷小于 20 毫克/千克的麦田，氮：五氧化二磷以 1：（0.4 ~ 0.5）为宜。在肥料运筹上，磷、钾肥及 60% ~70% 的氮肥作底肥，30% ~40% 的氮肥用作追肥。开花、灌浆期可分别叶面喷施尿素溶液。此外，注意微肥的施用及中后期喷 KH_2PO_4 溶液，增粒重。低产田：稳氮，增施磷、钾肥，一般 667 平方米施有机肥 3 方以上，纯氮 9 ~10 千克，五氧化二磷 8 ~7 千克，氧化钾 5 ~8 千克。其中，磷、钾及 60% ~70% 氮底施，30% ~40% 氮用作追肥。此外，中后期喷洒尿素加磷酸二氢钾溶液，提粒重。晚播麦田：高产田一般 667 平方米施纯氮 11 ~13 千克，五氧化二磷 8 千克，氧化钾 8 千克。中低产田 667 平方米施纯氮 8 ~10 千克，五氧化二磷 6 ~7 千克，氧化钾 7 ~8 千克。其中，60% ~70% 的氮及全部磷、钾肥作底肥，30% ~40% 氮用作追肥。

4.2 选用良种

选用品质好，抗性强，丰产潜力大的优质高产小麦新品种。

4.3 精选种子

播种前要进行种子精选，大田用种子纯度不低于 99%，精度不低于 98%，发芽率不低于 85%，种子含水量不高于 13%。除去秕籽、碎籽、虫籽、霉籽等，并晒种 2 ~3 天。

4.4 麦播期病虫害防治

4.4.1 农业防治

4.4.1.1 选用抗病品种和无病菌种子。

4.4.1.2 深耕细耙，随犁拾虫，压低虫口密度。

4.4.1.3 合理施肥，不施未腐熟的有机肥。

4.4.2 化学防治

4.4.2.1 大力推广包衣种子。

4.4.2.2 土壤处理：用 10% 辛硫磷 2 ~3 千克拌细土撒施。

4.4.2.3 药剂拌种：对地下害虫一般发生区，可 667 平方米用 50% 辛硫磷 100 克对水 5 ~7 千克，拌种 50 ~70 千克，堆闷 3 ~4 小时，晾干播种。预防小麦黑穗、纹枯、白粉病，可用 15% 的粉锈宁 100 克或 12.5% 禾果利 20 克拌种 50 千克。预防小麦全蚀病，可用 12.5% 的全蚀净悬浮剂按药：水：种比为 1：5：500 的比例拌种。也可用适乐时按药：水：种比为 1：15：1 000 的比例。对于病虫混发区，可先拌杀虫剂，晾干后拌杀菌剂，二者各计其量。

4.5 播期与播量

根据开封市实际情况，适宜的播期为：早茬麦 10 月 5 ~10 日，中茬麦 10 月 10 ~15 日，晚茬麦越早越好。在精播半精播条件下，开封市合理 667 平方米播量为：高产田 7 ~8 千克，中低产田 7 ~9 千克，半冬性品种取下限，弱春性品种取上限，晚于正常播期的要适当加大播量。另外，播种时要采用机播，播种深度一般为 4 ~5 厘米，且下种均匀，不重播，不漏播，避免疙瘩苗和断垄现象，达到苗全、苗匀的标准。

4.6 各生育期的田间管理

4.6.1 苗期管理（出苗—返青）

4.6.1.1 查苗补种，疏密补稀：出苗后应及时查苗补种或补栽，对行内 10 厘米以上缺苗断垄的地段，应及早（在小麦 1~2 叶期）催芽补种，或在分蘖后剔稠补栽，补栽苗应具 2~3 个分蘖，移栽时，要上不压青，下不露白。

4.6.1.2　中耕破板结：小麦在冬春之间，一般要中耕 1~2 次，起到增温保墒破除板结，促根壮苗的作用。

4.6.1.3　适时冬灌：对壮苗麦田，冬前一般不浇水；对播种时干旱、底墒不足的麦田可在小麦分蘖期浇水；对冬前达不到壮苗且群体头数较少的麦田，可结合追施速效氮肥浇水。待地面干时，一定要适时划锄，防止地面龟裂，伤根死苗。冬灌时间以 11 月下旬至 12 月上旬，日平均气温稳定在 3~4℃时为宜。

4.6.1.4　冬施追肥：缺肥麦田，可在越冬期每 667 平方米施 1 000 千克土杂肥或厩肥作苗肥。

4.6.1.5　推广化学除草：12 月上旬是防除杂草的最佳时期，要正确选用除草剂，按照产品说明书进行。

4.6.2　春季管理（返青—抽穗）

4.6.2.1　返青—起身期管理

4.6.2.1.1　中耕保墒：在小麦返青期及时中耕划锄，以增地温，促早发，促弱转壮。

4.6.2.1.2　看苗管理：对亩群体超过 90 万头的旺长麦田，要在返青后深锄断根，适当镇压，以控制无效分蘖，加速两极分化；对群体小，个体素质差或底肥不足，有脱肥症状的麦田，此期应结合浇水，667 平方米追尿素 10~12 千克，以保证足够的群体；对发育正常的一二类麦田，可只进行浅中耕，一般不再追肥浇水。对于播期晚、苗小、田间不缺墒的麦田，应早中耕，提温保墒，促苗生长。

4.6.2.1.3　防治纹枯病：返青—起身期是纹枯病防治的最佳时期，可选用井冈霉素、粉锈宁、禾果利等农药及时防治。

4.6.2.1.4　防除杂草：对草害较严重的地块，除人工拔除外，可选用对路除草剂，及时防治草害。

4.6.2.2　起身—拔节期管理

4.6.2.2.1　喷多效唑：防倒伏，在小麦起身期，对群体偏大的麦田用 15% 的多效唑粉剂 40~80 克，对水 50 千克喷洒，以降低株高，增强抗倒能力。

4.6.2.2.2　肥水管理：对生长正常、群体适宜且冬季未追肥的壮苗麦田，可结合浇水，667 平方米追尿素 8~10 千克，保证养分供应，提高分蘖成穗率，兼顾穗大粒多。对肥力高、施肥多、群体大的过旺麦田，可深锄或耧串断根散墒，控制旺长，控制到茎基部第一节间定长时，再酌情追肥浇水。

4.6.2.3　拔节—抽穗期管理

4.6.2.3.1　合理运筹肥水：拔节期肥水：对群体偏大，返青—起身期未进行肥水管理的麦田，在小麦拔节后可 667 平方米施尿素 5 千克左右，并根据墒情及时灌水。孕穗期肥水：孕穗水是水分的临界期，需水多，但不能盲目灌溉，应视墒情和叶色而定，当土壤水分含量低于田间最大持水量的 70% 时要及时灌溉。对于叶色发黄，有脱肥现象麦田，可酌量补施少量氮肥，氮素控制在每 667 平方米 2~3 千克为宜，最好采用叶面喷肥，667 平方米用尿素 500~700 克加磷酸二氢钾 150~200 克加水 50 千克喷雾。

4.6.2.3.2　病虫害防治：防治对象：病害有白粉病、纹枯病、锈病等；虫害有小麦蚜虫、红蜘蛛、粘虫、吸浆虫等。防治措施：对白粉病、锈病、纹枯病可用粉锈宁、禾果利防治，对蚜虫、红蜘蛛、粘虫等可用吡虫啉、抗蚜威、吡抗、辛硫磷防治（表 5 – 1）。

表 5 – 1　无公害小麦病虫害防治时间、指标和措施

时间	防治对象	防治指标	防治措施
10 月上中旬	麦播地下害虫、小麦土传、种传病害		土壤处理、药剂拌种
11 月中下旬	杂草		中耕除草、化学除草
1 月上旬至 2 月下旬	预防小麦赤霉病		结合农事活动消灭越冬病原
3 月下旬	小麦蚜虫、红蜘蛛、小麦纹枯病	蚜虫：市尺单行 50 头红蜘蛛：市尺单行 200 头	虫螨克、灭扫利等常量喷雾粉锈宁、禾果利等常量喷雾
4 月上中旬	小麦锈病、白粉病	病叶率 0.2%	粉锈宁
4 月中下旬	小麦吸浆虫、赤霉病	2 头（10 厘米 × 10 厘米 × 20 厘米）预防病害	撒毒土；多菌灵或甲基托布津常量喷雾
5 月上中旬	小麦穗蚜、白粉病	百穗有虫 500 头。病叶率 0.2%、病株率 15%	抗蚜威、速灭杀丁、虫螨克等常量喷雾；粉锈宁、禾果利等常量喷雾

4.6.3　后期管理（抽穗—成熟）

4.6.3.1　浇好灌浆水：当土壤水分含量低于田间最大持水量的 85% 时要及时灌水，一般以开花后 10~15 天灌浆初期浇好灌浆水，以防干热风并且提高粒重。

4.6.3.2　叶面喷肥：对于抽穗期叶色转淡的麦田，可用 2%~3% 的尿素加 0.3%~0.4% 的磷酸二氢钾溶液喷洒；对于叶色浓绿的麦田，可只喷 0.3%~0.4% 的磷酸二氢钾溶液，提高籽粒灌浆强度，改善品质。

4.7　适时收获

4.7.1　收获日期及标准：蜡熟末期及时收获。蜡熟末期标准：籽粒全呈本品种固有色泽，胚乳变白，籽粒含水量在 20% 以下，手捏不动，茎秆全株变黄，叶片枯死，但茎秆仍有弹性。

4.7.2　机械收割：机械收获，割茬高度为 15 厘米以内。联合收割机收割综合损失率不超过 3%，破碎粒率不超过 1%，清洁率大于 95%。

4.7.3　人工收割：人工收割损失，每平方米不超过 2 穗，并要捆好、码好，及时拉运、脱粒。各种收获方法均应防止出现麦穗发芽，保证籽粒外观颜色正常，确保产品质量。

4.8　贮藏

脱粒后及时晾晒、精选。产品符合国家标准 GB 1351—88，分类、分等级放在清洁、干燥、无污染的仓库中。

第二节 无公害玉米生产技术规程

1. 范围

本规程规定了玉米生产中种子及其处理、选地、选茬、整地、施肥、播种、田间管理、收获及产品质量等技术要求。本规程适用于开封市及相似生态条件的地区。

2. 规范性引用文件

下列文件中的条款通过本规程的引用而构成为本规程的条款。凡是注日期的引用文件，其随后所有的修改单（不包括勘误的内容）或修订版均不适用于本规程。然而，鼓励根据本规程达成协议的各方研究是否可使用这些文件的最新版本。凡是不注日期的引用文件，其最新版本适用于本规程。

GB 3095　　　　　环境空气质量标准
GB 15618　　　　土壤环境质量标准
NY/T 394　　　　绿色食品肥料使用准则
NY/T 393　　　　绿色食品农药使用准则

3. 术语和定义

下列术语和定义适用于本规程。

玉米无公害生产技术是指遵循可持续发展的原则，产地空气质量、土壤环境质量符合 GB 3095、GB 15618 要求，并按 NY/T 394、NY/T 393 要求合理使用肥料和农药。产品中农药、重金属、硝酸盐和亚硝酸盐、有害微生物的残留，符合无公害农产品质量标准，技术环节最大限度地控制化肥用量。严禁使用高毒、高残留农药。同时，防止收、贮、销过程中的二次污染。

4. 种子及其处理

4.1 品种选择

选用经国家或省品种审定机构审定通过并符合标准，适应本地种植的高产、优质、抗逆性强的优良品种。

4.2 种子质量

种子纯度不低于96%，净度不低于98%，发芽率不低于85%，含水量不高于12%。

4.3 种子处理

4.3.1 试芽：播前15天进行发芽试验。

4.3.2 药剂处理：药剂拌种：地下害虫严重的地块，播种前1天，用50%辛硫磷乳油50克，加水1.0千克混拌均匀后，均匀地喷洒在20千克种子上，闷种4~6小时摊开，阴干后播种。用15%粉绣宁可湿性粉剂按种子量的0.5%~0.7%拌种，或用12.5%速保利可湿性粉剂按种子量的0.48%~0.64%拌种，防治玉米苗期病害。种子包衣：将干种子用20%呋福种衣剂和35%的多克福种衣剂进行包衣。

4.3.3 锌肥浸种：土壤缺锌地块，用20倍锌宝溶液浸种8～12小时。

5. 选地与耕整地

5.1 选地
选择耕层深厚、肥力较高、保水、保肥及土壤肥沃的地块。

5.2 耕整地
麦收后及时犁耙或用旋耕机将前作根茬耙碎后犁耙，也可铁茬抢种。

6. 施肥

6.1 农家肥
每667平方米施用农家肥3～4方，结合整地一次施入。

6.2 磷肥
每667平方米施过磷酸钙15～20千克，结合整地做底肥或追肥施入。

6.3 锌肥
未用锌肥浸种、拌种、且又缺锌的地块，结合施底（种）肥，每667平方米施硫酸锌1千克。

7. 播种

7.1 播期
春玉米气温稳定在12℃抢墒播种；夏播玉米在麦收后犁耙直播或铁茬抢播。

7.2 种植方式
7.2.1 单作玉米：可等行距种植，也可宽窄行种植。等行距65～68厘米一行，宽窄行55、80厘米一行。以宽窄行为宜。

7.2.2 间作：玉米可与大豆、红薯、蔬菜类等矮秆作物间作种植，比例以2行玉米，4行大豆、红薯、蔬菜等矮秆作物，也可在玉米收获前10天于玉米根部附近种植架豆角。玉米秆作架杆，使架豆角与其他矮秆作物共同生长。

7.3 播法
7.3.1 麦收后犁耙播种：麦收后及时犁耙播种。按等行距或宽窄行种植，也可间作，但要足墒下种。可机械播种，也可人工播种。

7.3.2 铁茬播种：如墒情较足，麦收后可直接机械或人工播种。

7.3.3 垄上机械精量点（穴）播：在成垄地块，可采用机械精量等距点播。

7.4 播深
做到深浅一致，覆土均匀，镇压后播深达到4～5厘米。

7.5 密度
7.5.1 单作：株型紧凑品种，每667平方米保苗3 800～4 500株。披叶型品种，每667平方米保苗2 500～3 800株。

7.6 播量
7.6.1 机械播种：每667平方米播量2.5～3.5千克。

7.6.2 人工播种：每穴2粒种子。

8. 田间管理

8.1 前期管理

8.1.1 查田：出苗前及时检查发芽情况，如发现粉种、烂芽，要准备好补种用种或预备苗。

8.1.2 补栽：出苗后如缺苗，要利用预备苗或田间多余苗及时浇穴水补栽。移栽最好选在 4 叶期。

8.1.3 中耕锄草：出苗后要及时中耕锄草，破除板结。

8.1.4 定苗：3～4 片叶时，要将弱苗、病苗、小苗、杂苗去掉，一次等距定苗。

8.2 中期管理

8.2.1 中耕锄草：未使用除草剂防治的田块，在锄第一遍地后隔 15 天左右可进行第二次中耕。松土保墒，或散墒，破除板结，促进玉米健壮生长。

8.2.2 虫害防治：粘虫：6 月中、下旬，平均 100 株玉米有粘虫 150 头时进行防治。人工手捏捕杀或用菊酯类农药灭虫，每 667 平方米用量 20～30 毫升，对水 30 千克，也可用 80% 敌敌畏乳油 1 000 倍液喷雾防治。玉米螟：玉米喇叭口末期，每 667 平方米用 BT 乳剂 0.15～0.2 千克，制成颗粒剂撒施或对水 30 千克喷雾；或每 667 平方米释放赤眼蜂 1.5 万～2 万头，分 2 次释放。

8.2.3 追肥：采用二次追肥法。第一次在播后 25 天，结合中耕每 667 平方米追施纯氮 10 千克，占追肥总量的 40%，追肥部位离植株 8～10 厘米，深度 10～15 厘米，追后覆土盖严。第二次追肥在播后 45 天（喇叭口前期）。每 667 平方米追施纯氮 15 千克，占追肥总量的 60%，追肥部位、深度同上。不宜使用硝态氮。追肥应根据墒情确定，墒情不足应酌情浇水。禁止使用已污染的水源浇地。

8.2.4 喷施化控剂：玉米株高 80～100 厘米时，喷施化控调节剂，按要求使用，控制株高，控旺促壮。

8.2.5 化学除草：播种后出苗前化学除草：每 667 平方米用 50% 乙草胺乳油 150 毫升或 90% 禾耐斯 85～90 毫升，加 40% 阿特拉津胶悬剂 70～100 毫升，对水 30 千克土壤喷施；或用 50% 乙草胺乳油 150～160 毫升或 90% 禾耐斯 80～90 毫升，加 72% 的 2，4-D 丁酯乳油 60～70 毫升，对水 30 千克土壤喷施。苗后化学除草：玉米 3～4 叶期，每 667 平方米用 4% 玉农乐悬浮剂 60～70 毫升或 4% 玉米乐 50 毫升，加 40% 阿特拉津胶悬剂 80 毫升，对水 30 千克，茎叶喷雾（注：生产无公害食品应不用或少用化学药剂）。

8.3 后期管理

8.3.1 剪花丝抹药泥：玉米果穗期如有玉米螟发生，可用杀虫剂加细土对水调成糊状，用剪刀剪去花丝顶部，再用毛刷沾药液涂抹花丝，消灭玉米螟。

8.3.2 剪雄穗：玉米授粉后，剪去雄穗，保留叶片，充分利于光合作用。

9. 收获

9.1 收获时间

完熟后收获。

9.2 晾晒脱粒

收获后的玉米要及时晾晒，有条件的地方可进行烘干。籽粒含水量达到20%时脱粒、晾晒、单贮。

9.3 清选

脱粒后的籽粒要进行清选，以达到国家玉米收购标准二等以上。

10. 根茬粉碎和秸秆还田

10.1 秸秆还田

在收获玉米时，用玉米收割机进行秸秆粉碎还田。

10.2 根茬还田

采用旋耕机进行根茬粉粹还田。

第三节 无公害水稻生产技术规程

水稻是我国主要的粮食作物，全国65%以上的人口以稻米为主食。目前，直接用于食用的稻米约占84%，工业和饲料用稻约占10%左右。开展无公害水稻生产对保障我国粮食安全具有重要意义。

1. 范围

本标准规定了无公害食品中水稻生产的有关定义、生产技术以及收获、运输、贮藏、副产品处理的要求。

本标准适用于无公害水稻的生产。

2. 规范性引用文件

下列文件中的条款通过本标准的引用而成为本标准的条款。凡是注明日期的引用文件，其随后所有的修改单（不包括勘误的内容）或修订版均不适用于本标准，然而，鼓励根据本标准达成协议的各方研究是否可使用这些文件的最新版本。凡是不注日期的引用文件，其最新版本适用于本标准。

GB 4285	农药安全使用标准
GB 4404.1	粮食种子 禾谷类
GB/T 8321	（所有部分）农药合理使用准则
GB/T 15790	稻瘟病测报调查规范
GB/T 15791	稻纹枯病测报调查规范
GB/T 15792	水稻二化螟测报调查规范
GB/T 15793	稻纵卷叶螟测报调查规范
GB/T 15794	稻飞虱测报调查规范
NY/T 59	水稻二化螟防治标准
NY/T 496	肥料合理使用准则 通则
NY 5116—2002	无公害食品 水稻产地环境条件

3. 术语和定义

下列术语和定义适用于本标准。

3.1　安全间隔期

最后一次施药、施肥到作物收获时允许的间隔天数。

3.2　安全排水期

稻田施肥及施用农药后不宜排水的间隔天数。

4. 无公害生产基地的选择

生产基地要选择条件好、灌排方便、用水洁净、土壤肥沃，不含残毒和有害物质的稻田。并经国家指定的环保部门监测审定完全符合国家规定的生产基地大气、水、土壤等质量控制标准。其具体标准采用无公害农产品基地标准。

5. 选用优质、高产、抗性好的品种

要求选取经过种子部门的审定和米质监测单位测定的符合国家或地方优质米标准的品种，使其达到熟期好、品质好、抗性强，在生产中有利于无公害水稻的发展和富有强劲的市场竞争能力。主导品种确定后，要做好生产用种的质量处理。

5.1　品种

选用无公害水稻品种，要把握四条基本原则，即适应性、丰产性、抗逆性和品质性。要尽量选用通过区域试验合格或审定后命名的品种，可选用已进入中试或多点试验并具有一定示范面积、综合性状表现较好的品种（品系），选用品种的稻米品质应达到国标二级优质米以上标准。品种要相对稳定，并要注重复壮更新，做到2～3年更新一次。目前，河南省水稻生产存在的主要问题是沿黄稻区水稻品种单一，而豫南稻区品种多、乱、杂。各地在开展无公害水稻生产时，应首先确定当地的主导品种2～3个，注意品种的合理搭配，避免由于品种单一出现不必要的风险。

5.2　种子质量

要达到国家标准二级以上，纯度98%，净度97%，发芽率90%以上，发芽势80%以上，含水量14.5%以下。

5.3　播种前种子要晒种、精选、催芽

提倡首先进行风选，然后用比重1.13的盐水选种，漂除秕粒草籽，用清水洗净后，消毒浸种和催芽。催芽的方法是：①高温破胸：放入50～55℃的热水中预热10～15分钟，趁热放入保温的材料中，保持35～38℃高温。降到30℃以下时，用45℃的热水淘洗2～3分钟。12小时即可破胸；②增湿降温催芽：露白后多用20℃水淋。温度由30℃降到25℃。要求根芽齐长。根长一粒谷，芽长半粒谷正好；③摊晾锻炼：播前至少在室内摊开3～5厘米，半天以上，等待时机播种。

6. 肥床、稀播、旱育带蘖壮秧

无公害水稻生产前要采用规范化育苗方式育苗。做到肥床、稀播、旱育带蘖壮秧。

6.1　育秧场地

"育秧先育根"。培育壮秧的关键在于良好的土壤环境，故应选择通透性好、疏松肥沃、非盐碱土，地下水位低、背风向阳、地势平坦、灌排方便的园田菜地或旱田地育秧。床地要相对固定，常年培肥，床土有机质含量不低于2%，土壤pH值5.5～6.0。

6.2　育秧方式

要因地制宜，采取各地适宜的育秧方式，北方稻区可采用旱育秧、南方可采用湿润育秧方式等，有条件的地区可采取工厂化育苗。

6.3　床土培肥

床土要耕松耙细，整平床面。床土培肥要以农家肥为主，适当施用化肥。每平方米施优质细农肥7.5～10千克、磷酸二铵100～150克、硫酸钾50克，同时，将微肥硫酸锌2克、硫酸铜1克、硫酸亚铁4克溶于水中，均匀喷于床面，然后将上述肥料均匀深翻于10厘米床土中。亦可用上述数量农家肥、化肥同肥沃旱田土20～30千克，充分混拌配成营养土铺于床面，厚度约2厘米。

6.4　播种与苗期管理

6.4.1　播种期：最早籼稻日平均温度大于12℃；粳稻大于10℃。保温育秧可适当提早，一般要根据前茬和秧龄决定。河南省南部稻区在谷雨前后；北部稻区在立夏前后。

6.4.2　播种量：目前，推广稀播壮秧是全国各地都在进行的一项有效的高产技术。但播量与秧龄的关系极大：如果在3叶前移栽，播量为400千克/667平方米；4叶移栽，播量为150～200千克/667平方米；5叶移栽，播量为75～100千克/667平方米；6叶移栽，播量为50千克/667平方米；7～8叶移栽，播量30千克/667平方米。杂交稻应降低播量，具体为：6叶移栽，播量为15千克/667平方米；7叶移栽，播量为10～12.5千克/667平方米；8叶移栽，播量为7.5～10千克/667平方米。

6.4.3　湿润秧田的水分管理技术：①立苗期：从播种到一叶一心，此时抗寒力强、需水少、根缺氧。水分管理应以保持土壤湿润为主，水不上畦面。晴天满沟水、阴天半沟水、小雨放干水；②扎根期：从一叶一心到三叶，此时抗寒力减弱，需水增加，通气组织仍未建成。水分管理应是灌排结合，天寒夜灌日排；天暖日灌夜排。寒潮到来，放深水护苗；③成秧期：从三叶到拔秧，抗寒力降低，需水多，通气组织建成，保持33厘米深的水层。

6.5　追肥

一叶一心到二叶，追断乳肥，每667平方米追纯氮3千克或腐熟的人粪尿10～15担，一周后，4叶期追接力肥，每667平方米追纯氮2千克。拔秧前4～5天，施起身肥每667平方米追纯氮2千克。

6.6　拔除杂草

6.7　壮秧标准

无公害水稻生产要提高技术标准，采用先进技术，用中苗或大苗插秧。其标准为形态指标：①短白根多0.5厘米以下能继续生长；②基部宽扁；③苗挺叶绿；④秧龄适宜；⑤均匀整齐。生理指标：①光合能力强；②碳氮比适中；③束缚水多，自由水少。生产指标：苗高适中，无病无虫，好拔好栽。

7. 旱整地，适时早插，合理稀植

合理耕作，整平农田，适时插秧，合理稀植，是水稻高产的重要条件和基础。

7.1　整地

整地前要维修好灌排水渠，特别要解决好洼地排水，保证灌排畅通。北方水稻为一季作，而且多为连作。为改善土壤理化性质，减轻病虫草害，应提倡秋整地。本田采用合理耕作，以旋耕为主，旋松结合，一般翻一次，旋耕两次，配合适当深松，实行秋季旱翻、旱整、旱耙的三旱整地，在此基础上，再用水耙整平，以保持土壤良好结构。要求地面高低差不超过 3 厘米，达到"寸水不漏泥"的程度，以利于水层深浅一致，为浅插秧和合理灌溉以及水稻整齐生长创造有利条件。

7.2　施肥

无公害水稻应以施用农家肥为主，每 667 平方米一般 3 方以上，2～3 年轮施一次。提倡稻草还田，增加土壤有机质，农家肥要在翻耙前施用，做到全程施肥。化肥总量每 667 平方米纯氮 10～20 千克，纯磷 5～10 千克，纯钾 4～5 千克，氮磷钾比例为 3：2：1。低洼盐碱地适当增施磷钾，适量施用锌肥和微肥。底肥以氮肥的 30%，钾肥的 70%～100% 和磷肥的全部作基肥，结合水耙水整全层施入。

7.3　插秧

合理密植应根据品种、地力和季节。肥地宜稀，瘦地宜密；生育期长、分蘖力强，株型分散宜稀，反之宜密。春稻宜稀，麦茬稻宜密。适时早插可相应地延长水稻营养生长期，增加早分蘖成大穗的比重，提高成穗率，并增加水稻抗逆性。当气温平均稳定在 15℃ 时，开始插秧。一般插秧规格为 30 厘米×13.3 厘米（即约 9 寸×4 寸）和 30 厘米×16.5 厘米（即约 9 寸×5 寸），每平方米保证插秧满 20～25 穴，杂交水稻一般单株栽插，常规水稻在高产条件下 3～5 苗为多。栽插质量的要求是："浅"，即浅栽 33 厘米，"宁栽漂秧，不栽立桩"，深了会出现"两段根或三段根"。发棵慢。"匀"，指行穴距、每穴苗数等要均匀。"直"，不栽烟袋秧。"稳"，要栽牢，不漂秧。

8. 搞好插秧后本田管理、确保丰收

按水稻生育的叶龄指标合理施肥、合理灌溉、及时除草病虫，是促进水稻生长发育，实现高产丰收的保证。

8.1　追肥

要做到有机肥和无机肥配合施用。

8.1.1　分蘖肥： 为了促进早分蘖，提高成穗率，应早施分蘖肥，即在水稻返青后 7～10 天施用氮肥。一是可以促进低位分蘖早生快发，提高成穗率；二是可以延长有效分蘖时期，增加穗数。

8.1.2　穗肥： 分为促花肥和保花肥，促花肥在穗分化开始时施，可促进分化，增加颖花数，对早、中稻会造成无效分蘖增加及基部节间加长，易引起倒伏；保花肥在剑叶露尖时（雌雄蕊到花粉母细胞形成）施，可减少退化，也有大穗作用，并且安全。穗肥可一次施，也可分两三次施。应在倒二叶露尖时，追施氮肥总量的 20%～30% 和剩余的钾肥。水稻长势过旺，或遇到低温，多雨寡照和发生病害时，只施钾肥不施氮肥。

8.1.3　粒肥：粒肥有延缓抽穗后叶面积下降及提高叶片光合能力的作用，还有增强根系活力，增强抽穗后的灌浆物质及减少秕粒，增加粒重的作用。但粒肥施用不当时，又易增加蛋白质含量，降低大米品质和食味，引起贪青晚熟。故应注意以下几点：第一，必须在安全抽穗期前抽穗的水稻才能施用粒肥。第二，施肥量一般应控制在每667平方米纯氮1千克左右。第三，施肥时期应在抽穗期至抽穗后10天内。第四，晚熟品种，后期有早衰现象的稻田宜追施。肥力高的或前期施肥充足的、稻株生长良好的稻田不易追施。

8.2　调节水分

水不但是水稻细胞中原生质的主要成分。而且也是物质代谢过程中的反应物。水稻的光合作用、呼吸作用和其他物质代谢中有水的参与，在养分的吸收与有机质运输中也起重要作用。无公害水稻对水的要求甚为严格，必须坚持净水灌溉，用水要符合农田灌溉水质标准，严格禁止污水灌溉。

8.2.1　返青水：水深3~5厘米，有利于减少蒸腾，促进返青。

8.2.2　分蘖水：在分蘖期需灌1~2厘米水层，浅水层能够提高地温、水温，增加茎基部光照和根际的氧气供应，加速土壤养分分解，为水稻分蘖创造良好条件。

8.2.3　晒田：晒田是稻田水分管理中的重要环节。晒田有利根系下扎，提高根的质量，增进根的吸收能力。适时晒田可抑制过多分蘖，有利形成良好的群体结构和光照条件。

8.2.4　护胎水：孕穗至抽穗期，光合作用强，代谢作用旺盛，外界气温一般较高，水稻蒸腾量较大，这时期是水稻一生中生理需水最多的时期。采取活水灌溉，把水层保持在4~6厘米为宜。出现低温时，应将水层加深到10~15厘米护胎。低温过后再恢复正常灌水。在抽穗后3~5天，可进行间歇性灌水，以利排毒通气。

8.2.5　扬花灌浆水：抽穗扬花期是水稻对水反应较敏感时期，水分不足，会造成抽穗不齐，授粉不好，秕粒增加。因此，灌5~7厘米活水，促进灌浆速度。抽穗后20~35天应采取间断灌水，使土壤保持饱和状态，促进老根吸收养分，达到养根保叶活秆成熟。

8.2.6　蜡熟后停灌：黄熟初期排干，洼地可适当提早排水，漏水地可适当晚排。

8.3　除草

稻田杂草具有生命力强，繁殖快、适应性强、杂草群落变化较大等特点，杂草滋生影响水稻的生育和产量。无公害水稻生产提倡采用农防、生防、药防相结合，以人工为主的措施进行灭草。尽量减少农药的使用量，掌握"除早、除小、除了"的原则。春天早泡田，诱草萌发，待耕整稻田时灭之。7月上旬至秋季多以割净清除田边、渠道、水壕和池埂子的杂草，在田间稗草未成熟前拔除稗草，消除田间稗草的种源。地势低洼稻田，6月下旬常发生水生性杂草，如金鱼藻、小茨藻、水绵等，应于6月下旬，选高温晴天，即时排水晒田5~7天灭草。积极发展稻田养鱼、养鸭，用生物灭草，减少杂草危害。

8.3.1　灭三棱草：在三棱草开花前（6月20~25日）选晴天，每667平方米用48%苯达松0.2~0.25千克，对水50倍，洒水喷雾，次日灌水3~5厘米，保水5~6天。

8.3.2　除灭高龄稗草：当稗草超过4叶期时，每667平方米用50%快杀稗25~40克，对水15~20千克喷雾，喷雾后1~2天灌正常水。

8.4　防治病虫害

8.4.1　防治潜叶蝇：一是浅水灌溉，促使叶片直立、坚挺。壮苗能减轻危害；二是清除杂草。主要是清除灌排渠及池埂上的杂草，以减少虫源，降低危害；三是药剂防治。在幼虫发生初期，秧苗起秧前 1~2 天，每 100 平方米苗床用艾美乐 5 克，对水 1 000 毫升（先配制成母液进行均匀地叶面喷雾）。

8.4.2　防治负泥虫：将稻田附近的水壕边、池埂的杂草除净，消灭越冬成虫，减少虫源。在 80% 成虫交尾，2%~4% 的秧苗上有虫时，喷洒 5% 敌百虫粉剂，每 667 平方米用量 3 千克。在多数虫卵已孵化，虫体有小米粒大时，每 667 平方米用 25% 敌杀死乳油 15~20 毫升，对水 15~20 千克喷雾。

8.4.3　防治稻瘟病：防治叶稻瘟：选用抗病品种，加强肥水管理，加强稻瘟病的预测预报工作，控制发病中心。田间发病率达到防治指标时，每 667 平方米用 40% 稻瘟灵 0.15 千克，对水 30 千克喷雾防治。

8.4.4　防治穗颈瘟：对发病的地块，在水稻抽穗始期，每 667 平方米用 20% 三环唑 0.15 千克，对水 30 千克喷雾防治。

9. 要适时收获、充分晾晒、提高稻谷质量

在完熟期收获，捆小捆，稻捆直径 25~30 厘米，立即晾晒 3~4 天。基本晾干后在池埂上堆小码，充分晾干，收获损失率不大于 2%。

10. 脱谷及清选

晒后脱谷，脱谷机转数 550~660r/mim，脱谷损失率不大于 3%，糙米率不大于 5%，破碎率不大于 0.5%，清洁率大于 97%。

第四节　无公害红薯生产技术规程

1. 范围

本规程规定了红薯无公害生产的品种质量、整地施肥、田间管理、收获、贮藏等技术要求。

本规程所生产的红薯可蒸煮食用、加工生产淀粉、制作三粉及去皮加工制作薯条和油炸类食品。

2. 种薯及其处理

2.1　种薯选择
根据当地生态条件，种植习惯，结合市场需求和栽培目的，选择经审定推广适合当地种植的优质、高产、抗逆性强（如徐薯 18）的品种。

2.2　种薯质量
育苗前选择同一品种无病虫危害、薯块大小均匀一致的作种薯。

2.3　育种准备
2.3.1　床址选择：苗床应选择没有污染源、背风向阳、土壤肥沃疏松、地势较高不积水、没有种过红薯的土地作苗床。

2.3.2　育种方式：采用农膜覆盖温床育苗法育苗。

2.3.3　种肥选择：经过堆闷发酵、晒干粉碎的马、驴、骡粪以及充分腐熟的晒干粉碎的优质有机肥。不用有污染或有害物质残留的肥料做种肥。

2.3.4　床土选择：选择没种过红薯的细碎沙壤土、壤土做苗床土，不在有污染源的地方选床土。

2.3.5　药物浸种：种薯选好，育苗前，为了防治红薯黑斑病和促进发芽，将薯块放在 50～54℃ 的温水中浸 10 分钟或用 0.3% 多菌灵水溶液或 50% 甲基托布津 500 倍液浸 5 分钟，然后用清水洗净捞出晾干备用。

3.　育苗

3.1　育苗时间

育苗时间可在 2 月中旬（雨水）至 3 月上旬（惊蛰）前后。

3.2　种薯摆放

选择无风晴天，把种薯斜着摆放在苗床内已铺好的土（10 厘米）上，铺好后上面覆盖 10 厘米左右已晾干粉碎过筛的粪肥，然后浇足水分，以手握出水为宜。

3.3　育苗期管理

采取专人育苗。种薯摆好后，根据所选育苗方式，采取不同的管理方法。太阳能育苗、火炕育苗、温床育苗，在苗床墙上顺床式覆盖塑料薄膜，种薯与薄膜之间悬挂一干湿温度计。种薯粪肥上插一温度计，以观察温度。

3.3.1　催芽阶段：一般 5～7 天，温度要求 36～39℃，温度高时，打开窗户散温，或者薄膜揭开孔口通气散温。火炕育苗先停火然后通风散温。

3.3.2　采苗前管理：催苗后，温度控制在 25～30℃ 之间，时间约 25～30 天。干旱时喷水，20 平方米苗床喷水 10 千克左右，以利薯苗健壮生长。出圃前 7～10 天，实行低温炼苗，温度控制在 15～24℃ 之间，火炕育苗可停火。天气晴好，气温高于 15℃ 以上时，可白天揭去薄膜，晚上覆膜。如晚上温度高于 12℃ 以上时，晚上也可揭去薄膜，天冷时覆膜。

3.3.3　采苗时间：清明至谷雨，苗高 20 厘米时采苗，所采薯苗可在温室或大棚繁殖，也可在大田直播。

3.3.3.1　薯苗处理：选取生长健壮，苗龄一致的薯苗，在苗床上用剪刀直接剪苗，亦可用手拔苗，拔苗时一手按种薯，一手拔苗，免得种薯活动拔出。薯苗拔出后用手摆齐，然后用剪刀剪去根部，将薯苗浸入事先准备好的药液（0.3% 多菌灵水溶液）中 3～5 秒钟，然后放入准备好的工具（篮子、筐）中备用。或将薯苗拔出剪根后浸入事先准备好的泥水中沾泥，防止养分流失，减少缓苗时间，提高成活率。

3.3.3.2　采苗后的苗床管理：采苗后苗床及时补充水分和肥料（1% 尿素水溶液），20 平方米喷水 50 千克并覆盖塑料薄膜，提高床温至 25～30℃ 左右 3～5 天。第二次采苗（谷雨后）后，气温已稳定在 12℃ 以上，火炕育苗即可停火与太阳能育苗、温床育苗一样白天揭膜，晚上温度低时盖膜，后期（立夏）可以不覆膜，注意浇水、施肥（20 平方米施尿素 1 千克），至夏种结束。

4. 扦插准备

4.1　选田

选择无污染源的田块作薯田，可连作 3 年，然后间隔 7～8 年。

4.2　春播田

4.2.1　施肥：选用无污染源，无有害物质残留的充分腐熟的优质有机肥作底肥，667 平方米施 4～5 方。

4.2.2　犁耙地：犁地深度 23 厘米，逐年加深至 30 厘米左右，犁后耙平，无明暗坷垃。

4.2.3　打畦：采用双行或单行畦，双行畦宽 70～80 厘米，高 20 厘米，单行畦宽 40 厘米，高 20 厘米，达到畦平埂直，整好备用。

4.3　夏播田

4.3.1　施肥：前茬作物收获后，每 667 平方米施充分腐熟的优质有机肥 4～5 方。

4.3.2　犁耙地：犁地深度 23 厘米，逐年加深至 30 厘米左右，犁后耙平，无根茬，无明暗坷垃。

4.3.3　打畦：采用双行或单行畦，双行畦宽 70 厘米，高 20 厘米，单行畦宽 40 厘米，高 20 厘米，达到畦平埂直，整好备用。

5. 大田扦插

5.1　春播时间

春播田谷雨前后（4 月上中旬）气温稳定在 12℃以上。夏播田芒种至夏至前后（6 月上旬至 6 月中旬）。

5.2　扦插方式

扦插方式可采用船尾式，亦可采用直立式。

5.3　运输方式

薯苗运输工具可用架子车拉，亦可用人挑等多种方式，但均需轻搬轻放，免得碰伤薯苗。

5.4　行株距

春播行距 60 厘米，株距 35 厘米，667 平方米种植 3 000 株；夏播行距 60 厘米，株距 30 厘米，667 平方米种植 3 700 株。

5.5　种植措施

墒情为湿墒时可以不浇水，直接种植。双行种植可在畦上离边际 15 厘米处挖坑深 7～8 厘米直播，单行时在畦中间挖坑深 7～8 厘米直接扦插。无墒时可挖坑浇水，然后扦插并封土拍平。春薯可地膜覆盖，防止杂草，提高地温，保水保墒，促进红薯健壮生长。

6. 田间管理

6.1　中耕

红薯扦插后及时浅锄，破除板结，以利通气缓苗。锄地时采取浅、深、浅的锄地方法，即棵边浅、中间深、边际浅。有杂草时及时锄草或拔草。

6.2 施肥

控氮、稳磷、增施钾、补锌、硼肥，推广使用腐熟有机肥，生物菌肥和优质叶面肥，禁止使用硝态氮肥、医院粪便垃圾和城市垃圾以及含有过量有害物质的劣质肥料。控制无机氮使用量，提倡化肥与有机肥配合施用，有机氮与无机氮之比以 1：1 为宜，钾肥选用硫酸钾，禁止使用含有氯化钾的复合肥。

一般情况下，每 667 平方米施农家肥 3 方，纯氮 6～9 千克，五氧化二磷 3～4 千克，氧化钾 8～15 千克，结合起垄开沟深施，集中施用。红薯团棵时 667 平方米追施三元复合肥（硫酸钾型）10 千克。

6.3 浇水

干旱时选用无污染源的清水及时浇灌，小水沟灌，避免大水漫灌。

6.4 提蔓

薯秧长度 1 米以上时，及时提蔓不翻秧，防止扎路跟，减少养分消耗，以利薯块膨大。

6.5 喷施植物生长调节剂

红薯团棵后，薯秧生长偏旺，每 667 平方米用 15% 多效唑粉剂 100 克加水 50 千克喷施，控制旺长。

6.6 防治害虫

薯田苗期可用敌百虫毒饵防治地老虎，确保全苗。方法：每 667 平方米用敌百虫 0.5 千克加炒至八成熟的麸皮 5～7 千克，成堆散于地表。红薯生长期（距收获一个月前）发生虫害时可用菊酯类农药 3 000 倍液，或吡虫啉 1 500 倍液喷洒治虫。

7. 收获

7.1 收获时间

春薯收获时间可根据薯块生长及市场需求而定。一般自 8 月中下旬至 10 月上中旬收获；夏薯 10 月上旬至下旬，最迟霜降前 3～5 天收获。

7.2 收获方法

收获前，先割取薯蔓（秧），然后人工刨薯或机器犁人工拾薯。

7.3 选窖

如种薯量大可选用多菌灵或石灰水溶液消过毒、灭过菌的高温大屋窖；如为家庭型，留种薯较少，可选地势较高，背风向阳的地方挖窖，贮量不能超过窖容量的 50%。

7.4 种薯处理

7.4.1 药剂处理：用 0.3% 多菌灵水溶液浸薯种 3～5 分钟，捞出清水洗净后晾干。

7.4.2 堆放散温：将浸过的薯种晾干堆放 3～4 天，上覆秸秆或薯秧，避免冻害，待呼吸强度降低后下窖。

7.4.3 贮藏：将堆放散温后的种薯轻搬轻运至窖内。

7.4.4 窖贮把三关

7.4.4.1 入窖散热关：窖内挂一温度表，每天检查 1～2 次，保持温度 11～13℃。温度超过 15℃时，大屋窖可用电扇排气散温，农家窖可敞口散温。

7.4.4.2 越冬保温关：冬季天冷，将窖口关闭，留一小孔散热，孔口处挂一温度表，每天观察，保持温度 11～13℃。

7.4.4.3 立春回暖关：立春以后，天气变暖，地温升高，注意温度变化，可采用窖门开闭大小控制温度 11～13℃，确保种薯安全越冬。

第五节 无公害大豆生产技术规程

1. 范围

本规程规定了无公害夏播大豆生产的产地环境条件栽培的生态、品种选择、整地施肥、播种、田间管理、收获等技术。

本标准适用于无公害夏播大豆生产。

2. 规范性引用文件

下列文件中的条款通过本标准的引用而成为本标准的条款。凡是注日期的引用文件，其随后所有的修改单（不包括勘误的内容）或修订版均不适用于本标准，然而，鼓励根据本标准达成协议的各方研究足否可使用这些文件的最新版本。凡是不注日期的引用文件，其最新版本适用于本标准。

GB 4285　　　　　　　　农药安全使用标准
GB/T 8321（所有部分）　农药合理使用准则
NY/T 496—2002　　　　　肥料合理使用准则　通则
GB 3095　　　　　　　　环境空气质量标准
GB 15618　　　　　　　　土壤环境质量标准

3. 产地环境

符合 GB 3095 和 GB 15618 的规定。

4. 生态

4.1 产量因素
4.1.1 株数：每 667 平方米保苗 1.2 万～1.5 万株。
4.1.2 荚数：每株 35 荚以上。
4.1.3 粒数：每株 70 粒以上。
4.1.4 百粒重：18～22 克。

4.2 生育指标
4.2.1 出苗期：6 月中旬。
4.2.2 分枝期：7 月上中旬。
4.2.3 盛花期：8 月上中旬。
4.2.4 成熟期：9 月中下旬。

5. 品种选择

5.1 选用良种
选用豫豆 10 号、14 号、16 号、22 号、科丰 34 等。

5.2 种子处理

5.2.1 晒种：播前晒种 1～2 天，提高发芽率和发芽势，注意不要在水泥地上曝晒。

5.2.2 种子质量：种子发芽率不低于 90%，纯度和净度不低于 97%。

6. 整地施肥

6.1 选地

选择地势平坦，耕层深厚，排、灌水方便，非盐碱，无孢囊线虫病地块。

6.2 整地

收麦后时间充足，墒好时要灭茬、耙平。播种要足墒，5～10 厘米土壤绝对含水量不低于 18%。墒不足要浇水造墒，可先浇水后整地。

6.3 施肥

结合整地 667 平方米施优质农家肥 3 方，纯氮 2～4 千克，五氧化二磷 5～10 千克、氧化钾 4～8 千克做底肥。来不及整地施底肥的可在出苗后中耕灭茬时将肥料施入。

7. 播种

7.1 播期

收麦后即抢时播种，一般不得晚于 6 月 15 日。

7.2 播种方式、方法

7.2.1 机播：有条件的用播种机精量播种，省种、省工，下种均匀。

7.2.2 人工精量点播：40～50 厘米等行距，开沟或挖沟点种，穴距 18～20 厘米，每穴下种 2～3 粒，每 667 平方米 6 000～8 000 穴。

7.2.3 人工用耧条播：采用宽窄行播种，宽行 50～60 厘米，窄行 20～30 厘米。

7.3 播种量

大粒种（百粒重 20 克以上）每 667 平方米 5～6 千克，中小粒种 4～5 千克。人工点种 3～4 千克。

7.4 播种深度

一般播种深度 3～5 厘米，播后封土。

8. 田间管理

8.1 查苗补苗

出苗后及时查苗，对缺苗断垄在 30 厘米以上的，用同品种种子浸种后补种，或在三叶期前结合间苗带土浇水移栽。

8.2 间苗、定苗

子叶展开时（两瓣夹一心）间苗，第一片复叶展开时定苗，条播的单株留苗，穴播的每穴可留双株。

8.3 留苗密度

植株高大、分枝多、繁茂品种宜稀，反之则密。肥地每 667 平方米留苗 1.2 万株左右，中等地力每 667 平方米留苗 1.5 万株左右。

8.4 中耕灭茬

大豆出全苗后结合间、定苗进行第一次中耕，中耕深度 2 ~ 3 厘米，破除麦茬，遇雨后要及时中耕松土，一般要中耕三次。

8.5 防除杂草

8.5.1 化学除草

8.5.1.1 土壤处理：大豆播种后、出苗前用 50% 乙草胺 150 ~ 200 毫升加水 50 千克均匀喷洒地表。

8.5.1.2 茎叶处理：大豆两片复叶出来后，禾本科杂草 3 ~ 4 叶期用 12.5% 盖草能 50 ~ 100 毫升，或 20% 拿捕净 150 ~ 200 毫升或 35% 稳杀得 60 ~ 80 毫升加水 40 ~ 50 千克喷洒杂草茎叶，可防大部分禾本科杂草。用 25% 虎威 50 ~ 60 毫升或 48% 苯达松 200 毫升加水 500 千克喷洒可防除大部分阔叶杂草。用盖草能同苯达松、虎威等混用，可兼防禾本科和阔叶性杂草。

8.5.2 人工除草：大豆苗期结合间定苗中耕除草，中后期人工拔除大草。对菟丝子要连根拔出带出田外。

8.6 追肥

没有施底肥的地块可结合中耕开沟条施。

8.7 冲沟培土

7月中旬结合最后一次中耕冲沟或用犁去掉犁铧冲沟培土，防止倒伏和利于排灌。也可同追肥一起进行，先追肥后培土。

8.8 防治虫害

8.8.1 农业防治

8.8.1.1 品种选择：选用抗病虫、抗逆性强的品种，如科丰 34 等。

8.8.1.2 合理轮作：实行大豆与禾本科作物三年轮作，避免重、迎茬。

8.8.1.3 豆田翻耕：可采用秋季翻耕，减少越冬虫源基数。

8.8.2 化学防治

8.8.2.1 豆蚜、红蜘蛛：苗期发现田间有豆蚜株率在 50% 以上；百株蚜量在 800 头以上，红蜘蛛点片发生期百株有虫 150 头以上，每 667 平方米用 40% 吡虫啉可湿性粉剂 2 000 倍液 60 ~ 70 千克喷洒防治。

8.8.2.2 豆秆蝇：分枝初花期用 2.5% 敌杀死每 667 平方米 10 毫升低量喷雾防治成虫，隔一周再防一次。

8.8.2.3 造桥虫、豆天蛾：7月中旬至 8 月初，发现食叶害虫造桥虫，百株有虫 50 头（三龄前幼虫）以上，豆天蛾百株有虫 15 头（三龄前幼虫）以上，用 2.5% 敌杀死乳油等菊酯类农药，每 667 平方米 30 ~ 40 毫升加水 50 ~ 60 千克喷洒防治。对大龄豆天蛾幼虫人工捕捉。

8.8.2.4 豆荚螟、食心虫：花荚期用 2.5% 敌杀死 30 ~ 40 毫升兑水 50 ~ 60 千克于下午叶面喷洒，或用沾有敌敌畏原液的高粱秆均匀插入田间，熏杀成虫，每 667 平方米用 40 ~ 50 根。也可用 80% 敌敌畏乳剂 200 ~ 250 克加水 2 千克拌麦糠 20 千克顺垄撒入田间熏蒸防治。

8.9 防治病害

8.9.1 农业防治

8.9.1.1 品种选择：选用抗病虫、抗逆性强的品种，如科丰34等。

8.9.1.2 合理轮作：实行大豆与禾本科作物三年轮作，避免重茬。

8.9.2 化学防治

8.9.2.1 孢囊线虫病：药剂防治在大豆播种或苗期用3%呋喃丹粉每667平方米2.5～3千克进行土壤处理，亦有较好效果。

8.9.2.2 霜霉病：用25%甲霜灵可湿性粉剂800倍液60～70千克喷洒防治。

8.10 浇水抗旱

8.10.1 花荚期、鼓粒期田间土壤最大持水量降到70%以下时要及时浇水。

8.10.2 采取渗灌、喷灌、沟灌和畦灌，严禁大水漫灌。

8.11 排涝

保持沟渠相通，雨后及时排除田间积水。

8.12 叶面喷肥

结荚鼓粒期每667平方米用磷酸二氢钾150～200克、硼砂75～100克加水50千克叶面喷洒，长势弱时可加入1千克尿素，补充后期营养。叶面喷肥也可以加入酸碱性质相同的农药，同防治害虫结合进行。

8.13 化学调控

植株长势过旺时，可在初花期每667平方米用15%多效唑50克加水60～70千克叶面喷洒，可控制株高，增加结荚，防止倒伏。

叶面喷肥、喷药应选择晴天下午3点后进行，要喷洒均匀，喷后6小时内遇雨要补喷。

9. 收获

9.1 人工收获在大豆黄熟末期进行，此时茎、荚全部变黄，落叶达到80%以上。籽粒变硬，荚中籽粒与荚皮脱离，摇动植株有响铃声。

9.2 选择晴天早晨收割，割后将豆棵晒干脱粒。注意不要暴晒豆粒，以免种皮皱裂降低品质。

第六节 无公害花生生产技术规程

1. 范围

本标准规定了无公害食品花生的产地环境要求和生产管理措施。

本标准适用于无公害食品花生生产。

2. 术语

无公害花生，系指在生态环境质量符合规定的产地，生产过程中允许限量使用限定的化学合成物质，按特定的生产技术操作规程生产、加工、包装、贮运，经检测符合国家颁布的卫生标准的花生产品。

3. 生产环境

3.1　花生田周围1千米内不允许工矿等"三废"污染源存在。

3.2　大气按保护农作物的大气污染度限值执行。

3.3　土壤应符合土壤环境质量标准中的二类二级标准，并要求土壤肥沃，适于花生生长。

3.4　水质按农田灌溉水质量标准。

4.　播种前准备

4.1　选择地膜

选用线性聚乙烯膜或除草膜，厚度0.004毫米，幅宽85～90厘米。

4.2　种子选用与处理

4.2.1　应选用高产、优质、抗逆性强的优良品种。适宜开封市种植的花生品种有：豫花7号、豫花10号、豫花11号，鲁花11、鲁花14号等。

4.2.2　选用种子要经过检疫：检疫不合格的种子不许种植。

4.2.3　剥壳前晒车：剥壳后分级粒选，剔除病虫、破伤果仁和秕仁。

4.2.4　药剂拌种：用辛硫磷：水：种子为1：50：1 000比例播前进行拌种，防治地下害虫及幼苗害虫。也可用25%的多菌灵按种子量的0.5%拌种，防治烂种及根腐病、茎腐病。

5.　整地与施肥

5.1　整地

秋季前茬收割后，灭茬，秋翻、耙、压后做成新垄。准备地膜覆盖栽培的地块，做成底宽75～80厘米、畦高5厘米、畦面宽85～70厘米的畦，畦与畦中间做成20～25厘米宽、15厘米高的小垄，以备播种时取土用。

5.2　施肥

5.2.1　基肥：根据地力、产量水平等进行配方施肥。一般667平方米产300千克荚果左右的花生田，施有机肥3～4方，纯氮4～6千克，五氧化二磷6～8千克，氧化钾5～10千克。

5.2.2　叶面喷肥：中后期喷磷酸二氢钾，浓度为0.2%。

6.　播种

6.1　播种期

地膜花生播前5天以5厘米地温平均稳定在12.5℃时，开封市地膜花生最佳播期为4月上旬，麦垄套种花生可在5月上旬播种。

6.2　种植方式与密度

6.2.1　麦垄套作：大行距40厘米，小行距20厘米，穴距13～17厘米，合每667平方米8 000～10 000穴，每穴播2粒。

6.2.2　地膜覆盖畦作：应根据地力和品种的不同确定合理的种植密度，在开封市中等以上肥力地块，每667平方米0.8万～1万穴，平均穴距17厘米，大行距50厘米，小行距 30 厘米。中等以下肥力地块，穴距 13～15 厘米，每 667 平方米 1 万～1.25 万穴。

6.3 播种方法

6.3.1 麦垄套作：开沟深 5 厘米左右，因墒情而定。再按每 2 粒等距下种，均匀覆土，镇压。

6.3.2 地膜覆盖栽培：分先播种后覆膜和先覆膜后播种两种方法，先播种后覆膜可采用机械或人工进行。机械播种可一次性完成整地、施肥、喷施除草剂、播种、覆膜、压土等工序。人工方法在畦面平行开 2 条相距 40 厘米的沟，深 4～5 厘米，畦面两侧均留 13～15 厘米。沟内先施种肥，再按每 2 粒等距下种，务使肥种隔离，均匀覆土，要求地表整齐，土壤细碎。播后如不覆除草膜，覆膜前应喷除草剂，可选用禾耐斯、都尔、乙草胺等。如用 72% 都尔乳油每 667 平方米用 100～150 毫升对水 40～50 千克喷洒。如墒情不好，要加大对水量，均匀喷洒，使土壤保持湿润。最后用机械覆膜或人工覆膜，要求膜与畦面贴实无折皱，两边覆土将地膜压实。最后在播种带的膜面上覆土成 10～12 厘米宽，6～8 厘米高的小垄。

7. 田间管理

7.1 麦垄套作栽培的田间管理

7.1.1 清棵蹲苗：苗基本出齐时进行。先拔除苗周杂草，然后把土扒开，使子叶露出地面。注意不要伤根。清棵后经 15 天左右再填土埋窝。

7.1.2 中耕除草：在苗期、团棵期、花期进行三次中耕除草。掌握"浅、深、浅"的原则，花期中耕防止损伤果针。

7.1.3 培土：开花后半个月进行培土，不要过厚，以 3 厘米为宜。

7.2 地膜覆盖栽培的田间管理

7.2.1 开孔放苗和盖土引苗：在花生芽苗顶土时开孔放苗，放苗要在上午 9 点前完成，放苗后立即在膜孔上盖一把湿土，厚 3～5 厘米。

7.2.2 查苗补种：开膜时，如发现有未顶土出苗的，应将浸泡好的种子补上。

7.2.3 开花下针期：花生开花后，对于底肥充足地块，一般不用追施肥料；对于脱肥早衰的地块，可 667 平方米用 1%～2% 的尿素和 0.2%～0.3% 的磷酸二氢钾混合液喷洒。此期土壤含水量为田间最大持水量的 80% 为宜，墒情不足时要及时浇水，以喷灌为好。

在高肥水条件下在花生下针后期和结荚前期，若植株生长过旺，可人工摘除花生主茎和主要生长点控旺，也可 667 平方米用 15% 的多效唑 50 克，喷花生顶部叶片，一般 1～2 次。

7.2.4 结荚期管理：结荚期主要是对肥水的管理。此期若遇干旱，要及时浇水，以沟灌为宜；遇长期阴雨，土壤水分过大，要及时排涝，防烂果。对于脱肥田块，可叶面喷洒 3%～4% 的磷酸二氢钾溶液，每隔 7 天喷一次，连喷 2～3 次。

7.2.5 荚果成熟期：此期要注意抗旱排涝和叶面喷肥，以延长叶片功能期，可喷施 1% 的尿素和 2% 的过磷酸钙混合液。

7.3 防止徒长

对有徒长趋势的花生田，每 667 平方米用 15% 多效唑粉剂 30 克，或 5% 高效唑粉剂 70～90 克，对水 50 千克喷雾，不徒长的花生田不必施用。禁止使用 B9 防徒长。

8. 病虫害防治

开封市花生田主要病害有茎腐病、叶斑病、锈病、白绢病；主要虫害有蛴螬、蚜虫、棉珠蚧、红蜘蛛等。

8.1 农业防治

加强检疫，严禁从病区引种；选用抗病品种；收获花生时，尽可能将病残体和落叶收集起来，清除烧毁田间病残体；深翻地，与玉米等禾谷类作物和甘薯等实行 3～4 年轮作；施用充分腐熟的有机肥料。

8.2 化学防治

8.2.1 病害防治

8.2.1.1 花生茎腐病：首先是种子处理。即用干种子重量 0.3% 的 50% 的多菌灵或 70% 甲基托布津可湿性粉剂 1 000 倍液喷雾。

8.2.1.2 花生白绢病：播种前用种子重量 0.5% 的 50% 多菌灵可湿性粉剂拌种；发病初期喷淋 50% 扑海因可湿性粉剂或 50% 速克灵粉剂 1 000～1 500 倍液，每株喷淋对好的药液 100～200 毫升。

8.2.1.3 花生叶斑病：在始花前每 667 平方米喷洒 70% 代森锰锌 400～800 倍液，或每 667 平方米用 50% 甲基托布津可湿性粉剂 1 000～1 500 倍液。发病严重时，交替使用两种杀菌剂，每 10 天左右喷一次，连喷 2～3 次。

8.2.1.4 花生锈病：发病初期每 667 平方米用 75% 百菌清可湿性粉剂 100～125 克，对水 80～75 千克喷雾，或用硫酸铜：生石灰：水比例为 1：2：200 的波尔多液喷雾，严重时两种杀菌剂交替使用，每隔 10 天喷一次。

8.2.2 虫害防治

8.2.2.1 蛴螬：播种时，用 50% 辛硫磷 1 千克拌直径 2 毫米左右炉渣 10 千克做成毒砂，每 667 平方米按 2 千克毒砂撒入播种沟内；在花生初花期，每 667 平方米用 14% 乐斯本 800～700 克加入细砂 10 千克，拌匀后顺垄基部撒施。

8.2.2.2 花生棉珠蚧：及时浇水，中耕灭茬，破坏虫卵，降低卵孵化率；8 月下旬棉珠蚧处于一龄幼虫和卵期时，每 667 平方米条施 50% 地虫灵 4 千克，施后及时浇水，中耕。

8.2.2.3 蚜虫防治：及时清除田间杂草，减轻危害；可 667 平方米用 50% 辛硫磷 1 500 倍或 2.5% 辉丰乳油 1 000 倍喷雾。

8.2.2.4 红蜘蛛防治：用 1.0%～2.0% 的阿维菌素 1 500～2 000 倍喷雾。

9. 适时收获，清除残膜

当花生饱果指数达 80% 以上就可适时收获。收获后及时把留在土壤的残膜拣出，同时，还要注意摘除花生秧上的残膜，避免牲畜误食造成伤害。

10. 贮藏、加工及包装

10.1 花生贮藏或入库时，荚果含水量应在 10% 以下，保证贮藏期不受霉菌危害

10.2 在加工、制作、包装、运输、销售过程中，要避免有害物质污染，并要符合卫

生管理要求

10.3　包装材料必须符合国家有关标准

第七节　无公害夏芝麻生产技术规程

1. 范围

本规程规定了夏芝麻产量结构、长势长相、播前准备、播种、田间管理。

本规程适用于河南夏芝麻 667 平方米产 75～100 千克栽培。

2. 产量结构

单秆型品种有效密度 1 万～1.2 万株/667 平方米，每株蒴数 50～70 个，每蒴粒数 65～80 粒，千粒重 2.5～2.8 克，分枝型品种有效密度 0.6 万～0.8 万株/667 平方米，每株蒴数 80～90 个，每蒴粒数 65～70 粒，千粒重 2.4～2.5 克。

3. 长势长相

3.1　生育进程

出苗期 4～6 天，苗期 40～50 天，花期 30～35 天，成熟期 10～15 天。

3.2　长势

苗期茎秆日增高 0.5～1.0 厘米，株高 30～40 厘米，叶面积系数 0.5 以上；初花期日增高 1.8 厘米左右，株高 50～70 厘米，叶面积系数 1～1.5；盛花期茎日增高 3 厘米，株高 120～130 厘米，叶面积系数 3～4；盛花至终花阶段茎日增高 1.2～1.5 厘米，株高 140 厘米，叶面积系数 3 左右，终花期单株成蒴单秆型品种 50～70 个，分枝型品种 80～90 个。

3.3　长相

苗全苗壮，早发稳长，花多蒴密，始蒴部位低，不早衰，粒大籽饱。

4. 播前准备

4.1　选地

4.1.1　基地选择：选择远离工矿企业（5 千米以外），无工业"三废"，土壤肥沃，地势高燥，排灌方便，中等以上肥力，三年或三年以上没有种过芝麻的沙质壤土、轻壤土、砂礓黑土地种植，其次黄棕壤土、潮土地也可种植，要求土壤 pH 值在 6～7 之间。光热资源丰富，生态环境多样的基地。大气、水、土壤等环境质量符合无公害农产品生产基地环境质量标准。

4.1.2　环境要求

4.1.2.1　温度：芝麻是喜温作物，一生需积温 2 500～3 000℃，当积温指数低于 85％时，种子产量和品质将受到严重影响。种子发芽出苗的最适温度为 18～22℃；苗期生长最适温度为 20～24℃；芝麻开花后，温度要求在 24℃以上，低于 16～18℃，影响生长发育，造成器官发育不良；开花至封顶处在 28～30℃的高温条件下，有利于获得较高的产量。

4.1.2.2 水分：芝麻是怕涝耐旱的作物，尤其耐涝性差，渍涝危害是造成芝麻产量低而不稳的主要因素。种子发芽以土壤含水率15%左右为宜，超过24%发芽率降低。苗期和蕾期水分不宜过多，以防形成弱苗，降低植株抗性；开花结蒴期需水量最大，占整个生育期的53%，而且对水分十分敏感，怕涝怕旱，此期要做好防渍抗旱；封顶期需水减少，约占总需水量的19.7%，此期一般不需灌水。

4.1.2.3 光照：芝麻是短日照喜光作物，整个生育期要求光照充足，短日照可以促进植株现蕾开花，缩短生育期。

4.1.2.4 农田营养：芝麻对土壤环境条件要求较为严格，要选择地势高燥，灌排良好，土壤肥沃，质地疏松的沙壤土和轻壤土，前茬无芝麻种植或轮作3~4年以上，pH值5.5~7.5，土壤10厘米含盐量不超过0.3%，有机质含量1.5%以上，有充足氮、磷、钾肥供给，尤其磷钾肥能较好地提高产量和品质；对硼、锌、锰、钼等微量元素也有一定的需求。

4.2 轮作方式（附录A）

4.3 整地

前茬作物收获后，趁墒犁地，一般15~30厘米深，随犁随耙，黏土或墒情差、坷垃多的地要多耙，以达到碎、实、平；墒情好或沙壤土、轻壤农田一般用钉齿耙或圆盘耙直耙和斜耙各一遍。对于地势低洼的砂礓黑土和上浸地实行铁茬播种，即前茬作物收获后，用钉齿耙或圆盘耙进行碎土灭茬，深耙7~10厘米，耙碎耙平后进行播种。

4.4 开沟作厢

为排涝防旱，整地后应根据地势、地形，用犁开沟作厢，厢宽2~3米、沟深0.2~0.23米、沟宽0.27~0.33米、地块超过50米长的要增挖腰沟，使厢沟、腰沟、地外排水沟相通。

4.5 科学施肥（附录B）

4.6 种子准备

4.6.1 品种：因地制宜选用优质、高产、广适、抗逆性强、出油率高、商品性好的品种如：豫芝四号、豫芝五号、豫芝八号、豫芝十号等优良品种，合理搭配种植。

4.6.2 晒种：临播前将种子薄薄摊晒在席上曝晒1~2天，提高种子发芽势和发芽率。

4.6.3 选种：用风选或水选法清除秕籽、小粒和杂质，选留饱满干净的粒籽作种。

4.6.4 种子质量：为保证种子发芽势，不选用隔年的陈种子，并在播前做发芽试验，发芽率应在95%以上。

4.6.5 种子灭菌：播种前用0.2%多菌灵或0.3%的硫酸铜溶液浸种1~2小时，用清水冲洗干净或用55℃温水浸种10~15分钟，晾干播种。

5. 播种

5.1 播种期

5月下旬至6月上旬为适宜播种期，适当早播可提高产量，应选用油菜、豌豆、大麦等早茬地播种或麦收前10天左右趁墒在麦垄间套种。麦茬地应铁茬抢墒早播。

5.2 播种量

每 667 平方米用量 0.4～0.5 千克。

5.3 播种方法

以条播为主，播深一般 3 厘米左右，土壤墒情足时适当浅播，墒差适当深些。为了一播全苗，可采用条播和撒播相结合的"双保险"播种法。无论条播或撒播，播后都要立即耱地盖籽，碎土保墒。

5.4 种植方式

单秆型品种一般采取等行距条播，行距 33 厘米，株距 17 厘米或行距 40 厘米，株距 13～15 厘米；也可以宽窄行条播，宽行 50 厘米，窄行 30 厘米，株距 13～15 厘米；或 23 厘米等行距、株距 23 厘米。分枝型品种采用 40 厘米或宽行 47 厘米，窄行 33 厘米，株距 23～26 厘米；或 33 厘米等行距、株距 28～33 厘米；或 50 厘米等行距，株距 20 厘米；也可以和红薯、花生等矮秆作物间作、混作。

5.5 种植密度

单秆型品种 1 万～1.2 万株/667 平方米，分枝型品种 0.6 万～0.8 万株/667 平方米。

6. 田间管理

6.1 破除板结

播种后遇雨猛晴造成表土板结时，应在天晴适墒时用钉齿耙耧 1～2 遍，破除板结，以利出苗。

6.2 间苗、定苗

1 对真叶期间苗，按定苗的 2 倍留预定苗；2～3 对真叶期定苗。

6.3 中耕除草

结合间苗、定苗进行中耕 1～2 次，本着抢晴天，避雨天，中耕宜浅不宜深不伤根的原则，也可采取化学除草，即用化学除草剂拉索 0.15～0.25 千克/667 平方米，对水 60～80 千克，在芝麻播种后均匀洒在地表，一个月内不锄地，可消灭杂草危害。

6.4 防治病虫害

前期病虫害主要有枯萎病、病毒病，中后期主要有茎点立枯病、叶斑病、青枯病等，应采取以预防为主，综合防治的方法，在选用抗病品种、轮作倒茬、种子灭菌的基础上，中后期用 800 倍的多菌灵药液于下午 6 时后喷施叶片或 50% 的甲基托布津 2 000 倍液喷施 2～3 次。

主要虫害有蚜虫、芝麻天蛾、玉米叶夜蛾、小地老虎等，芝麻一对真叶期用 90% 晶体敌百虫 500 倍液喷施 1 次，防治三龄以前的小地老虎；三龄以上的地老虎采用棉籽饼或麦麸拌毒饵诱杀；芝麻苗期用 2 000～3 000 倍液乐果乳油或 1 500 倍灭蚜松防治蚜虫，中后期用敌杀死、乐果等药剂防治芝麻天蛾、玉米叶液蚜等虫害。

6.5 排涝防旱

七八月份雨水较多且集中，要及时清理疏通田间沟渠，做好排水防涝，防止田间积水。开花结蒴期需水较多，干旱时应及时进行灌溉。

6.6 打顶保叶

6.6.1 打顶时间：在芝麻终花期打顶。旱播夏芝麻 7 月底打顶，麦茬芝麻 8 月初打顶。

6.6.2　打顶方法：晴天下午用手摘除花序顶部生长点约 0.5 厘米左右，但应严禁打叶。

6.7　适时收获

6.7.1　收获时间：当植株变成黄色或绿色，叶片几乎完全脱落，下部蒴果的籽粒充分成熟，种皮呈固有光泽，并有 2~3 个蒴果开始裂嘴，中部蒴果的籽粒已十分饱满，上部蒴果的籽粒已进入乳熟后期时进行收获。时间 8 月底 9 月初每天的早上或傍晚。

6.7.2　收获方法：芝麻收割后捆成直径 15~20 厘米的小捆。4~5 捆就地搭架一起，进行晾晒，经 2~3 次脱粒即可。

6.7.3　贮藏：收获后的籽粒要及时晾晒，其含水量不超过 7%，杂质不超过 2% 即可入库。

6.8　田间调查项目标准（附录 C）

附录 A
夏芝麻轮作方式

A₁　小麦—夏芝麻—小麦—大豆或红薯—小麦或油菜（豫南）

A₂　油菜—夏芝麻—小麦—玉米—小麦—大豆—小麦（豫南）

A₃　豌豆—夏芝麻—小麦—玉米—小麦—玉米—绿豆间作—小麦（豫南）

A₄　春高粱或春红薯—小麦—夏芝麻—小麦（豫南）

A₅　棉花或春红薯（二至三年）春芝麻—小麦—夏芝麻或夏大豆（黄河以北）

A₆　晚红薯棉中大豆—春芝麻—小麦—红薯或大豆—棉花（豫东）

附录 B
施肥

施肥量

芝麻形成 50 千克籽粒需从土壤中吸收三要素的纯量为：纯氮 4.69~6.52 千克，五氧化二磷 1.31~1.67 千克，氧化钾 5.2~6.85 千克，其比值约为 4∶1∶4。吸收氮磷钾的总和，以初花至盛花阶段最多，盛花至成熟段次之，开花以前较少，为减轻病害，在按比例施肥的基础上适当多施磷、钾肥，少施氮肥。

底肥

底肥使用量应占总施肥量的 60%~70%，一般 667 平方米施优质农家肥 2 000~3 000 千克，配合施入尿素 5 千克，过磷酸钙 20~30 千克，硫酸钾 10 千克，硼肥 0.5 千克。有机肥和磷肥在犁地前均匀撒施地面；速效性化肥犁后边耙边撒。

种肥

铁茬种芝麻无法施底肥的应巧施种肥，先将尿素、过磷酸钙或腐熟的饼肥分别为 3~5 千克，25 千克，15~20 千克，掺匀后用耧插入土中，然后播种。

追肥

单秆型品种于现蕾至始花期，分枝型品种在分枝出现时 667 平方米追尿素 7.5~10 千克。开沟条施或穴施。在苗、花期分别喷施 0.2% 硼砂液 2 ~ 3 次，在始花期每 667 平方米叶面喷洒 0.4% 的磷酸二氢钾溶液 50 千克左右，间隔 3 ~ 5 天连续喷洒 2 次。为促进养分向种子中运输，种子灌浆期喷 0.4% 磷酸二氢钾液，补充后期养分亏缺，保持绿叶面积。

附录 C
田间调查项目

1. 播种的日期：月/日
2. 出苗期：75% 以上为出苗期。
3. 现蕾：出现绿色花苞的植株达 60% 以上为现蕾期。
4. 开花期：植株开花达 60% 以上为开花期。
5. 终花期：植株 75% 已无花为终花期。
6. 成熟期：指主要叶片大部分脱落，蒴果、茎秆及中下部蒴籽粒已呈现本品种成熟时固有色泽的植株达 75% 的日期为成熟期。
7. 收获期：收获的日期。
8. 株高：由根茎至主茎顶端的高度，终花期以后开始测量，用厘米表示。
9. 始蒴高度：指根茎至主茎下部第一蒴果的高度，终花期以后开始测量，用厘米表示。
10. 始蒴节位：自子叶节数起至主茎下部第一个蒴果节位。
11. 分枝数：指分枝型品种植株上的第一次有效分枝数。
12. 果轴长度：指主茎果轴下部第一蒴果节位至空梢第一个无效花的节位的长度，用厘米表示。
13. 空梢类长度：指主茎果轴梢尖蒴果不能正常发育部分的长度。用厘米表示。
14. 全株蒴果数：主茎蒴果数与分枝蒴果数之和。
15. 每蒴粒数：从 5 ~ 10 株主茎果轴中段共取 10 ~ 20 个蒴果数其粒数，求平均数。
16. 千粒重：取正常饱满粒数 1 000 粒称重，一般重复 2 ~ 3 次（误差小于 0.05 克）求其平均值。用克表示。
17. 含油量：用% 表示，至少重复 2 次，误差小于 0.1%。

第八节　无公害油菜生产技术规程

1. 范围

本标准规定了无公害蔬菜—油菜的产地环境、栽培技术以及病虫害防治技术要求。

2. 规范性引用文件

下列文件中的条款通过本标准的引用而成为本标准的条款。凡是注日期的引用文件，其随后所有的修改单（不包括勘误的内容）或修订版均不适用于本标准，然而，鼓励根据本标准达成协议的各方研究是否可使用这些文件的最新版本。凡是不注日期的引用文件，其最新版本适用于本标准。

GB 4285　　　农药安全使用标准

GB 8090　　　蔬菜种子

GB/T 8321　　农药合理使用准则

NY 5010　　　无公害食品 蔬菜产地环境条件

3. 术语和定义

下列术语和定义适用于本标准。

3.1　农家肥

指利用鸡、猪、牛、羊的排泄物为主要原料，经堆制、腐熟后施用于土壤的有机物料。

3.2　精制有机肥

经工厂化生产的、不含特定肥料效应微生物的商品化有机肥料。

3.3　安全间隔期

最后一次施药至作物收获时必须间隔的天数。

4. 产地环境条件

产地热量、光照、降水、土壤等条件应适宜油菜生长，属油菜主产区、高产区或独特的生产区。油菜属喜凉耐霜型作物，不怕轻霜，可耐短期 −5～8℃ 低温；生长盛期的适宜温度为 15～20℃，12～18℃ 能正常生长；直播栽培甘蓝型油菜，采用中熟品种，全生育期需 ≥0℃ 活动积温 2 200～2 400℃，因此，冬油菜适于黄河以南地区种植。油菜为喜湿润型作物，需水较多，喜土壤或空气湿度较高。油菜适于壤土，pH 值为 6.2～6.9 较为适宜，耐盐性中等。

无公害油菜产地必须选择生态环境良好的地区。产地农田的土壤环境质量、灌溉水质量以及空气质量必须符合国家对无公害农产品生产的要求。产地区域或上风向以及灌溉水源上游，没有对产地环境构成威胁的污染源，包括工业"三废"、农业废弃物、医院污水及废弃物、城市垃圾和生活污水等污染源；产地要远离公路、车站、机场、码头等交通要道，以免造成空气、土壤、灌溉水的污染。

5. 适宜的茬口与播种方式

选好油菜茬口对于油菜健壮生长，减少病虫害具有十分重要的意义。油菜茬口好，也是许多作物的良好前茬。我国从南到北，油菜适宜的前茬分别有水稻、棉花、玉米等。在长江流域各省及河南省的南部稻区，可采用水稻、油菜两熟制种植；淮河以北地区可以采用玉米、油菜或棉花、油菜两熟制。种植油菜时，应根据前茬作物腾茬早晚，采取相应的种植方式。水稻、油菜和玉米、油菜两熟种植，油菜可采取直播；棉花、油菜两熟种植，油菜应采取育苗移栽。

由于油菜菌核病、猝倒病等均由土壤传播，因此，在种植安排上，油菜要进行轮作。

6. 精细整地

油菜根系发达，必须有深厚、疏松、肥沃的土层，因此，播种前必须深耕。而且油菜种子小，幼芽顶土力弱，对整地质量要求也很高。

油菜整地主要包括三个环节。一是深耕。在前茬收获后立即抢时耕翻，耕深达25～30厘米。耕前先施入充分腐熟的有机肥，并按比例施入部分氮、磷化肥。二是耙耱。耕后立即耙耱碎土，做到土壤上虚下实，土碎地平，以利保墒播种。三是作畦。为了便于油菜灌溉排水，播种前要做到因地因土作畦。淮河以南油菜区主要作高畦，以利播前排水和后期防渍。淮河以北油菜区主要作平畦，方便灌溉。

7. 选用良种

实行良种良法配套，是实现油菜无公害、优质、高产、高效的重要途径。目前，在河南省主要应种植甘蓝型半冬性品种，可选用抗性、产量、熟期等综合性优良的品种，尤其要注重抗病虫性好，以减少农药防治的次数和造成污染的机会。目前，主要选用豫油4号、豫油5号、华杂4号等品种。种子质量必须符合国标二级以上要求。

如果种植"单、双低"油菜品种，要实行1个乡（镇）1个品种，实行统一供种，集中连片，区域化规模种植，禁止与常规油菜品种插花种植。

8. 合理密植

选用甘蓝型半冬性普通油菜品种或"单、双低"油菜品种，在高肥水地块，每667平方米种植1.2万～1.3万株；中等肥力地块，每667平方米种植1.3万～1.5万株；旱薄地和晚播晚栽地块，每667平方米种植1.5万～1.8万株。目前，有些单、双低油菜品种苗期生长慢，冬发性差，种植密度要适当增加。

杂交油菜种子成本高，植株高大，种植密度应比普通油菜适当降低。中等以上地力，每667平方米种植1.0万～1.2万株，旱薄地和晚栽地块可增加到每667平方米1.3万～1.4万株。

中等以上肥力地块采用宽窄行种植，宽行60～70厘米，窄行30厘米；旱薄地应采用40～50厘米等行。

9. 提高播种质量

9.1 种子处理

首先是晒种、选种，在播种前将种子摊放在晒席或簸箕上面，晒2～3天，每天3～4小时。随后，进行风选、筛选，淘汰发育不良的瘪粒、破伤粒及瘦弱种子，保留饱满、大粒、健康、整齐一致的种子。其次，为减少油菜种子带病，还必须进行药剂处理。方法是用50～54℃的温水浸种20分钟，不仅可以杀死病菌，而且还能起催芽作用。

9.2 适时早播

适期播种可以促进油菜发芽迅速，苗全苗齐，壮苗越冬，早发稳长，稳产增收。油菜应在秋季5厘米地温稳定在16～20℃时播种较为适宜。河南省的南部为9月中下旬，中部为9月中旬，北部为9月上旬。使用杂交品种或采用育苗移栽种植，播种期应比常规油菜提早 7 ~ 10 天，以早播促早熟。

9.3　播种方法

直播油菜可采用条播或点播。条播可采用耧播或开沟溜籽。耧播下籽均匀，工效较高。一般甘蓝型品种每 667 平方米下种 0.4 ~ 0.5 千克。杂交品种种子较小，价格较高，每 667 平方米下种 0.3 千克左右。油菜种子小，播种深度以 2 ~ 3 厘米为宜。底墒差的地块，播后应镇压，以利出苗。开沟溜籽要先用犁开沟，沟深 13 ~ 16 厘米，然后用手溜籽，浅覆土，利于油菜安全越冬。点播采用行、穴距为 30 ~ 40 厘米，每穴留苗 2 ~ 3 株。

油菜育苗应采用撒播。苗床与本田面积比为 1：（5 ~ 6），苗床地要平整、向阳、肥沃、水源方便。前茬应避开十字花科作物，苗床要精细整地，施足底肥，床宽 1.33 米。播种时做到撒播均匀、浅土覆盖、不漏种子。

10. 合理施肥

油菜生育期较长，需肥量较大，而且不同类型的油菜品种需肥规律也不同。

普通甘蓝型油菜，每生产 100 千克菜籽需氮（N）9 ~ 11 千克，磷（P_2O_5）3 ~ 3.9 千克，钾（K_2O）8.5 ~ 12.8 千克。施肥应遵循"施足基肥，增施种肥，早施苗肥，重施薹肥，重视根外追肥"的原则。基肥应占总施肥量的 60% ~ 70%，以有机肥为主。基肥采用分层施入，翻耕前，将有机肥均匀撒施地面，翻入土壤中下层。有机肥必须充分腐熟，每 667 平方米施 3 000 ~ 5 000 千克。耙地前，每 667 平方米再撒施过磷酸钙 30 ~ 40 千克，尿素 10 千克。追施苗肥是增强抗寒能力，保证油菜安全越冬的重要措施，因此，要早施。当油菜达 3 叶期，结合定苗，根据底肥的施用量和苗情，每 667 平方米追肥 3 ~ 7 千克尿素。土壤墒情差时，应结合适量灌水，以防烧苗；油菜现蕾抽薹后，对养分需求量加大，应在土壤解冻、油菜刚开始现蕾时，每 667 平方米施充分腐熟的人畜粪水 1 000 ~ 1 500 千克，或尿素 5 ~ 7 千克。油菜对硼比较敏感，河南省大多数土壤有效硼含量都在油菜需硼临界值以下，油菜施硼肥有显著的增产效果。在薹期每 667 平方米用 0.05 ~ 0.1 千克硼砂，加少量水溶化后，再加入 50 ~ 60 千克水喷施。

杂交油菜植株高大，产量高，需肥量有所增加，因此，施肥量必须增加。为实现壮苗越冬、春季早发稳长、防止贪青晚熟，还应坚持"底肥足，苗肥轻，蕾薹肥早"的施肥原则。而且种植杂交油菜，必须施用硼肥。缺硼严重的，每 667 平方米用 0.5 ~ 0.75 千克硼砂作基肥，轻度缺硼可进行叶面喷施。

"单、双低"油菜对氮素需求量相对较少，对磷需求比例较大，而且对缺硼更为敏感。因此，要少施氮肥，增施磷、钾、硼肥。可每 667 平方米施 1 ~ 1.5 千克硼砂作基肥，当薹高 3 厘米时，每 667 平方米再喷施 0.2% 的硼砂溶液 50 千克。

11. 合理灌溉

油菜由于生育期长，营养体大，结实器官多，一生中需水量较大。尤其是移栽油菜比直播油菜需水量更大，对灌水要求更为严格。油菜苗期耗水强度小，薹花期耗水强度增加，是油菜一生中的水分敏感期，结角期耗水强度又下降。以上 3 个时期要求土壤含水量分别为田间持水量的 70% ~ 80%、75% ~ 85%、70% ~ 80%。

根据油菜的需水特点及各地的气候条件，淮河以北地区的水分管理应以灌水为主，淮河以南地区应注意灌排结合。播种前土壤墒情不足时，应提前 7～8 天浇足底墒水，力争足墒下种；在土壤封冻前 10～15 天，当日均气温下降到 0～4℃时，北方冬油菜区必须进行冬灌，以保证安全越冬；薹花期气温不断升高，生长发育旺盛，对水分敏感，天气干旱时及时灌水；结角期干旱，应小水补灌，同时，注意淮河以南油菜区的渍害，雨水偏多时及时排水。

12. 加强田间管理

12.1 间苗定苗

大田直播油菜出苗远远多于留苗，齐苗后要开始间苗，间除病苗、弱苗和杂苗，以后每出 1 叶间苗 1 次，做到叶不搭叶、苗不挤苗。当油菜长出 3～4 片真叶时进行定苗。杂交油菜还要利用间苗，剔除弱小的不育株，以提高杂种的田间纯度。

采用育苗移栽种植的要搞好苗床管理，齐苗后做到 1 叶疏苗，2 叶间苗，3 叶定苗。每 667 平方米苗床留苗 10 万株左右。定苗后追施苗肥，发现病虫及时防治。3～4 片真叶期可用多效唑 100 毫克/千克喷施，以培育矮壮苗。当本田作物收获后，抢时整地移栽，力争在旬均气温不低于 13～15℃时移栽结束。河南省适宜移栽期为 10 月中下旬。

12.2 中耕培土

冬前应结合间、定苗及肥水管理进行 2～3 次中耕。第 1 次在定苗时浅锄 3～5 厘米；第 2 次在越冬前，结合进行培土壅根，保暖防冻，但培土不能埋心；早春要勤中耕，以提温、保墒，并促早发；旺长时，可在抽薹期深中耕控制长势；在初花期应进行培土固根，即可防中后期倒伏，又可保持根部墒情。

12.3 防治病虫

无公害油菜防治病虫害必须贯彻"预防为主，综合防治"的植保方针，优先采用农业防治、生物防治、物理防治等综合技术，如合理轮作，选用抗病品种，种子消毒，培育壮苗，增施有机肥、磷钾肥，收获后清理田间枯枝烂叶等措施，提高植株本身的抗性，配合科学合理地使用农药进行化学防治，达到生产安全优质的无公害油菜的目的。严禁使用国家规定禁止使用的高毒、高残留或具有三致（致癌、致畸、致突变）作用的农药及其混配农药。如砷酸钙、砷酸铅、甲级肿酸锌、甲级肿酸铁铵（田铵）、福美甲肿、福美肿、薯瘟锡（三苯基醋酸锡）、三苯基氯化锡、毒菌锡、氯化乙基汞（西力生）、醋酸苯汞（塞力散）、氟化钙、氟化钠、氟乙酸钠、氟乙酰胺、氟铝酸钠、氟硅酸钠、DDT、六六六、林丹、艾氏剂、狄氏剂、二溴乙烷、三溴氯丙烷、甲拌磷、乙拌磷、久效磷、对硫磷、甲基对硫磷、甲胺磷、甲基异柳磷、治螟磷、氧乐果、磷胺、克百威、涕灭威、灭多威、杀虫脒、五氯硝基苯、除草醚、草枯醚。

12.3.1 病害防治

12.3.1.1 菌核病：采用轮作倒茬，最好是与水稻轮作。或与禾本科旱地作物实行 2 年以上轮作。药剂防治可采用 4% 菌核净可湿性粉剂 1 000～1 500 倍液，或 50% 托布津可湿性粉剂 500～1 000 倍液，或 50% 多菌灵可湿性粉剂 500 倍液喷洒。根据病情，防治 2～3 次，每次间隔 7 天。

12.3.1.2 病毒病：应选用抗病品种，并综合治理蚜虫。油菜地块应尽量远离蔬菜地，以减少蚜虫向油菜田迁飞量；在油菜田设置黄色色板诱杀蚜虫或用银灰色色带驱蚜；

油菜田蚜虫要早治。

12.3.1.3　白锈病：应选用抗病品种，实行轮作倒茬等。药剂防治可在初花期用1：1：200波尔多液，或65%代森锌可湿性粉剂500～600倍液进行喷洒，连续喷2～3次，间隔5～7天。

12.3.1.4　霜霉病：采取选用抗病品种，实行轮作倒茬，播前种子处理，摘除黄病叶等措施。药剂防治可在初花期用1：1：200波尔多液，或65%代森锌可湿性粉剂400～600倍液，或50%托布津可湿性粉剂1 000～1 500倍液，连续喷2～3次，间隔7～10天。

12.3.2　虫害防治

12.3.2.1　蚜虫：可在油菜田每13米插一银灰色条子，并高出植株50厘米，驱避蚜虫；或在田块周围设置黄色色板诱杀，色板高出植株50厘米，每隔2～3天重涂一层机油。药剂防治可用40%乐果乳油1 000～1 500倍液，或用50%抗蚜威可湿性粉剂2 000倍液，或每667平方米用EB—82灭蚜菌剂250毫升，加水50千克喷洒。

12.3.2.2　菜青虫：注意清理田间残株落叶和杂草。药剂防治可在幼虫3龄前，用生物制剂青虫特1 000倍液，或用50%敌敌畏乳油1 000～2 000倍液，或90%晶体敌百虫1 000～2 000倍液喷洒。

12.3.2.3　黄条跳甲：应采取油菜与非十字花科作物轮作。药剂防治用50%敌敌畏乳油1 000～2 000倍液，或90%晶体敌百虫1 000～2 000倍液，或乙酰甲胺磷1 000～2 000倍液喷洒。

12.3.2.4　潜叶蝇：注意清理田间残株落叶和杂草。药剂防治可在幼虫发生初期，用50%敌敌畏乳油800倍液，或用40%乐果乳油1 000～1 500倍液，或90%晶体敌百虫1 000倍液进行喷洒，连续喷洒2～3次，间隔5～7天。

12.4　辅助授粉

如果种植杂交品种，为提高结实率，辅助授粉尤为必要。可以采用花期放蜂，也可在初花至盛花期，选晴天上午用绳拉进行人工辅助授粉。

12.5　摘薹

当油菜出现早薹、早花或春季薹部冻死时，应及时摘薹，摘薹的轻重应视早薹早花或受冻程度而定。摘薹要在晴天进行，摘薹后立即施用速效肥料，以促发中下部分枝。

13. 适时收获与安全贮藏

油菜不同部位的角果成熟期不一致，收割过早易造成种子秕，含油少；若收割过晚易"裂角"落粒，丰产不丰收。油菜应在黄熟期，即全株2/3角果呈黄绿色至枇杷黄色，主花序基部角果种子呈现本品种典型色泽收获。为避免炸角落粒，应在清早趁潮收割，并随即趁湿捆成小捆，在晒场上晾干后堆垛4～6天，选择晴天摊晒、脱粒、扬净、晾晒。堆垛时要注意防潮防霉变，避免产生有害物质。

油菜晾晒至含水量为8%时即可包装入库。无公害油菜要用新麻袋包装，必须符合国家有关卫生标准，包装袋应整洁、干燥、牢固、透气、无污染、无异味。储存仓库、苫盖物料、运输车辆工具都不能有污染物、煤灰、农药或其他异味。贮藏仓库要远离公路和有污染的工矿企业，并要注意通风，保证贮藏的温、湿度，确保不霉变、不生虫、无污染。

第九节　无公害黄瓜生产技术规程

1. 范围

本标准规定了无公害食品黄瓜的产地环境要求和生产管理措施。

本标准适用于无公害食品黄瓜生产。

2. 规范性引用文件

下列文件中的条款通过本标准的引用而成为本标准的条款。凡是注日期的引用文件，其随后所有的修改单（不包括勘误的内容）或修订版均不适用于本标准，然而，鼓励根据本标准达成协议的各方研究是否可使用这些文件的最新版本。

GB 4285　　　农药安全使用标准

GB/T 8321　　（所有部分）农药合理使用准则

NY 5010　　　无公害食品蔬菜产地环境条件

3. 产地环境

应符合 NY 5010 的规定，选择地势高燥，排灌方便，土层深厚、疏松、肥沃的地块。

4. 生产技术管理

4.1　保护设施

包括日光温室、塑料棚、连栋温室、改良阳畦、温床等。

4.2　多层保温

棚室内外增设的二层以上覆盖保温措施。

4.3　栽培季节的划分

4.3.1　早春栽培：深冬定植、早春上市。

4.3.2　秋冬栽培：秋季定植、初冬上市。

4.3.3　冬春栽培：秋末定植，春节前上市。

4.3.4　春提早栽培：终霜前30天左右定植，初夏上市。

4.3.5　秋延后栽培：夏末初秋定植，9月末10月初上市。

4.3.6　长季节栽培：采收期8个月以上。

4.3.7　春夏栽培：晚霜结束后定植，夏季上市。

4.3.8　夏秋栽培：夏季育苗定植，秋季上市。

4.4　品种选择

选择抗病、优质、高产、商品性好、适合市场需求的品种。冬春、早春、春提早栽培选择耐低温弱光、对病害多抗的品种；春夏、夏秋、秋冬、秋延后栽培选择高抗病毒病、耐热的品种；长季节栽培选择高抗、多抗病害，抗逆性好，连续结果能力强的品种。

4.5　育苗

4.5.1　育苗设施选择：根据季节不同选用温室、塑料棚、阳畦、温床等育苗设施，夏秋季育苗应配有防虫、遮阳设施。有条件的可采用穴盘育苗和工厂化育苗，并对育苗设施进行消毒处理，创造适合秧苗生长发育的环境条件。

4.5.2　营养土配制

4.5.2.1　营养土要求：pH 值 5.5～7.5，有机质 2.5%～3%，有效磷 20～40 毫克/千克，速效钾 100～140 毫克/千克，碱解氮 120～150 毫克/千克。孔隙度约 60%，土壤疏松，保肥保水性能良好。配制好的营养土均匀铺在播种床上，厚度 10 厘米。

4.5.2.2　工厂化穴盘或营养钵育苗营养土配方：2 份草炭加 1 份蛭石，以及适量的腐熟农家肥。

4.5.2.3　普通苗床或营养钵育苗营养土配方：选用无病虫源的田土占 1/3；炉灰渣（或腐熟马粪，或草炭土，或草木灰）占 1/3，腐熟农家肥占 1/3。不宜使用未发酵好的农家肥。

4.5.3　育苗床土消毒：按照种植计划准备足够的播种床。每平方米播种床用福尔马林 30～50 毫升。加水 3 升。喷洒床土，用塑料薄膜闷盖 3 天后揭膜，待气体散尽后播种，或 72.2% 霜霉威水剂 400 倍液，或按每平方米苗床用 15～30 毫克药土作床面消毒。方法：用 8～10 克 50% 多菌灵与 50% 福美双混合剂（按 1:1 混合），与 15～30 千克细土混合均匀撒在床面。

4.5.4　种子处理

4.5.4.1　药剂浸种：用 50% 多菌灵可湿性粉剂 500 倍液浸种 1 小时，或用福尔马林 300 倍液浸种 1.5 小时，捞出洗净催芽可防治枯萎病、黑星病。

4.5.4.2　温汤浸种：将种子用 55℃ 的温水浸种 20 分钟，用清水冲去黏液后晾干再催芽（防治黑星病、炭疽病、病毒病、菌核病）。

4.5.5　催芽：消毒后的种子浸泡 4～6 小时后捞出洗净，置于 28℃ 催芽。包衣种子直播即可。

4.5.6　播种期：根据栽培季节、育苗手段和壮苗指标选择适宜的播种期。

4.5.7　种子质量：种子纯度 ≥95%、净度 ≥98%、发芽率 ≥95%、水分 ≤8%。

4.5.8　播种量：报据定植密度，每 667 平方米栽培面积育苗用种量 100～150 克，直播用种量 200～300 克。每平方米播种床播 25～30 克。

4.5.9　播种方法：播种前浇足底水，湿润至深 10 厘米。水渗下后用营养土找平床面。种子 70% 破嘴均匀撒播。覆盖营养土 1.0～1.5 厘米。每平方米苗床再用 50% 多菌灵 8 克，拌上细土均匀撒于床面上，防治猝倒病。冬春播种育苗床面上覆盖地膜，夏秋床面覆盖遮阳网或稻草，70% 幼苗顶土时撤除床面覆盖物。

4.5.10　苗期管理

4.5.10.1　温度：夏秋育苗主要靠遮阳降温。冬春育苗温度管理见表 5-2。

表 5-2　苗期温度调节表

时期	白天适宜温度/℃	夜间适应温度/℃	最低夜温/℃
播种至出土	25～30	16～18	15
出土至分苗	20～25	14～16	12
分苗或嫁接后至缓苗	28～30	16～18	13
缓苗后至炼苗	25～28	14～16	13
定植前 5～7 天	20～23	10～12	10

4.5.10.2 光照：冬春育苗采用反光幕或补水设施等增加光照；夏秋育苗要适当遮光降温。

4.5.10.3 水肥：分苗时水要浇足，以后视育苗季节和墒情适当浇水，苗期以控水控肥为主。在秧苗 3~4 叶时，可结合苗情追 0.3% 尿素。

4.5.10.4 其他管理

4.5.10.4.1 种子拱土时撒一层过筛床土加快种壳脱落。

4.5.10.4.2 分苗：当幼苗子叶展平，真叶显现，按株行距 10 厘米分苗。最好采用直径 10 厘米营养钵分苗。

4.5.10.4.3 扩大营养面积：秧苗 2~3 叶时加大苗距。

4.5.10.4.4 炼苗：冬春育苗，定植前一周，白天 20~23℃，夜间 10~12℃。夏秋育苗逐渐撤去遮阳网，适当控制水分。

4.5.10.5 嫁接

4.5.10.5.1 嫁接方法：靠接法，黄瓜比南瓜早播种 2~3 天。在黄瓜有真叶显露时嫁接。插接，南瓜比黄瓜早播种 3~4 天。在南瓜子叶展平有第一片真叶，黄瓜两叶一心时嫁接。

4.5.10.5.2 嫁接苗的管理：将嫁接苗栽入直径 10 厘米的营养钵中，覆盖小拱棚避光 2~3 天，提高温湿度，以利伤口愈合。7~10 天接穗长出新叶后撤掉小拱棚，靠接要断接穗根。其他管理参见 4.5.10.1~4.5.10.4。

4.5.10.6 壮苗的标准：子叶完好、茎基粗、叶色浓绿，无病虫害。冬春育苗，株高 15 厘米左右，5~6 片叶。夏秋育苗，2~3 片叶，株高 15 厘米左右，苗龄 20 天左右。长季节栽培根据栽培季节选择适宜的秧苗。

4.6 定植前准备

4.6.1 整地施基肥：根据土壤肥力和目标产量确定施肥总量。磷肥全部作基肥，钾肥 2/3 做基肥，氮肥 1/3 做基肥。基肥以优质农家肥为主，2/3 撒施，1/3 沟施，按照当地种植习惯做畦。

4.6.2 棚室消毒：棚室在定植前要进行消毒，每 667 平方米设施用 80% 敌敌畏乳油 250 克拌上锯末，与 2 000~3 000 克硫磺粉混合，分 10 处点燃，密闭一昼夜，放风后无味时定植。

4.7 定植

4.7.1 定植时间：10 厘米最低土温稳定通过 12℃后定植。

4.7.2 定植方法及密度：采用大小行栽培，覆盖地膜。根据品种特性及栽培习惯，一般每 667 平方米定植 3 000~4 000 株，长季节大型温室、大棚栽培 667 平方米定植 1 800~2 000 株。

4.8 田间管理

4.8.1 温度

4.8.1.1 缓苗期：白天 28~30℃，晚上不低于 18℃。

4.8.1.2 缓苗后采用四段变温管理：8~14 时，25~30℃；14~17 时，25~20℃；17~24 时，15~20℃；24 时至日出，15~10℃。地温保持 15~25℃。

4.8.2 光照：采用透光性好的耐老化功能膜，保持膜面清洁，白天揭开保温覆盖物，日光温室后部张挂反光幕，尽量增加光照强度和时间。夏秋季节适当遮阳降温。

4.8.3　空气湿度：根据黄瓜不同生育阶段对湿度的要求和控制病害的需要，最佳空气相对湿度的调控指标是缓苗期80%～90%、开花结瓜期70%～85%。生产上要通过地面覆盖、滴灌或暗灌、通风排湿、温度调控等措施控制在最佳指标范围。

4.8.4　二氧化碳：冬春季节补充二氧化碳，使设施内的浓度达到800～1 000毫克/千克。

4.8.5　肥水管理

4.8.5.1　采用膜下滴灌或暗灌：定植后及时浇水，3～5天后浇缓苗水，根瓜坐住后，结束蹲苗，浇水追肥，冬春季节不浇明水，土壤相对湿度保持60%～70%，夏秋季节保持在75%～85%。

4.8.5.2　根据黄瓜长相和生育期长短：按照平衡施肥要求施肥，适时追施氮肥和钾肥。同时，应有针对性地喷施微量元素肥料，根据需要可喷施叶面肥防早衰。

4.8.5.3　不允许使用的肥料：在生产中不应使用未经无害化处理和重金属元素含量超标的城市垃圾、污泥和有机肥。

4.8.6　植株调整

4.8.6.1　吊蔓或插架绑蔓：用尼龙绳吊蔓或用细竹竿插架绑蔓。

4.8.6.2　摘心、打底叶：主蔓结瓜，侧枝留一瓜一叶摘心。25～30片叶时摘心，长季节栽培不摘心采用落蔓方式。卷须、病叶、老叶、畸形瓜要及时打掉。

4.8.7　及时采收：适时早采摘根瓜，防止坠秧。及时分批采收，减轻植株负担，以确保商品果品质，促进后期果实膨大。产品质量应符合无公害食品要求。

4.8.8　清洁田园：将残枝败叶和杂草清理干净，集中进行无害化处理，保持田间清洁。

4.8.9　病虫害防治

4.8.9.1　主要病虫害

4.8.9.1.1　苗期主要病虫害：猝倒病、立枯病、蚜虫。

4.8.9.1.2　田间主要病虫害：霜霉病、细菌性角斑病、炭疽病、黑星病、白粉病、疫病、枯萎病、蔓枯病、灰霉病、菌核病、病毒病、蚜虫、白粉虱、烟粉虱、根结线虫、茶黄螨、潜叶蝇。

4.8.9.2　防治原则：按照"预防为主，综合防治"的植保方针，坚持以"农业防治、物理防治、生物防治为主，化学防治为辅"的无害化治理原则。

4.8.9.3　农业防治

4.8.9.3.1　抗病品种：针对主要病虫控制对象，选用高抗多抗的品种。

4.8.9.3.2　创造适宜的生育环境条件：培育适龄壮苗，提高抗逆性；控制好温度和空气湿度，适宜的肥水，充足的光照和二氧化碳，通过放风和辅助加温，调节不同生育时期的适宜温度，避免低温和高温障害；深沟高畦，严防积水，清洁田园，做到有利于植株生长发育，避免侵染性病害发生。

4.8.9.3.3　耕作改制：与非瓜类作物轮作3年以上，有条件的地区实行水旱轮作。

4.8.9.3.4　科学施肥：测土平衡施肥，增施充分腐熟的有机肥，少施化肥，防止土壤盐渍化。

4.8.9.4 物理防治

4.8.9.4.1 设施防护：在放风口用防虫网封闭，夏季覆盖塑料薄膜、防虫网和遮阳网，进行避雨、遮阳、防虫栽培，减轻病虫害的发生。

4.8.9.4.2 黄板诱杀：设施内悬挂黄板诱杀蚜虫等害虫。黄板规格 25 厘米×40 厘米，每 667 平方米悬挂 30～40 块。

4.8.9.4.3 银灰膜驱避蚜虫：铺银灰色地膜或张挂银灰膜膜条避蚜。

4.8.9.4.4 高温消毒：棚室在夏季宜利用太阳能进行土壤高温消毒处理。

高温闷棚防治黄瓜霜霉病：选晴天上午，浇一次大水后封闭棚室，将棚温提高到 46～48℃，持续 2 小时，然后从顶部慢慢加大放风口，缓缓使室温下降。以后如需要每隔 15 天闷棚一次。闷棚后加强肥水管理。

4.8.9.4.5 杀虫灯诱杀害虫：利用频振杀虫灯、黑光灯、高压汞灯、双波灯诱杀害虫。

4.8.9.5 生物防治

4.8.9.5.1 天敌：积极保护利用天敌，防治病虫害。

4.8.9.5.2 生物药剂：采用浏阳霉素、农抗 120、印楝素、农用链霉素、新植霉素等生物农药防治病虫害。

4.8.9.6 主要病虫害的药剂防治：使用药剂防治应符合 GB 4285、GB/T 8321（所有部分）的要求。保护地优先采用粉尘法、烟熏法。注意轮换用药，合理混用。严格控制农药安全间隔期。

4.8.9.7 不允许使用的剧毒、高毒农药：生产上不允许使用甲铵磷、甲基对硫磷、对硫磷、久效磷、磷胺、甲拌磷、甲基异柳磷、特丁硫磷、甲基硫环磷、治螟磷、内吸磷、克百威、涕灭威、灭线磷、硫环磷、蝇毒磷、地虫硫磷、氯唑磷、苯线磷等剧毒、高毒农药。

第十节 无公害茄子生产技术规程

1. 范围

本标准规定了茄子无公害生产的基本条件、农药和肥料的使用要求以及生产栽培技术措施和病虫害防治策略及防治方法。

本标准适用于无公害蔬菜茄子生产。

2. 规范性引用文件

下列文件中的条款通过本标准的引用而成为本标准的条款。凡是注日期的引用文件，其随后所有的修改单（不包勘误的内容）或修订版均不适用于本部分。然而，鼓励根据本标准达成协议的各方研究是否可使用这些文件的最新版本。凡是不注日期的引用文件，其最新版本适用于本标准。

GB/T 8321（所有部分）　　农药合理使用准则

NY/T 496　　　　　　　　肥料合理使用准则通则

NY 5010　　　　　　　　　　　无公害食品蔬菜产地环境条件

3. 术语

茄子：是保护地和露地栽培的重要蔬菜。

4. 栽培技术措施

4.1　地块选择

4.1.1　地块的大气环境、土壤、水质须符合要求。

4.1.2　地势较高，排灌方便，一年内未种过同科植物。

4.2　栽培季节与方式

4.2.1　温室栽培：一年四季均可栽培，可根据市场情况调节种植时间。

4.2.2　大棚栽培：可根据蔬菜淡季，进行春提早和秋延后栽培。

4.2.3　露地栽培：常规的栽培模式，也可用地膜覆盖适当提早和延后。

4.3　品种选择

根据不同的栽培季节和模式，结合本地情况，选择适宜的茄子品种。

4.4　育苗

4.4.1　苗床土配制

4.4.1.1　选择非茄果类作物的菜园新土和腐热的草粪按体积比1:1配制。同时，在每1 000千克粪土中加入磷酸二铵1千克、草木灰5~8千克或商品微生物有机肥5~8千克及50%多菌灵可湿性粉剂100克、2.5%敌百虫粉剂100克掺匀堆放备用。

4.4.1.2　也可选择无土育苗方式。用干净河沙与新鲜珍珠岩等体积混合，每立方米加入500克绿色有机肥、50%多菌灵粉剂5克，掺匀备用。

4.4.2　播种期：根据不同的栽培季节与栽培方式来确定合适的播种期。

4.4.2.1　温室栽培：根据人为上市期，确定定植期，再减去苗龄则为适宜的播种期。茄子的苗龄为60~80天。

4.4.2.2　大棚栽培：春提早栽培在大棚地温10厘米深处稳定在12℃左右时，可定植，再据此确定合适的播种期。

4.4.2.3　露地栽培：1月下旬在温室内育苗，此时要有一定的保护措施。

4.4.3　播种

4.4.3.1　播种量的确定：应根据具体蔬菜种类、栽培面积、种子质量、育苗条件和栽培密度等来确定。

一般温床育苗15~20克/平方米。

4.4.3.2　苗床面积的确定：根据生产面积、单株幼苗营养面积来确定苗床面积，一般茄子每667平方米需育苗面积20~40平方米

4.4.3.3　浸种：待播种子可用50~55℃温水浸种15~30分钟，在此过程中不断搅拌，水温降至30℃时停止，然后再浸泡，茄子需要6~8小时。

4.4.3.4　催芽：待种子充分吸足水后，捞出洗净表面黏液，再用干净的湿纱布或毛巾包裹，在25~28℃环境下放在光照培养箱内或恒温箱内催芽。在催芽时，须每天淘洗一次，稍晒后继续催芽。一般需要5~7天。

4.4.3.5 播种：经催芽后，露白约60%时即可播种。寒冬育苗应在温室内或有加温设施的育苗工厂内进行。播种时，每孔放一粒，种子须平放，使露白部分朝下。播后在育苗畦上覆盖细土，覆盖厚度不超过1厘米，要求均匀一致，覆盖后浇透水。不需分苗。

4.4.4 苗床管理

4.4.4.1 播种到出苗前苗床管理：播种后，温度白天应控制在25~28℃，夜间20~22℃，以利于尽快出苗。

4.4.4.2 出苗到定植前管理：出苗后，要降低苗床温度，地温维持在18~20℃，白天25~28℃，夜间16~17℃左右，防止幼苗徒长。要增加光照，一些保温覆盖物可逐渐揭开。定植前，要保持温度，以24~28℃为宜，应合理通风，调节温度。适当浇水追肥，可叶面喷施微生物有机叶面肥或0.1%~0.2%磷酸二氢钾，促瓜苗健壮和增加抗逆性。此期也应当防治病虫害。

4.5 定植

4.5.1 定植时期：按不同栽培季节和方式确定定植时期。一般5~6片叶为定植期。早熟品种每667平方米2 200~2 500株，中、熟品种2 000~2 200株。

4.5.1.1 日光温室：按不同上市时间确定定植时期。

4.5.1.2 大棚栽培：春大棚可在棚内温度稳定在12℃左右时定植。

4.5.1.3 露地栽培：露地栽培要在终霜期过后定植。

4.5.2 整地：要深翻农田，施足基肥，每667平方米施腐熟有机肥3~5方。复合肥30~50千克或商品微生物肥150~200千克（或按说明施用）做好栽培畦，一般按畦宽（连沟）130~150厘米，畦沟深10~20厘米。

4.5.3 定植方式：早熟茄子行株距为60厘米×30厘米；中晚茄子行株距70厘米×40厘米。定植宜在晴天下午进行，要浇定植水。

4.6 田间管理

4.6.1 水肥管理

4.6.1.1 灌溉水质和肥料使用须符合GB 5084的要求。

4.6.1.2 定植初期：以促进缓苗为目的，浇足定植水，在此期间不用施肥。约需3~5天。

4.6.1.3 缓苗后至结果初期：以促根控秧为主要目标，水以控为主，以不旱为原则。若缺水，则应轻浇，达到蹲苗促根作用。此期可不用追肥。

4.6.1.4 结果初期到整个结果盛期：此期应掌握好营养生长和生殖生长平衡，一般以第一个果长到一定大小时，浇一次水，同时可追施优质有机肥和复合肥，每一穗果追一次肥，每667平方米每次各10~15千克。也可进行叶面追肥，用微生物叶面。采果期不能施速效氮肥。

4.6.2 植株调整：调整好枝蔓，使互相不遮光，通风透气为原则。及时打杈、摘心、疏花果，老叶病叶及时打掉。

4.6.3 保花保果：在不良的环境条件下要采用多种措施保花保果。

4.7 采收

第一穗果要早收。根据不同的消费习惯适时采收。开始采收后，在安全间隔期内禁止使用化学农药和化学激素。

5. 病虫

5.1　常见病虫害

5.1.1　茄子常见的病害有：青枯病、病毒病、炭疽病、早疫病、晚疫病等。

5.1.2　茄子常见的虫害有：白粉虱、蚜虫、烟青虫、红蜘蛛等。

5.2　防治措施

5.2.1　温室大棚的整个生长期和露地的春季到夏季以防病为主，以抗病或耐病品种为基础，以提高植株抗性为主，结合科学利用农药防治的综合防治。对于真菌性病害，以农业防治为主，适期采用化学防治方法。

5.2.2　晚春夏初以防虫为主：掌握不同品种和不同栽培条件下害虫的发生规律，预防为主，合理用药，压低虫口基数，控制暴发危害，减少损失。防治红蜘蛛，必须每个顶梢的虫口控制在 3 ~ 5 头以下，防治蚜虫掌握在每株蚜虫 3 ~ 5 头时即施药防治。棉铃虫、烟青虫应见卵即防。早期应尽量使用生物农药。

5.3　农业栽培防治方法

5.3.1　实行轮作，避免连作。

5.3.2　选抗病品种，加强苗床管理，培育无病苗和壮苗，增加秧苗自身抗性。定植前 7 天要进行炼苗。

5.3.3　选择地势较高、能排能灌质地疏松肥沃的地块，施足基肥。

5.3.4　采用高畦深沟方式栽培，利于排水。

5.3.5　采用合理的田间管理措施，减少病虫发生发展的机会。

5.3.6　采用配方施肥技术，促进植株健壮生长，提高植株抗性。

5.3.7　早春用小拱棚防寒，提高植株抗病能力。夏季用银灰膜遮阳网覆盖，防治蚜虫、白粉虱等虫害。

5.3.8　生产中和生产后保持田园清洁，及时铲除杂草，除去蚜虫、病毒等越冬寄主，收获后及时翻耕晒畦。

5.4　病虫害农药防治方法

5.4.1　常见病害防治

5.4.1.1　苗期猝倒病、立枯病可用苗床土消毒防治，也可在苗期灌 75% 百菌清 800 倍液，或 70% 多菌灵 800 倍液，或 B-903 菌液 20 倍液，或 2% 农抗 120 水剂 100 倍液，或 72.2% 普力克 800 倍液等防治方法。

5.4.1.2　疫病可用 72% 霜霉疫净 600 ~ 800 倍液，或 72.2% 普力克 600 ~ 800 倍液等防治。

5.4.1.3　枯萎病可用 B-903 菌液 20 倍液，或农抗 120 水剂 100 倍液，或 70% 多菌灵 100 倍液淋施预防发生。

5.4.1.4　灰霉病可用 40% 灰核净 800 ~ 1 200 倍液，或 50% 速可灵 2 000 倍液，或 50% 多霉灵 800 倍液等防治。

5.4.1.5　防治细菌性角斑病，可用 72% 农用链霉素 4 000 倍液，或 1∶2∶（300 ~ 400）波尔多液，或 14% 络氨铜水剂 300 倍液，或 50% 琥胶肥酸铜 DT500 倍液。

5.4.1.6　白粉病、锈病可用 15% 粉锈宁 1 500 倍液，或 2% 农抗 120 水剂或 2% 武夷素 BO-10 水剂 100 倍液。

5.4.1.7 病毒首先要防治传毒昆虫，其次可用 40% 抗毒宝 600～800 倍液、或 20% 病毒 A 剂 500 倍液、或 1.5% 植病灵乳剂 800～1 000倍液减轻病情发生，增强植株抗性，起到一定防治作用。

5.4.1.8 炭疽病防治可用：2% 农抗 120 或 2% 武夷霉素 BO-10 水剂 100 倍液，或 70% 多菌灵 600 倍液或 75% 百菌消 800 倍液、或 80% 炭疽福美粉剂 800 倍液等。

5.4.2 常见虫害防治

5.4.2.1 防治蚜虫、白粉虱、蓟马等可用黄板诱杀，也可用 10% 吡虫啉 2 000倍液，或 10% 朴虱灵 1 000倍液，或鱼藤精 400 倍液，或 65% 蚜螨虫威 600～700 倍液，或 2.5% 保得乳油 2 000倍液，或 7.5% 功夫乳油 2 000倍液。

5.4.2.2 潜叶蝇的防治：可采用灭蝇纸和黄板诱杀成虫，每 667 平方米设置 15 个诱杀点；在幼虫两龄前，用 20% 斑潜净 1 000～2 000倍液，或 48% 乐斯本乳油 800～1 000倍液杀死幼虫；在成虫羽化期用 5% 抑太保 2 000倍液，5% 卡死本乳油 2 000倍液抑制成虫繁殖。

5.4.3 以上农药防治使用药剂及药量仅举例说明，相同有效成分的其他剂型及新上市的其他农药产品，需经无公害蔬菜生产管理部门同意，方可在无公害蔬菜生产基地使用，并要严格按照使用说明执行。上述药剂要交替使用。

第十一节 无公害番茄生产技术规程

1. 范围

本标准规定了无公害番茄生产技术管理措施。

本标准适用于番茄无公害生产。

2. 规范性引用文件

下列文件中的条款通过本标准的引用而成为本标准的条款。凡是注日期的引用文件，其随后所有的修改单（不包括勘误的内容）或修订版均不适用于本标准，然而，鼓励根据本标准达成协议的各方研究是否可使用这些文件的最新版本。凡是不注日期的引用文件，其最新版本适用于本标准。

GB 4285 农药安全使用标准

GB/T 8321 （所有部分）农药合理使用准则

GB 16715.3—1999 瓜菜作物种子 茄果类

NY 5005 无公害食品 茄果类蔬菜

NY 5010 无公害食品 蔬菜产地环境条件

3. 术语和定义

下列术语和定义适用于本标准。

3.1 日光温室

由采光和保温维护结构组成，以塑料薄膜为透明覆盖材料，东西向延长，在寒冷季节主要依靠获取和蓄积太阳辐射能进行蔬菜生产的单栋温室。

3.2　塑料棚

采用塑料薄膜覆盖的拱圆形棚，其骨架常用竹、木、钢材或复合材料建造而成。

3.3　连栋温室

以塑料、玻璃等为透明覆盖材料，以钢材料为骨架，二连栋以上的大型保护设施。

3.4　改良阳畦

以保温和采光维护结构组成，东西向延长的小型简易保护设施。

3.5　温床

依靠生物能、电能或其他热源提高床土温度进行育苗的设施。

3.6　土壤肥力

土壤为植物生长发育所提供和协调营养与环境条件的能力。

番茄别名西红柿，为茄科番茄属一年生草本植物。适应性广，产量较高，营养丰富，不但可做蔬菜及水果食用，且为重要的蔬菜加工原料，很受广大种植者和消费者的欢迎。根据栽培品种的生长型，可分为有限生长及无限生长两种类型。有限生长型的植株主茎生长到一定节位后，花序封顶，植株较矮，结果比较集中，多为早熟品种；无限生长型的植株当主茎顶端着生花序后，不断由侧芽代替主茎继续生长、结果，不封顶。因此，生长期长，植株高大，果形也较大，多为中、晚熟品种，产量较高，品质较好。番茄果实为多汁浆果，果形有圆形、扁圆形、卵圆形、长圆形、梨形等。颜色有粉红、红、橙黄、黄色等。

4. 产地选择

产地热量、光照、降水、土壤等条件应适宜番茄生长。番茄是喜温蔬菜，适宜的生长发育温度为 15～33℃。不同生育时期对温度的要求不同，发芽出苗的适宜温度为 28～30℃。幼苗生长期对温度的适应能力强，最适温度为日温 20～25℃，夜温 15～17℃。开花长果期对温度要求严格，适宜温度为日温 20～30℃，夜温 15～20℃，结果期适宜温度为日温 25～28℃，夜温 16～20℃；番茄为喜光作物，光照不足常引起落花；番茄根系比较发达，分布广而深，吸水能力强，属半耐旱作物，不必经常大水浇灌，在较低的空气湿度下生长良好，空气湿度过高，不仅影响正常授粉，还易引发病害；番茄对土壤适应性较强，除极黏重土质或低洼易涝地外，均可种植。

产地必须选择在生态环境良好的地区。菜田的土壤环境质量、灌溉水质量以及空气质量必须符合国家对无公害蔬菜生产的要求。产地区域或上风向以及灌溉水源上游，没有对产地环境构成威胁的污染源，包括工业"三废"、农业废弃物、医院污水及废弃物、城市垃圾和生活污水等污染源。产地要远离公路、车站、机场、码头等交通要道，以免造成空气、土壤、灌溉水的污染。

5. 栽培季节

可根据生产条件和气候条件采用春夏栽培（晚霜结束后定植，夏季上市）、夏秋栽培（夏季育苗定植，秋季上市）和秋冬栽培（夏末秋初育苗，冬春上市）。下面以春夏栽培为例，阐述无公害番茄生产技术规程。

6. 品种选择

选用抗病、优质、丰产、耐贮运、商品性好、适应市场的品种。春夏栽培选择耐低温弱光、果实发育快的早、中熟品种；夏秋及秋冬栽培选择抗病毒病、耐热的中、晚熟品种。目前，可根据各地的气候条件、消费习惯及生产季节，选用中杂9号、L402、豫番茄1号、粉佳丽、合作906、毛粉802等品种。种子质量要符合国标2级以上要求。

7. 培育壮苗

7.1 苗床准备

7.1.1 育苗设施：根据季节、气候条件的不同选用日光温室、塑料大棚、连栋温室、阳畦、温床等育苗设施，夏秋季育苗还应配有防虫、遮阳设施，有条件的可采用穴盘育苗和工厂化育苗，并对育苗设施进行消毒处理，创造适合秧苗生长发育的环境条件。

7.1.2 配营养土：因地制宜地选用无病虫源的田土、腐熟农家肥、草炭、糠灰、复合肥等，按一定比例配制营养土，要求空隙度约60%，pH值6~7，达到土质疏松、保肥、保水、营养完全。将配制好的营养土均匀铺于播种床上，厚度10厘米。

7.1.3 播种床：按照种植计划准备足够的播种床，每平方米播种床用福尔马林30~50毫升，加水3升，喷洒床土，用塑料薄膜闷盖72小时揭膜，待气味散尽后播种。

7.2 种子处理

首先要进行种子消毒，可针对当地的主要病害选用以下消毒方法。

7.2.1 温汤浸种：把种子放入55℃热水中，维持水温均匀浸泡15分钟。主要防治叶霉病、溃疡病、早疫病。

7.2.2 磷酸三钠浸种：先用清水浸种3~4小时，再放入10%磷酸三钠溶液中浸泡20分钟，捞出洗净。主要防治病毒病。随后进行浸种催芽。消毒后的种子用温水继续浸泡6~8小时后捞出，在25℃条件下保温保湿催芽。

7.2.3 播种

7.2.3.1 播种期：根据栽培季节、气候条件、育苗手段和壮苗指标选择适宜的播种期。

7.2.3.2 播种量：根据种子大小及定植密度，一般每667平方米大田用种量20~30克。每平方米苗床播种10~15克。

7.2.3.3 播种方法：当催芽种子70%以上露白即可播种。夏秋育苗直接用消毒后的种子播种。播种前浇足底水，浸润至床土深10厘米，水渗下后用营养土薄撒一层，平床面，均匀撒播种子。播后覆营养土0.8~1.0厘米。每平方米苗床再用50%多菌灵可湿性粉剂8克，拌上细土均匀撒施于床面上，防治猝倒病。冬春床面上覆盖地膜，夏秋育苗床面覆盖遮阳网或稻草，当70%幼苗顶土时撤除。

7.2.4 苗床管理

7.2.4.1 环境调控：主要做好温度、光照和水分的管理。夏、秋育苗主要靠遮阳降温，冬、春育苗要按表5-3的要求进行温度管理；冬春育苗采用反光幕等进行增光，夏秋育苗和秋冬育苗适当遮光降温；视育苗季节和墒情适当浇水，分苗水要浇足。可喷施1 000倍百菌清或500倍代森锰锌防治苗期病害。

7.2.4.2 适时分苗：幼苗2叶1心时，从播种床分苗于育苗容器中，摆入苗床。

7.2.4.3 苗床肥水管理：幼苗期以控水、控肥为主，当秧苗长到3~4叶时，可结合苗情追提苗肥。同时进行间苗，加大苗距，扩大营养面积。容器间空隙要用细泥或糠灰填满，保湿保温。

7.2.4.4 炼苗：早春育苗白天保持 15～20℃，夜间 10～15℃；夏秋育苗逐渐撤去遮阳网，适当控制水分，进行炼苗。通过以上管理，达到培育壮苗的目的。壮苗指标：春夏季栽培用苗，株高 25 厘米，茎粗 0.6 厘米以上，现大蕾。夏秋和秋冬栽培用苗 4 叶 1 心，株高 15 厘米左右，茎粗 0.4 厘米左右，25 天以内育成，叶色浓绿，无病虫害。

表 5-3 苗床适宜的温度指标

时期	日温/℃	夜温/℃	短时间最低夜温不低于/℃
播种至齐苗	25～30	18～15	13
齐苗至分苗前	20～25	15～10	8
分苗至缓苗	25～30	20～15	10
缓苗后至定植前	20～25	15～10	8
定植前 5～7 天	15～20	10～8	5

8. 提高定植质量

8.1 整地施基肥

为促进番茄根系向纵深发展，定植前必须深耕。深耕同时结合增施基肥。一般基肥的施入量：磷肥为总施肥量的 80% 以上，氮肥和钾肥为总施肥量的 50%～60%。每 667 平方米施优质有机肥 3～5 方，纯氮 9～12 千克、五氧化二磷 10～16 千克、氧化钾 9～12 千克。有机肥撒施，深翻 25～30 厘米土层。按照当地种植习惯做畦。

8.2 定植时间

春夏栽培在晚霜后，地温稳定在 10℃ 以上定植。

8.3 定植方法及密度

采用大小行定植，覆盖地膜。根据品种特性、整枝方式、生长期长短、气候条件及栽培习惯，每 667 平方米定植 3 000～4 000 株。

9. 加强田间管理

9.1 合理追肥

番茄需肥量较大，也比较耐肥，除重施基肥外，还要根据土壤肥力、生育季节长短和生长状况及时追肥。在中等肥力地块、中等目标产量（每 667 平方米 3 800～4 800 千克）下，每 667 平方米推荐施肥量为氮 15～20 千克，五氧化二磷 10～16 千克，氧化钾 15～20 千克，扣除基肥部分后，分多次随水追肥。土壤微量元素缺乏的地区，还应针对缺素的状况增加追肥的种类和数量。

在基肥施足的情况下，第一穗果开始膨大前不必追肥；第一果穗果实开始膨大时，追施攻秧攻果肥，每 667 平方米追施纯氮 3～4 千克、氧化钾 3～4 千克；第一果穗果实即将采收，第二果穗果实已相当大时进入吸肥盛期，应进行第二次追肥，施肥量与第 1 次相同；如基肥不足，土壤肥力差，植株表现缺肥时，还需在第三穗果采收时继续追肥。

生育期间，可配合病虫害防治进行叶面追肥。缓苗后每周喷施 1 次磷酸二氢钾溶液，前期浓度为 0.2%，结果期为 0.3%，有一定的促进早熟及健株作用。也可用 50～100 毫克/升的硼酸或硫酸锌溶液叶面补施微量元素，增花保果。

在生产中，禁止使用城市垃圾、污泥、工业废渣和未经无害化处理的有机肥。

9.2 适时灌排

番茄有一定的耐旱能力，但要获得高产，还必须重视水分的供应和调节。定植后5~7天可浇1次缓苗水，然后中耕保墒，控制浇水，适当蹲苗；结果前注意控制水分，待第一穗果坐稳后结束蹲苗，开始浇水、追肥。结果期土壤湿度范围维持土壤最大持水量的60%~80%为宜，结果盛期吸水达到高峰，这期间一般4~6天要灌水1次。整个结果期保持土壤比较均匀的湿润，防止忽干忽湿，减少裂果及顶腐病的发生。番茄要求土壤通气良好，雨后要及时排水，防止烂根。

9.3 中耕培土

番茄定植后应及时中耕。早中耕有利于提高地温，促进发根和缓苗。大田期应中耕3~4次，雨后、浇水后应中耕，杂草多时、土壤板结时要中耕。垄作或行距大的可适当培土。

9.4 植株调整

番茄茎叶繁茂，分枝力强，生长发育快，易落花落果。为调解各器官之间的均衡生长，在栽培过程中应采取一系列植株调整措施。

9.4.1 支架、绑蔓：用细竹竿支架，并及时绑蔓。

9.4.2 整枝：番茄的整枝方法主要有三种，单秆整枝、一秆半整枝和双秆整枝，根据品种和栽培密度等选择适宜的整枝方法。

9.4.3 摘心、打叶：当最上部的目标果穗开花时，留2片叶掐心，保留其上的侧枝。及时摘除下部黄叶和病叶。

9.5 保果疏果

番茄落花现象比较普遍，尤其是在不良的气候或不当栽培条件下，脱落更严重。可通过人工辅助授粉、昆虫传粉和激素处理来保花保果。植物生长调节剂一般选用番茄灵或番茄丰产剂2号，处理浓度分别为25~50毫克/千克和20~30毫克/千克。在每穗花有3~4朵开放时对准花穗进行喷洒。在灰霉病多发地区，应在溶液中加入腐霉利等药剂防病。在生产中不应使用2,4-D保花保果。

番茄为了获得高产，使果实整齐一致，提高商品质量，除樱桃番茄外，均需要疏花疏果。大果型品种每穗选留3~4果；中果型品种每穗留4~6果。

9.6 病虫害防治

番茄病虫害种类较多，苗床主要病虫害有猝倒病、立枯病、早疫病和蚜虫。大田期间主要病虫害有灰霉病、晚疫病、叶霉病、早疫病、青枯病、枯萎病、病毒病、溃疡病和蚜虫、潜叶蝇、茶黄螨、白粉虱、烟粉虱、棉铃虫等。

番茄病虫害防治应按照"预防为主，综合防治"的植保方针，坚持以"农业防治、物理防治、生物防治为主，化学防治为辅"的无害化控制原则。

9.6.1 农业防治：针对当地主要病虫控制对象，选用高抗多抗的品种或与高抗砧木嫁接；实行严格轮作制度，与非茄科作物轮作3年以上，有条件的地区应实行水旱轮作；深沟高畦，覆盖地膜；培育适龄壮苗，提高抗逆性；测土平衡施肥，增施充分腐熟的有机肥，少施化肥，防止土壤富营养化，采收结束后，及时清洁田园。

9.6.2 物理防治：可覆盖银灰色地膜驱避蚜虫或采用温烫浸种杀灭种子带菌。

9.6.3 生物防治：应保护利用天敌，防治病虫害；或利用生物药剂（如病毒、线虫）、植物源农药（如藜芦碱、苦参碱、印楝素）和生物源农药（如齐墩螨素、农用链霉素、新植霉素）防治病虫害。

9.6.4　药剂防治：以生物药剂为主。使用药剂防治时严格按照国家农药使用的有关规定，合理施药，严格控制农药用量和安全间隔期。生产上禁止使用如杀虫脒、氰化物、磷化铝、六六六、滴滴涕、氯丹、甲胺磷、甲拌磷（3911）、对硫磷（1605）、甲基对硫磷（甲基1605）、内吸磷（1059）、苏化203、杀螟磷、磷胺、异丙磷、三硫磷、氧化乐果、克百威、水胺硫磷、久效磷、三氯杀螨醇、涕灭威、灭多威、氟乙酰胺、有机汞制剂、砷制剂、西力生、赛力散、溃疡净、无氯酚钠等高毒、高残留农药。番茄主要病虫害药剂防治技术见表5－4。

表5－4　番茄主要病虫害药剂防治方法

主要防治对象	农药名称	使用方法	安全间隔
猝倒病	64%亚霜灵＋代森锌	500倍喷雾	3
立枯病	72.2%霜霉威水剂	800倍喷雾	5
灰霉病	50%腐霉利可湿性粉剂	1 500倍喷雾	1
	65%硫菌、霉菌可湿性粉剂	800～1 500倍喷雾	2
	50%乙烯菌核可湿性粉剂	1 000倍喷雾	4
	2%武夷菌素水剂	100倍液喷雾	2
早疫病	70%代森锰锌	500倍喷雾	15
	75%百菌清可湿性粉剂	600倍喷雾	7
	47%春雷霉素＋氢氧化铜可湿性粉剂	800～1 000喷雾	21
	58%甲霜灵锰锌可湿性粉剂	500倍喷雾	1
晚疫病	40%乙磷锰锌可湿性粉剂	300倍喷雾	5
	64%恶霜灵＋代森锰锌	500倍喷雾	3
	72.2%霜霉威水剂	800倍喷雾	5
叶霉病	2%武夷菌素水剂	150倍喷雾	2
	47%春雷霉素＋氢氧化铜可湿性粉剂	800倍喷雾	21
	1：1：200波尔多液		
溃疡病	77%氢氧化铜可湿性粉剂	500倍喷雾	3
	1：1：200波尔多液		
	77%农用链霉素可溶性粉剂	4 000倍喷雾	3
病毒病	83增抗剂	100倍液，苗床期、缓苗后各一次	3
	20%盐酸吗啉胍铜	500倍喷雾	
蚜虫	2.5%溴氰菊脂乳油	2 000～3 000倍喷雾	2
	1.8%藜芦碱水剂	800倍喷雾	
	10%吡虫啉可湿性粉剂	2 000～3 000倍喷雾	7
白粉虱	2.5%联苯菊酯乳油	3 000倍喷雾	4
烟粉虱	10%吡虫啉可湿性粉剂	2 000～3 000倍喷雾	7
潜叶蝇	1.8%齐墩螨素乳油	2 000～3 000倍喷雾	7
	48%毒死蜱乳油	1 000倍喷雾	7

10. 适时采收

番茄果实成熟分为绿熟期、转色期、成熟期和晚熟期四个时期，何时采收，需根据市场需要和运输距离来决定。如采后能短时间抵达消费者手中，最好在成熟期采收，此时果实营养价值较高，生食最佳；如产地距销地 1～2 天的路程，可在转色期采收。果实成熟先后及时分批采收，减轻植株负担，以确保商品果品质，促进后期果实膨大。夏秋栽培必须在初霜前采收完毕。

11. 清洁田园

番茄采收结束后，将残枝败叶和杂草清理干净，集中进行无害化处理，保持田间清洁。

第十二节　无公害辣椒生产技术规程

1. 范围

本标准规定了辣椒无公害生产的基本条件，农药和肥料的使用要求以及生产栽培技术措施和病虫害防治策略及防治方法。

本标准适用于辣椒、甜椒无公害生产。

2. 规范性引用文件

下列标准所包含的条文，通过在本标准导语中引用而构成为本标准的条文。本标准在出版时，所示版本均为有效。所有标准都会被修订，使用本标准的各方应探讨使用标准最新版本的可能性。

GB 4285　　　　　　　农药使用标准

GB/T 8321 所有部分　　农药合理使用准则

NY 5010　　　　　　　无公害食品 蔬菜产地环境条件

3. 术语

辣椒：包括辣椒和甜椒，是保护地和露地栽培的重要蔬菜。

门椒：是指辣椒主枝第一花序所结的果实。

对椒：是指辣椒第一分枝上花序所结的果实。

4. 栽培技术措施

4.1　栽培季节与方式

4.1.1　温室栽培：一年四季均可栽培，可根据市场情况调节种植时间。

4.1.2　大棚栽培：可根据蔬菜淡季，进行春提早和秋延后栽培。

4.1.3　露地栽培：常规的栽培模式，也可用地膜覆盖适当提早和延后。

4.2　品种选择

根据不同的栽培季节和模式，结合本地情况，选择丰产、优质、抗逆性强的品种。

4.3　育苗

4.3.1　苗床土配制

4.3.1.1　选择非茄果类作物的菜园土和腐熟的草粪按体积比 1∶1 配制。同时在每

1 000千克粪土中加入磷酸二铵1千克、草木灰5~8千克或商品微生物有机肥5~8千克及50%多菌灵可湿性粉剂100克、2.5%敌百虫粉剂100克,掺匀堆放备用。

4.3.1.2 也可选择无土育苗方式:用干净河沙与新鲜珍珠岩等体积混合,每平方米加入500克绿色有机肥、50%多菌灵粉剂5克,掺匀备用。

4.3.2 播种期:根据不同的栽培季节与栽培方式来确定合适的播种期。

4.3.2.1 温室栽培:根据人为上市期,确定定植期,再减去苗龄则为适宜的播种期。

4.3.2.2 大棚栽培:春提早栽培在大棚地温10厘米深处稳定在12℃左右时,可定植,再据此确定合适的播种期。

4.3.2.3 露地栽培:12月在温室内育苗,此时要有一定的保护措施。

4.3.3 播种

4.3.3.1 播种量的确定:应根据具体蔬菜种类、栽培面积、种子质量,育苗条件和栽培密度等来确定。育苗播量(克/平方米)辣椒10~25克,每667平方米需种子30~150克左右。

4.3.3.2 苗床面积的确定:根据生产面积、单株幼苗营养面积来确定苗床面积,一般辣椒每667平方米需育苗面积3~10平方米。

4.3.3.3 浸种:待播种子可用50~55℃温水浸种15~30分钟,水量为种子量的5倍,在此过程中不断搅拌,在整个烫种过程中用温度计量温度,并不断加热水以保持水温在50~55℃。水温降至30℃时停止,然后再浸泡,辣椒需要3~4个小时。

4.3.3.4 催芽:待种子充分吸足水后,捞出洗净表面黏液,再用干净的湿纱布或毛巾包裹在25~28℃环境下放在光照培养箱内或恒温箱内催芽。在催芽时,需每天淘洗1次,稍晒后继续催芽。一般需要5~7天。

4.3.3.5 播种:经催芽后,露白约60%时即可播种。寒冬育苗应在温室内或有加温设施的育苗工厂内进行,播种时,每孔放1粒,种子须平放,使露白部分朝下。

播后在育苗畦上覆盖细土,覆盖厚度不超过10厘米,要求均匀一致,覆盖后浇透水。不需分苗。

4.3.4 苗床管理

4.3.4.1 播种到出苗前苗床管理:播种后,苗床温度白天应控制在25~28℃,夜间16~20℃以利于尽快出苗。

4.3.4.2 出苗到定植前管理:出苗后,要降低苗床温度白天23℃,夜间13~15℃左右,防止幼苗徒长。要增加光照,一些保温覆盖物可逐渐揭开。定植前,要保持苗床温度,以24~28℃为宜,应合理通风,调节温度。可适当浇水追肥,可叶面喷施微生物有机叶面肥或0.1%~0.2%磷酸二氢钾,促使苗健壮增加抗病性和抗逆性。此期也应当防治病虫害。

4.4 定植

4.4.1 定植时期:按不同的栽培季节和方式确定定植时期。一般辣椒10~12片叶为定植期。

4.4.1.1 日光温室:按不同的上市时间确定定植时期。

4.4.1.2 大棚栽培:春大棚可在棚内温度稳定在12℃左右时定植。

4.4.1.3 露地栽培:露地栽培要在终霜期过后定植。地温稳定在10℃以上。

4.4.2　整地：要深翻农田，施足积肥，每 667 平方米施腐熟有机肥 3 ~ 5 方，全生长期施纯氮 18 ~ 22 千克，五氧化二磷 15 ~ 18 千克，氧化钾 18 ~ 22 千克。做好栽培畦，一般按畦宽（连沟）130 ~ 150 厘米，畦沟深 10 ~ 20 厘米。

4.4.3　定植方式：宜早定植，可根据情况采用铺地膜等保温措施，定植宜在晴天下午进行，要浇定植水。

4.5　田间管理

4.5.1　水肥管理

4.5.1.1　灌溉水质和肥料使用须符合要求

4.5.1.2　定植初期：以促进缓苗为目的，浇足定植水，在此期间不用施肥。约需 3 ~ 5 天。

4.5.1.3　缓苗后至结果初期：以促根控秧为主要目标，水以控为主，以不旱为原则。若缺水，则应轻浇，达到蹲苗促根作用。此期可不用追肥。

4.5.1.4　结果初期到整个结果盛期：此期应把握好营养生长和生殖生长平衡。一般以第一个果长到一定大小时，浇 1 次水，同时，可追施优质有机肥加适量化肥，每一穗果追一次肥，也可进行叶面追肥。采果期不能施速效氮肥。

4.5.2　植株调整：调整好枝蔓，使互相不遮光，通风透气为原则。要及时打杈、摘心、疏花果，老叶病叶及时打掉。

4.5.3　保花保果：在不良的环境条件下要采用多种措施保花保果。

4.6　采收

第一个果要早收。根据不同的消费习惯适时采收。开始采收后，在安全间隔期内禁止使用化学农药和化学激素。

5. 病虫

5.1　常见病虫害

5.1.1　辣椒常见的病害有：猝倒病、立枯病、青枯病、病毒病、炭疽病、灰霉病、早疫病、晚疫病及一些生理性病害。

5.1.2　辣椒常见的虫害有：白粉虱、蚜虫、烟青虫、棉铃虫、红蜘蛛等。

5.2　防治措施

5.2.1　温室大辣椒的整个生长期和露地的春季到夏季以防病为主，以抗病或耐病品种为基础，以提高植株抗性为主，结合科学利用农药综合防治。对于真菌性病害，以农业防治为主，适期采用化学防治方法。

5.2.2　晚春夏初以防虫为主：掌握不同品种和不同栽培条件下害虫的发生规律，预防为主，合理用药，压低虫口基数，控制暴发危害减少损失。防治红蜘蛛，必须每个顶梢的虫口控制在 3 ~ 5 头以下。防治蚜虫，掌握在每株有蚜虫 3 ~ 5 头时，即施药防治。棉铃虫、烟青虫应见卵即防。早期应尽量使用生物农药。

5.3　农业栽培防治方法

5.3.1　实行轮作，避免连作。

5.3.2　种过茄果类蔬菜的地块，必须进行种子处理。

5.3.3　选抗病品种，加强苗床管理，培育无病苗和壮苗，增加秧苗自身抗性。定植前 7 天要进行炼苗。

5.3.4　选择地势较高，能排能灌、质地疏松肥沃的地块，施足基肥。

5.3.5　采用高畦深沟方式栽培，利于排水。

5.3.6　采用合理的田间管理措施，减少病虫发生发展的机会。

5.3.7　采用配方施肥技术促进植株健壮生长，提高植株抗性。

5.3.8　早春用小弓棚防寒，提高植株抗病能力；夏季用银灰膜遮阳网覆盖，防治蚜虫、白粉虱等虫害。

5.3.9　生产中和生产后保持田园清洁，及时铲除杂草，除去蚜虫越冬寄主，收获后及时翻耕晒畦。

5.4　病虫害农药防治方法

5.4.1　常见病害防治

5.4.1.1　苗期猝倒病、立枯病：可用苗床土消毒防治，也可在苗期灌 75% 百菌清 800 倍液，或 70% 多菌灵 800 倍液，或 B-903 菌液 20 倍液，或 2% 农抗 120 水剂 100 倍液，或 72.2% 普力克 600～800 倍液等防治方法。

5.4.1.2　疫病：可用 72% 霜霉疫净 600～800 倍液，或 72.2% 普力克 600～800 倍液等防治。

5.4.1.3　枯萎病：可用 B-903 菌液 20 倍液，或农抗 120 水剂 100 倍液，或 70% 多菌灵 100 倍液，或 50% DT 可湿性粉剂 400 倍液淋施预防发生或用 40% 氨铜水剂 300 倍液灌根防治。

5.4.1.4　灰霉病：可用 40% 灰核净 800～1 200 倍液，或 50% 速可灵 2 000 倍液，或 50% 多霉灵 800 倍液等防治。

5.4.1.5　防治细菌性角叶病：可用 72% 农用链霉素 4 000 倍液，或 1∶2∶（300～400）波尔多液，或 14% 络氨铜水剂 300 倍液，或 50% 琥胶肥酸铜（DT）500 倍液。

5.4.1.6　白粉病、锈病：可用 15% 粉锈宁 1 500 倍液，或 2% 农抗 120 水剂或 2% 武夷霉素 BO-10 水剂 100 倍液。

5.4.1.7　病毒病：首先要防治传毒昆虫，其次可用 40% 抗毒宝 600～800 倍液，或 20% 病毒 A 剂 500 倍液，或 1.5% 植病灵乳剂 800～1 000 倍液减轻病情发生，增强植株抗性，起到一定防治作用。

5.4.1.8　炭疽病防治：可用 2% 农抗 120 或 2% 武夷霉素 BO-10 水剂 100 倍液，或 70% 多菌灵 600 倍液、或 75% 百菌清 800 倍液，或 80% 炭疽福美粉剂 800 倍液等。

5.4.2　常见虫害防治

5.4.2.1　防治蚜虫、白粉虱、蓟马等：可用黄板诱杀，也可用 10% 吡虫啉 2 000 倍液，或 10% 朴虱灵 1 000 倍液，或鱼藤精 400 倍液，或 65% 蚜螨虫威 600～700 倍液，或 2.5% 保得乳油 2 000 倍液，或 7.5% 功夫乳油 2 000 倍液。在大棚温室中也可用药剂烟熏，在傍晚放甑前，用锯末、稻草等洒上敌敌畏，放上几个烧红的煤球点燃使烟雾弥漫全室，每 667 平方米约需敌敌畏 0.25～0.4 千克。

5.4.2.2　潜叶蝇的防治：可采用灭蝇纸和黄板诱杀成虫，每 667 平方米设置 15 个诱杀点；在幼虫二龄前，用 20% 斑潜净 1 000～2 000 倍液，或 48% 乐斯本乳油 800～1 000 倍液杀死幼虫；在成虫羽化期用 5% 抑太保 2 000 倍液，5% 卡死克乳油 2 000 倍液抑制成虫繁殖。

5.4.3 以上农药防治使用药剂及药量仅举例说明，相同有效成分的其他剂型及新上市的其他农药产品，需经无公害蔬菜生产管理部门同意，方可在无公害蔬菜生产基地使用，并要严格按照使用说明执行，上述药剂要交替使用。

第十三节 无公害大白菜生产技术规程

1. 范围

本标准规定了无公害食品大白菜的生产技术措施要求。
本标准适用于开封市无公害食品大白菜的生产。

2. 规范性引用文件

下列文件中的条款通过本标准的引用而成为本标准的条款。凡是注日期的引用文件，其随后所有的修改单（不包括勘误的内容）或修订版均不适用于本标准，然而，鼓励根据本标准达成协议的各方研究是否可使用这些文件的最新版本。凡是不注日期的引用文件，其最新版本适用于本标准。

GB 4285　　　　　　　农药安全使用标准
GB/T 8321（所有部分）　农药合理使用准则
GB 16715.2　　　　　　瓜菜作物种子 白菜类
NY 5010　　　　　　　无公害食品 蔬菜产地环境条件

3. 生产技术措施

3.1 产地环境条件

3.1.1 产地环境条件符合 NY 5010 要求。

3.1.2 土壤条件：地势平坦、排灌方便、土壤耕层深厚、土壤结构适宜、理化性状良好，以粉沙壤土、壤土及轻黏土为宜，土壤肥力较高。

3.2 栽培措施

3.2.1 品种选择：选用抗病、优质丰产、抗逆性强、适应性广、商品性好的品种。种子质量应符合 GB 16715.2 要求。

3.2.2 整地：采用高畦栽培，地膜覆盖，便于排灌，减少病虫害。

3.2.3 播种：根据气象条件和品种特性选择适宜的播期，秋白菜一般在夏末秋初播种。叶球成熟后随时采收。可采用穴播或条播，播后盖细土 0.5~1 厘米，搂平压实。

3.2.4 田间管理

3.2.4.1 间苗定苗：出苗后及时间苗，7~8 叶时定苗。如缺苗应及时补栽。

3.2.4.2 中耕除草：间苗后及时中耕除草，封垄前进行最后一次中耕。中耕时前浅后深，避免伤根。

3.2.4.3 合理浇水：播种后及时浇水，保证齐苗壮苗；定苗、定植或补栽后浇水，促进返苗；莲座初期浇水促进发棵；包心初中期结合浇水进行追肥，后期适当控水促进包心。

3.3　施肥

3.3.1　施肥原则：根据大白菜需肥规律、土壤养分状况和肥料效应，通过土壤测试确定相应的施肥量和施肥方法，按照有机与无机相结合、基肥与追肥相结合的原则，实行平衡施肥。

3.3.2　基肥：每667平方米优质有机肥施用量不低于3方，全生长期施氮（N）12～16千克，磷（P_2O_5）4～6千克，钾（K_2O）10～16千克，有机肥料应根据附录C中表C.1的要求充分腐熟。氮肥总用量的30%～50%、大部分磷、钾肥料可基施，结合耕翻整地与耕层充分混匀。宜合理种植绿肥、秸秆还田、氮肥深施和磷肥分层施用。适当补充钙、铁等中微量元素。

3.3.3　追肥：追肥以速效氮肥为主，应根据土壤肥力和生长状况在幼苗期、莲座期、结球初期和结球中期分期施用。为保证大白菜优质，在结球初期重点追施氮肥，并注意追施速效磷钾肥。收获前20天内不应使用速效氮肥。合理采用根外施肥技术，通过叶面喷施快速补充营养。

3.3.4　不应使用工业废弃物、城市垃圾和污泥：不应使用未经发酵腐熟、未达到无害化指标的人畜粪尿等有机肥科（附录C）。

3.3.5　选用的肥料应达到国家有关产品质量标准，满足无公害大白菜对肥料的要求。

3.4　病虫害防治

3.4.1　病虫害防治原则以防为主、综合防治，优先采用农业防治、物理防治、生物防治，配合科学合理地使用化学防治，达到生产安全、优质的无公害大白菜的目的。不应使用国家明令禁止的高毒、高残留、高生物富集性、高三致（致畸、致癌、致突变）农药及其混配农药（附录A）。农药施用严格执行GB 4285和GB/T 8321的规定（附录B）。

3.4.2　农业防治

3.4.2.1　因地制宜选用抗（耐）病优良品种。

3.4.2.2　合理布局，实行轮作倒茬，加强中耕除草，清洁田园，降低病虫源数量。

3.4.2.3　培育无病虫害壮苗。播前种子应进行消毒处理：防治霜霉病、黑斑病可用50%福美双可湿性粉剂，或75%百菌清可湿性粉剂按种子量的0.4%拌种；也可用25%瑞毒霉可湿性粉剂按种子量的0.3%拌种；防治软腐病可用菜丰宁或专用种衣剂拌种。

3.4.3　物理防治：可采用银灰膜避蚜或黄板（柱）诱杀蚜虫。

3.4.4　生物防治：保护天敌，创造有利于天敌生存的环境条件，选择对天敌杀伤力低的农药；释放天敌，如捕食螨、寄生蜂等。

3.4.5　药剂防治

3.4.5.1　对菜青虫、小菜蛾、甜菜夜蛾等采用病毒如银纹夜蛾病毒（奥绿一号）、甜菜夜蛾病毒、小菜蛾病毒及白僵菌、苏云金杆菌制剂等进行生物防治；或5%定虫隆（抑太保）乳油2 500倍液喷雾，或5%氟虫脲（卡死克）1 500倍液，或50%辛硫磷1 000倍液喷雾，或齐墩螨素乳油、5%氟虫腈（锐劲特）、苦参碱、印楝素、鱼藤酮、高效氯氰菊酯、氯氟氰菊酯、联苯菊酯等喷雾进行防治，根据使用说明正确使用剂量。

3.4.5.2　对软腐病用72%农用硫酸链霉素可湿性粉剂4 000倍液，或新植霉素4 000～5 000倍液喷雾。

3.4.5.3 防治霜霉病可选用 25% 甲霜灵可湿性粉剂 750 倍液，或 69% 安克锰锌可湿性粉剂 500~600 倍液，或 69% 霜脲锰锌可湿性粉剂 600~750 倍液，或 75% 百菌清可湿性粉剂 500 倍液等喷雾。交替、轮换使用，7~10 天 1 次，连续防治 2~3 次。

3.4.5.4 防治炭疽病、黑斑病可选用 69% 安克锰锌可湿性粉剂 500~600 倍液，或 80% 炭疽福美可湿性粉剂 800 倍液等喷雾。

3.4.5.5 防治病毒病可在定植前后喷 1 次 20% 病毒 A 可湿性粉剂 600 倍液或 1.5% 植病灵乳油 1 000~1 500 倍液喷雾。

3.4.5.6 防治菜蚜可用 10% 吡虫啉 1 500 倍液，或 3% 啶虫脒 3 000 倍液，或 5% 啶高氯 3 000 倍液，或 50% 抗蚜威可湿性粉剂 2 000~3 000 倍液喷雾。

3.4.5.7 防治甜菜夜蛾可用 52.25% 农地乐乳油 1 000~1 500 倍液，或 4.5% 高效氯氰菊酯乳油 11.25~22.5 克/667 平方米，或 20% 溴虫腈（除尽），或 20% 虫酰肼（米满）悬浮剂 200~300 克/667 平方米喷雾，晴天傍晚用药，阴天可全天用药。

附录 A：（规范性附录）
无公害大白菜生产中禁止使用的农药品种

甲拌磷（3911）、治螟磷（苏化 203）、对硫磷（1605）、甲基对硫磷（甲基 1605）、内吸磷（1509）、杀螟威、久效磷、磷胺、甲胺磷、异丙磷、三硫磷、氧化乐果、磷化锌、磷化铝、甲基硫环磷、甲基异柳磷、氰化物、克百威、氟乙酰胺、砒霜、杀虫脒、西力生、赛力散、溃疡净、氯化苦、五氯酚、二溴氯丙烷、401、六六六、滴滴涕、氯丹及其他高毒、高残留农药。

附录 B：（规范性附录）
农药合理使用准则（大白菜常用农药部分）

农药名称	剂型	常用药量型克（毫升）/次·亩	最高用药量克（毫升）/次·亩	施药方法	最多施药次数（每季作物）	安全间隔期（天）
敌敌畏	80% 乳油	100	200	喷雾	5	≥5
辛硫磷	50% 乳油	50	100	喷雾	3	≥6
敌百虫	90% 晶体	50 克	100 克	喷雾	5	≥6
氯氰菊酯	4.5% 乳油	20	30	喷雾	3	≥5
溴氰菊酯	2.5% 乳油	20	40	喷雾	3	≥2
氰戊菊酯	20% 乳油	15	40	喷雾	3	≥12
甲氰菊酯	20% 乳油	25	30	喷雾	3	≥3
氯氟氰菊酯	2.5% 乳油	25	50	喷雾	3	≥7
顺式氰戊菊酯	5% 乳油	10	20	喷雾	3	≥3
顺式氯氰菊酯	10% 乳油	5	10	喷雾	3	≥3
抗蚜威	50% 可湿性粉剂	10 克	30 克	喷雾	3	≥11

农药名称	剂型	常用药量型克（毫升）/次·亩	最高用药量克（毫升）/次·亩	施药方法	最多施药次数（每季作物）	安全间隔期（天）
定虫隆	5%乳油	40	80	喷雾	3	≥7
毒死蜱	40.7%乳油	50	75	喷雾	3	≥7
齐墩螨素	1.8%乳油	30	50	喷雾	1	≥7
百菌清	75%可湿性粉剂	100 克	120 克	喷雾	3	≥10

注：1 亩等于 667 平方米

附录 C：（规范性附录）
有机肥料无害化卫生标准

	项目	卫生标准及要求
高温堆肥	堆肥温度	最高堆温达 50～55℃，持续 5～7 天
	蛔虫死亡率	95%～100%
	粪大肠杆菌值	$10^{-1} \sim 10^{-2}$
	苍蝇	有效地控制苍蝇孳生，肥堆周围没有活的蛆、蛹或新羽化的成蝇
沼气发酵肥	密封贮存期	30 天以上
	高温沼气发酵温度	53℃±2℃持续 2 天
	寄生虫卵沉降率	95%以上
	血吸虫卵和钩虫卵	在使用粪液中不得检出活的血吸虫卵和钩虫卵
	粪大肠杆菌值	普通沼气发酵 10^{-4}，高温沼气发酵 $10^{-1} \sim 10^{-2}$
	蚊子、苍蝇	有效地控制蚊蝇孳生，粪液中无孑孓。池的周围无活的蛆、蛹或新羽化的成蝇
	沼气池残渣	经无公害化处理后方可用作农肥

第十四节 无公害萝卜生产技术规程

1. 范围

本标准规定了无公害食品萝卜产地环境要求和生产技术管理措施。

本标准适用于无公害食品萝卜的生产。

2. 规范性引用文件

下列文件中的条款通过本标准的引用而成为本标准的条款。凡是注日期的引用文件，其随后所有的修改单（不包括勘误的内容）或修订版均不适用于本标准，然而，鼓励根据本标准达成协议的各方研究是否可使用这些文件的最新版本。凡是不注日期的引用文件，其最新版本适用于本标准。

GB 4286　　　　　　　　农药安全使用标准

GB/T 8321（所有部分）　农药合理使用准则

NY/T 496　　　　　　肥料合理使用准则 通则
NY 5010　　　　　　无公害食品 蔬菜产地环境条件

3. 产地环境

应符合 NY 5010 的规定。

4. 生产管理措施

4.1　前茬
避免与十字花科蔬菜连作。

4.2　土壤条件
地势平坦、排灌方便、土层深厚、土质疏松、富含有机质、保水、保肥性好的沙质土壤为宜。

4.3　品种选择
4.3.1　种子选择原则：选用抗病、优质丰产、抗逆性强、适应性广、商品性好的品种。

4.3.2　种子质量：种子纯度≥90%，净度≥97%，发芽率≥96%，水分≤8%。

4.4　整地
早耕多翻，打碎耙平，施足基肥。耕地的深度根据品种而定。

4.5　作畦
大个型品种多起垄栽培，垄高 20～30 厘米，垄间距 50～60 厘米，垄上种两行或两穴；中个型品种，垄高 15～20 厘米，垄间距 35～40 厘米；小个型品种多采用平畦栽培。

4.6　播种
4.6.1　播种量：大个型品种每 667 平方米用种量为 0.5 千克；中个型品种每 667 平方米用种量为 0.75～1.0 千克；小个型品种每 667 平方米用种量为 1.5～2.0 千克。

4.6.2　播种方式：大个型品种多采用穴播；中小个型品种多采用条播方式；播种方式，先浇水播种后再盖土。

4.6.3　种植密度：大个型品种株距 20～30 厘米，行距 25～30 厘米；中个型品种行距株距 15～20 厘米；小个型品种株行距 8～10 厘米。

4.7　田间管理
4.7.1　间苗定苗：第一次间苗在子叶充分展开时进行，当萝卜有 2～3 片真叶时，开始第二次间苗；当具 5～6 片真叶时，肉质根破肚时，按规定的株距进行定苗。

4.7.2　中耕除草与培土：结合间苗进行中耕除草。中耕时先浅后深，避免伤根。第一、二次间苗要浅耕，锄松表土，最后一次深耕，并把畦沟的土壤培于畦面，以防止倒苗。

4.7.3　浇水：浇水应根据作物的生育期、降雨、温度、土质和土壤湿度状况而定。

4.7.3.1　发芽期：播前灌足底水，播后覆盖潮湿细土。

4.7.3.2　幼苗期：苗期根浅，需水量小。土壤有效含水量宜在 60% 左右。遵循"少浇勤浇"的原则。

4.7.3.3　叶生长盛期：此期叶数不断增加，叶面积逐渐增大，肉质根也开始膨大，需水量大，但要适量灌溉。

4.7.3.4　肉质根膨大盛期：此期需水量最大，应充分均匀浇水，土壤有效含水量宜在 80% 左右。

4.7.4　施肥

4.7.4.1　施肥原则：按 NY/T 496 执行。不使用工业废弃物、城市垃圾和污泥。不使用未经发酵腐熟、未达到无害化指标、重金属超标的人畜粪尿等有机肥料。

4.7.4.2　施肥方法：结合整地，施入基肥，基肥量应占总肥量的 70% 以上。根据土壤肥力和生长状况确定追肥时间，一般在肉质根生长初期和中期分二次进行。全生长期施氮（N）9 千克，磷（P_2O_5）10 千克，钾（K_2O）10 千克，收获前 20 天内不应使用速效氮肥。

4.8　病虫害防治

4.8.1　农业防治：选用抗（耐）病优良品种；合理布局，实行轮作倒茬，提倡与高秆作物套种，清洁田园，加强中耕除草，降低病虫源数量；培育无病虫害壮苗。

4.8.2　药剂防治

4.8.2.1　药剂使用的原则和要求

4.8.2.1.1　禁止使用国家明令禁止的高毒、剧毒、高残留的农药及其混配农药品种。禁止使用的高毒、剧毒农药品种有：甲胺磷、甲基对硫磷、对硫磷、久效磷、磷胺、甲拌磷、甲基异柳磷、特丁硫磷、甲基硫环磷、治螟磷、内吸磷、克百威、涕灭威、灭线磷、硫环磷、蝇毒磷、地虫硫磷、氯唑磷、苯线磷、六六六、滴滴涕、毒杀芬、二溴氯丙烷、杀虫脒、二溴乙烷、除草醚、艾氏剂、狄氏剂、汞制剂、砷、铅类、敌枯双、氟乙酰胺、甘氟、毒鼠强、氟乙酸钠、毒鼠硅等农药。

4.8.2.1.2　使用化学农药时，应执行 GB 4286 和 GB/T 8321（所有部分）。

4.8.2.1.3　合理混用、轮换、交替用药，防止和推迟病虫害抗性的产生和发展。

4.9　采收

根据市场需要和生育期及时收获。采收时剔除伤、病、畸形萝卜，分级上市。

第十五节　无公害胡萝卜生产技术规程

1. 范围

本标准规定了无公害食品胡萝卜的产地环境和生产管理措施。
本标准适用于无公害食品胡萝卜的生产。

2. 规范性引用文件

下列文件中的条款通过本标准的引用而成为本标准的条款。凡是注日期的引用文件，其随后所有的修改单（不包括勘误的内容）或修订版均不适用于本标准，然而，鼓励根据本标准达成协议的各方研究是否可使用这些文件的最新版本。凡是不注日期的引用文件，其最新版本适用于本标准。

　　GB 4286　　　　　　　　　　农药安全使用标准

GB/T 8321（所有部分）　　　农药合理使用准则
NY/T 496　　　　　　　　　肥料合理使用准则通则
NY 5010　　　　　　　　　无公害食品蔬菜产地环境条件

3. 产地环境

应符合 NY 5010 的规定，并选择地力肥沃、土壤疏松、排水良好的壤土或沙壤土。

4. 生产管理措施

4.1 播种前准备

4.1.1 品种选择：选用抗病、优质丰产、抗逆性强、适应性广、商品性好的品种。以日本超级新黑田五寸参系列为秋季主栽品种。

种子质量：种子纯度≥95%，净度≥85%，发芽率≥80%，水分≤10%。

4.1.2 整地：早耕多翻，碎土耙平。耕地的深度根据品种而定，一般耕作的深度在25～30 厘米。

4.1.3 基肥：遵照 NY/T 496，根据土壤肥力，确定相应的施肥量和施肥方法，全生长期施氮（N）15 千克，磷（P_2O_5）12 千克，钾（K_2O）15 千克，其中基肥量应占总肥量的70%以上。

4.1.4 作畦：方式因土壤、品种等条件而异。秋季多平畦栽培，畦宽2～3 米，畦边作垄。但土层较薄、多湿时，宜作高畦，高畦畦宽 50 厘米，畦高 15～20 厘米，畦面种两行。

4.2 播种

4.2.1 播种量：条播：一般每 667 平方米用种量为 0.2～0.25 千克。撒播：每 667 平方米用种量为 0.3～0.35 千克。

4.2.2 播种方式：条播或撒播。高畦条播，平畦条播或撒播。条播行距 15～20 厘米，深约1～2 厘米；撒播，先将种子与 10 千克细潮土拌匀，然后撒播于平整的畦面上，再以细土覆盖、镇压。秋季胡萝卜一般在 7 月上、中旬播种。

4.3 田间管理

4.3.1 间苗和除草：幼苗期间应进行 2～3 次间苗和中耕除草。当幼苗 2～3 片真叶时，进行第一次间苗，保持株距 3 厘米，并结合行间浅耕除草松土。当幼苗 3～4 片真叶（苗高 10 厘米左右）时，进行第二次间苗，苗距 6 厘米左右；在 5～6 片真叶时进行定苗，去除过密株、劣株和病株，保持株距 12～15 厘米，每 667 平方米留苗 3.5 万～4.0 万株，同时，中耕除草 1 次，除草剂可用百草枯，具体使用方法见产品标签。起垄栽培时，结合中耕除草把畦沟的土壤培于畦面。

4.3.2 浇水：从播种至出苗时间较长，应连续浇水，保持土壤湿润。出苗后土壤湿度保持田间最大持水量的 60%～80%。

4.3.3 追肥

4.3.3.1 应根据土壤肥力和生长状况确定追肥时间。胡萝卜一般追肥两次，在定苗后进行第一次追肥；在肉质根膨大期进行第二次追肥。施肥时，于垄肩中下部开沟施入，然后覆土。收获前 20 天内不应使用速效氮肥。

4.3.3.2　选用的肥料应达到国家有关产品质量标准，以满足无公害食品胡萝卜对肥料的要求。

4.3.3.3　不应使用工业废弃物、城市垃圾和污泥。不应使用未经发酵腐熟、未达到无害化指标的人畜粪尿等有机肥料。

4.4　病虫害防治

4.4.1　农业防治：合理布局，实行轮作倒茬，清洁田园，加强中耕除草，降低病虫害。主要虫害：菜青虫、小菜蛾、棉铃虫。主要病害：白粉病等。

4.4.2　药剂防治

4.4.2.1　药剂使用的原则和要求

4.4.2.1.1　禁止使用国家明令禁止的高毒、剧毒、高残留的农药及其混配农药品种。禁止使用的高毒、剧毒农药品种有：甲胺磷、甲基对硫磷、对硫磷、久效磷、磷胺、甲拌磷、甲基异柳磷、特丁硫磷、甲基硫环磷、治螟磷、内吸磷、克百威、涕灭威、灭线磷、硫环磷、蝇毒磷、地虫硫磷、氯唑磷、苯线磷、六六六、滴滴涕、毒杀芬、二溴氯丙烷、杀虫脒、二溴乙烷、除草醚、艾氏剂、狄氏剂、汞制剂、砷、铅类、敌枯双、氯乙酰胺、甘氟、毒鼠强、氟乙酸钠、毒鼠硅等农药。

4.4.2.1.2　使用化学农药时，应执行 GB 4286 和 GB/T 8321（所有部分）相关标准。

4.4.2.1.3　合理混用、轮换交替使用不同作用机制或具有负交互抗性的药剂，防止和延迟病虫害抗性的产生和发展。

4.5　采收

当肉质根充分膨大成熟并且达到无公害蔬菜的要求时，即可采收。

一般在土壤冻前收获完毕，即在 11 月上旬至 12 月下旬采收。采收时剔出病、残、伤、烂的萝卜，分级装袋。包装袋必须采用食品包装允许使用的无毒清洁塑料制作。

第十六节　无公害芹菜生产技术规程

1. 范围

本标准规定了无公害食品芹菜生产的产地环境要求、生产技术管理措施。

本标准适用于无公害食品芹菜的生产。

2. 规范性引用文件

下列文件中的条款通过本标准的引用而成为本标准的条款。凡是注日期的引用文件，其随后所有的修改单（不包括勘误的内容）或修订版均不适用于本标准，然而，鼓励根据本标准达成协议的各方研究足否可使用这些文件的最新版本。凡是不注日期的引用文件，其最新版本适用于本标准。

GB 4285　　　　　　　　　农药安全使用标准

GB/T 8321（所有部分）　　农药合理使用准则

NY/T 496　　　　　　　　肥料合理使用准则　通则

NY 5010　　　　　　　　　无公害食品　蔬菜产地环境条件

GB 16715.5—1999　　　　瓜类作物种子　叶菜类

3. 产地环境

应符合 NY 5010 的规定。

4. 生产管理措施

4.1　栽培季节

春季栽培：冬季育苗定植夏季上市。

夏季栽培：夏季育苗定植，秋季上市。

秋冬栽培：夏末秋初播种，冬季上市。

4.2　种子选择及处理

4.2.1　品种选择：选择叶柄长、实心、纤维少，丰产，抗逆性好，抗病虫害能力强的品种。

4.2.2　种子质量：种子质量符合 GB 16715.5—1999 芹菜良种质量指标，即纯度≥92%，净度≥95%，发芽率≥65%，水分≤8%。

4.2.3　种子处理

4.2.3.1　消毒：用48℃恒温水，在不断搅拌的情况下浸种30分钟，然后取出放在凉水中浸种。

4.2.3.2　浸种：在凉水中浸种24小时。浸种过程中需搓洗几遍，以利吸水。

4.2.3.3　催芽：将浸泡过的种子捞出，用清水搓洗干净，捞出沥净水分，用透气性良好的纱布包好，再用湿毛巾覆盖，放在15～20℃条件下催芽。当有30%～50%的种子露白时即可播种。

4.3　育苗

4.3.1　苗床准备：选择排灌方便，土壤疏松肥沃，保肥保水性能好，2～3年未种植伞形花科作物的田块作苗床。每平方米施入腐熟有机肥25千克、氮磷钾复混肥（15—15—15）100克，加多菌灵50克，翻耕细耙，作成畦宽1～1.2米，沟宽0.3～0.4米，沟深0.15～0.2米的高畦。

4.3.2　播种量及播种方式：每667平方米栽培田，本芹夏秋育苗需要种子150～180克，冬春育苗需要100～120克；西芹需要种子20～25克。先浇透底水，待水渗下后撒一薄层土，再播撒种子，覆盖细土0.5～0.6厘米。然后再盖薄层麦秆或稻草保湿，夏季还有降温作用。但要注意拱土后立即揭除地面覆盖物。

4.3.3　苗期管理

4.3.3.1　温度管理：冬春育苗，加盖地膜和大棚保温，出苗后揭除地膜。随着气温的升高，逐渐增大通风。夏秋育苗用庶阴网塑料薄膜覆盖，搭成四面通风防雨降温的小拱棚。

4.3.3.2　肥水管理：在整个育苗期，都要注意浇水，经常保持土壤湿润。浇水要小水勤浇。夏秋育苗早晚进行，冬春育苗在晴天上午进行。齐苗后结合浇水每667平方米追施尿素5千克或用1%尿素溶液50千克叶面追肥，以后每10～15天1次，促进幼苗生长。

4.3.3.3　除草间苗：播后苗前，可选用除草通（或其他除草剂）150～200毫升，对水 70～100 千克均匀喷洒地表，以防止苗期草害。当幼苗长有两片真叶时进行间苗，苗距 1 厘米，以后再进行 1～2 次间苗，使苗距达到 3 厘米左右，结合间苗拔除田间杂草，间苗后要及时浇水。

4.4　整地施基肥

前茬作物收获后，及时翻耕，中等肥力土壤每 667 平方米施入腐熟农家肥 3 000～5 000 千克、三元复混肥（15—15—15）40～50 千克。深翻 20 厘米，使土壤和肥料充分混匀，整细耙平，按当地种植习惯作畦。

4.5　定植

4.5.1　定植密度：每 667 平方米本芹夏秋栽培 25 000～35 000 株，秋冬栽培、春夏栽培 35 000～45 000 株，西芹 9 000～12 000 株。

4.5.2　定植方法：移栽前 3～4 天停止浇水，用爪铲带土取苗，单株定植。定植深度应与幼苗在苗床上的入土深度相同，露出心叶。

4.6　定植后的田间管理

4.6.1　遮阳防雨：夏秋栽培定植后，立即盖遮阳网遮阳降温。遮阳网应晴天盖，阴天揭；晴天早上盖，傍晚揭。下雨时需在遮阳网上加盖薄膜挡雨，防止雨水进入大棚引起病害发生。

4.6.2　肥水管理：定植后及时浇水，3～5 天后浇缓苗水，以后，如气温过高，可浇小水降温，蹲苗期内停止浇水。定值后 10～15 天，每 667 平方米追尿素 5 千克，以后 20～25 天，追肥 1 次，每 667 平方米一次追尿素和硫酸钾各 10 千克。采收前 10 天停止追肥、浇水，以降低硝酸盐含量，并有利于贮藏。追肥应在行间进行。在夏季应在早晚进行，午间浇水会造成畦面温差，导致死苗。深秋和冬季应控制浇水，浇水应在晴天 10～11 时进行，并注意加强通风降湿，防止湿度过大发生病害。

4.6.3　中耕除草：芹菜前期生长较慢，常有杂草危害，因此，应及时中耕除草。一般在每次追肥前结合除草进行中耕。中耕宜浅，只要达到除草、松土的目的即可，不能太深，以免伤及根系，反而影响芹菜生长。

4.6.4　保温管理：秋季当气温低于 12℃ 要及时扣棚，春季定植前 10 天扣棚暖地。一般在气温达到 20℃ 时就开始放风，维持在 15～20℃，夜间不低于 10℃。进入 12 月份气温较低，夜间大棚内最好加盖小棚保温，防止冻害，利于继续生长。

4.7　病虫害防治

4.7.1　病虫害防治原则：贯彻"预防为主，综合防治"的植保方针，通过选用抗性品种，培育壮苗，加强栽培管理，科学施肥，改善和优化菜田生态系统，创造一个有利于芹菜生长发育环境条件；优先采用农业防治、物理防治、生物防治，配合科学合理地使用化学防治，将芹菜有害生物的危害控制在允许的经济阈值以下，达到生产安全、优质的无公害芹菜的目的。

4.7.2　物理防治

4.7.2.1　防虫网隔离：设施栽培的条件下，在放风口设置防虫网隔离，减轻虫害发生。

4.7.2.2　设置黄板诱杀蚜虫：用 30 厘米 ×20 厘米的黄板，按每 667 平方米挂 30～40 块的密度，悬挂高度与植株顶部持平或高出 5～10 厘米。

4.7.2.3 要及时摘除病虫叶，拔除重病株，带出田外深埋或烧毁。

4.7.3 药剂防治：保护地优先采用粉尘法、烟熏法，在干燥晴朗的天气也可以喷雾防治，注意交替轮换用药、合理混用。

4.7.3.1 斑枯病

4.7.3.1.1 保护地每667平方米用200～250克45%百菌清烟剂，或10%速克灵烟剂，分4～5处，傍晚暗火点燃闭棚过夜，隔7天1次，连熏3次。

4.7.3.1.2 发病初期于傍晚每667平方米用喷粉器喷撒5%百菌清粉尘1千克，隔9～11天1次，连续2～3次。

4.7.3.1.3 发病初期开始喷洒64%杀毒矾可湿性粉剂500倍液，或75%百菌清可湿性粉剂600倍液、50%多菌灵可湿性粉剂800倍液，50%甲基硫菌灵可湿性粉剂500倍液，10%世高水分散颗粒剂1 500倍液，隔7～10天1次，连喷2～3次。

4.7.3.2 叶斑病防治方法见斑枯病。

4.7.3.3 菌核病

4.7.3.3.1 烟熏法：见斑枯病。

4.7.3.3.2 粉尘法：见斑枯病。

4.7.3.3.3 发病初期开始喷洒50%速克灵，或50%扑海因，或50%农利灵可湿性粉剂1 000～1 500倍液，或20%甲基立枯磷可湿性粉剂1 000倍液，或70%甲基硫菌灵可湿性粉剂600倍液，隔8～9天1次，连续防治3～4次。

4.7.3.4 病毒病

4.7.3.4.1 早期防蚜

4.7.3.4.2 发病初期开始喷洒1.5%植病灵乳油1 000倍液，或20%病毒A可湿性粉剂500倍液，或抗毒剂1号水剂250～300倍液，隔7～10天1次，连喷2～3次。

4.7.3.5 蚜虫：用50%抗蚜威可湿性粉剂2 000倍液，或10%吡虫琳可湿性粉剂1 500倍液、50%辛硫磷乳剂1 000倍液、2.5%鱼藤精乳油600～800倍液、25%阿克泰水分散颗粒剂5 000～10 000倍液喷雾防治。

4.7.4 严格执行国家有关规定，不应使用下列高毒、高残留农药
甲胺磷、甲基对硫磷、对硫磷、久效磷、磷胺、甲拌磷、甲基异柳磷、特丁硫磷、甲基硫环磷、治螟磷、内吸磷、克百威、涕灭威、灭线磷、硫环磷、蝇毒磷、地虫硫磷、氯唑磷、苯线磷、六六六、滴滴涕、毒杀芬、二溴氯丙烷、杀虫脒、二溴乙烷、除草醚、艾氏剂、狄氏剂、汞制剂、砷、铅类、敌枯双、氟乙酰胺、甘氟、毒鼠强、氟乙酸钠。

4.7.5 使用药剂防治时，要严格执行GB 4285和GB/T 8321（所有部分）。严格控制农药使用浓度及安全间隔期。

5. 收获及后续管理

5.1 采收：适时收获，收迟了叶柄易空心，品质下降。采收过程中所用工具要清洁、卫生、无污染。

5.2 分装、运输、贮存：执行无公害蔬菜产品质量标准的有关规定。

第十七节　无公害菠菜生产技术规程

1. 范围

本规程规定了无公害菠菜生产的产地环境要求和生产技术管理措施及采收要求。
本规程适用于开封市无公害食品菠菜生产。

2. 规范性引用文件

下列文件中的条款通过本规程的引用而成为本规程的条款。凡是注日期的引用文件，其随后所有的修改单（不包括勘误的内容）或修订版均不适用于本规程，然而，鼓励根据本规程达成协议的各方研究出是否可使用这些文件的最新版本。凡是不注日期的引用文件，其最新版本适用于本规程。

GB 4285　　　　　　　　农药安全使用标准
GB/T 8321（所有部分）　农药合理使用准则
GB 16715.5—1999　　　　瓜菜作物种子　叶菜类
NY 5010 无公害食品　　　蔬菜产地环境条件

3. 产地环境

应符合 NY 5010 的规定。

4. 生产技术管理措施

4.1　栽培季节
春季栽培：冬末春初播种，春季上市的茬口。
夏季栽培：春末播种，夏季上市的茬口。
秋季栽培：夏季播种，秋季上市的茬口。
越冬栽培：秋季播种，冬春季上市的茬口。

4.2　整地施肥
基肥的施入量：磷肥全部，钾肥全部或 2/3，氮肥 1/3 做基肥，每 667 平方米施有机肥 3～5 方，应根据生育期长短和土壤肥力状况调整施肥量。越冬菠菜宜选择保水保肥力强的土壤，并施足有机肥，保证菠菜安全越冬。城市垃圾等不可作为有机肥，有机肥宜采用农家肥，应经过无害化处理。

4.3　播种
4.3.1　品种选择：春季和越冬栽培应选择耐寒性强、冬性强、抗病、优质、丰产的品种；夏季和秋季栽培应选用耐热、抗病、优质、丰产的品种。

4.3.2　种子质量：种子质量应符合 GB 16715.5—1999 良种指标，即种子纯度≥92%，净度≥97%，发芽率≥70%，水分≤10%。

4.3.3　种子处理：为提高发芽率，播种前一天用凉水泡种子 12 小时左右。搓去黏液，捞出沥干，然后直播，或在 15～20℃的条件下进行催芽，3～4 天大部分露出胚根后即可播种。

4.3.4　播种方法及播种量：菠菜栽培大多采用直播法。播种方法以撒播为主，也有条播和穴播。条播行距 10～15 厘米，开沟深度 2～3 厘米。一般每 667 平方米春季栽培播种 3～4 千克，高温期播种及越冬栽培播种 4～5 千克。播前先浇水，播后保持土壤湿润。

4.3.5　播种期：越冬菠菜当秋季日平均气温下降到 17～19℃时为播种适期。

4.4　田间管理

4.4.1　不需越冬菠菜（春季、夏季、秋季栽培）的田间管理。

4.4.1.1　春季和夏季栽培：前期温度较低适当控水，后期气温升高加大浇水量，保持土壤湿润。3～4 片真叶时，除草间苗采收 1 次。结合浇水每 667 平方米用尿素 7～10 千克进行追肥。

4.4.1.2　秋季栽培：气温较高，播种后覆盖稻草或麦秸降温保湿。拱土后及时揭开覆盖物，加强浇水管理。浇水应轻浇、勤浇，保持土壤湿润和降低土壤温度；二片真叶时，适当间苗、除草；4～5 片真叶时，追肥 2～4 次，每 667 平方米用尿素 10～15 千克。

4.4.2　越冬菠菜的田间管理

4.4.2.1　越冬前管理：越冬菠菜出苗后在不影响正常生长的前提下，适当控制浇水使根系向纵深发展。2～3 片真叶后，生长速度加快，每 667 平方米要随浇水施用速效性氮肥（纯氮）5～7 千克，然后浅中耕、除草、间苗。

4.4.2.2　越冬期间管理：土壤封冻前应建好风障。一般在土壤昼消夜冻时浇足冻水，黏土地应及时中耕。

4.4.2.3　返青期管理：在耕作层已解冻，表土已干燥，菠菜心叶开始生长时，选择晴天开始浇返青水。返青水后要有稳定的晴天。返青水宜小不宜大（盐碱地除外）。越冬菠菜从返青到收获期间应保证充足的水肥供应，并结合浇水，根据收获情况进行追肥。追肥量为每 667 平方米施用纯氮 4～5 千克。早春菜地如积雪太多，应尽快清除积雪。

4.5　病虫害防治

4.5.1　物理防治

4.5.1.1　设置黄板诱杀蚜虫和潜叶蝇：在设施栽培的条件下，用 30 厘米×2 厘米的黄板，按照每 667 平方米挂 30～40 块的密度，悬挂高于植株顶部 10～15 厘米的地方。

4.5.1.2　田间铺挂银灰膜驱避蚜虫

4.5.2　药剂防治

4.5.2.1　严格执行国家有关规定，不使用剧毒、高毒、高残留农药。在无公害菠菜生产中禁止使用的农药品种有：甲胺磷、甲基对硫磷、对硫磷、久效磷、磷胺、甲拌磷、甲基异柳磷、特丁硫磷、甲基硫环磷、治螟磷、内吸磷、克百威、涕灭威、灭线磷、硫环磷、蝇毒磷、地虫硫磷、氯唑磷、苯线磷、六六六、滴滴涕、毒杀芬、二溴氯丙烷、杀虫脒、二溴乙烷、除草醚、艾氏剂、狄氏剂、汞制剂、砷、铅类、敌枯双、氟乙酰胺、甘氟、毒鼠强、氟乙酸钠。

4.5.2.2　使用药剂防治时，应执行 GB 4285 和 GB/T 8321（所有部分）。

4.6　采收

一般苗高 15～20 厘米时，开始采收，见有少数花时，要全面采收。

第十八节 无公害菜豆生产技术规程

1. 范围

本规程规定了无公害食品菜豆的产地环境要求和生产技术管理措施及采收要求。

本规程适用于开封市无公害食品菜豆生产。

2. 规范性引用文件

下列文件中的条款通过本规程的引用而成为本规程的条款。凡是注日期的引用文件，其随后所有的修改单（不包括勘误的内容）或修订版均不适用于本标准，然而，鼓励根据本标准达成协议的各方研究出是否可使用这些文件的最新版本。凡是不注日期的引用文件，其最新版本适用于本标准。

GB 4285　　　　　　　　农药安全使用标准

GB/T 8321（所有部分）　农药合理使用准则

NY 5010　　　　　　　　无公害食品蔬菜产地环境技术条件

NY 5080—2002　　　　　无公害食品　菜豆

3. 产地环境

产地环境条件应符合 NY 5010 规定。

4. 生产技术管理措施

4.1　保护设施

菜豆生产上采用的保护设施包括：日光温室、塑料棚、温床以及多层覆盖保温材料等。

4.2　栽培季节

4.2.1　春提早栽培：终霜前 30 天左右定植、初夏上市的茬口。

4.2.2　秋延后栽培：夏末初秋定植，9 月末 10 月初上市的茬口。

4.2.3　春夏栽培：晚霜结束后定植，夏季上市的茬口。

4.2.4　夏秋栽培：夏季育苗定植，秋季上市的茬口。

4.2.5　秋冬栽培：秋季定植，初冬上市的茬口。

4.3　品种选择

选择抗病、优质、高产、商品性好、符合目标市场消费习惯的品种。

4.3.1　种子质量：菜豆种子质量指标应达到：纯度≥97%、净度≥98%、发芽率≥95%、水分≤12%。

4.4　育苗（适用于棚室栽培）

4.4.1　育苗前的准备

4.4.1.1　育苗设施：根据季节不同，选用温室、大棚、温床等设施育苗。

4.4.1.2　营养土要求：pH 值 5.5 ~ 7.5，有机质 2.5% ~ 3%，碱解氮 120 ~ 150 毫

克/千克，有效磷 20~50 毫克/千克，速效钾 100~140 毫克/千克，养分全面。孔隙度约 60%，土壤疏松，保肥保水性能良好。配制好的营养土均匀装入营养钵中。

4.4.1.3 用种量：每 667 平方米栽培面积的用种量，蔓生种用种 2.5~4 千克，矮生种 4~5 千克。

4.4.1.4 种子处理：菜豆种子播前应进行晾晒。育苗移栽的菜豆应进行温汤浸种。晾晒后的种子用 55℃ 水浸泡 15 分钟，不断搅拌；使水温降到 30℃ 继续浸种 4~5 小时捞出待播。

4.4.1.5 育苗设施消毒：菜豆育苗设施应在育苗前进行消毒处理。

4.4.2 播种

4.4.2.1 育苗移栽：将处理过的种子点播于营养钵（袋）中，每钵（袋）2~3 粒。

4.4.2.2 露地直播：按确定的栽培方式和密度穴播 3~4 粒干种子。

4.4.3 苗期管理

4.4.3.1 温度：菜豆喜温，苗期各阶段适宜温度管理指标见表 5-5。

表 5-5 苗期温度管理指标

时期	日温/℃	夜温/℃
播种—齐苗	20~25	12~15
齐苗—炼苗前	18~22	10~13
炼苗	16~18	6~10

4.4.3.2 水分：视栽培季节和墒情适当浇水。

4.4.3.3 炼苗：育苗移栽菜豆，于定植前 5 天降温、通风、控水炼苗。

4.4.3.4 壮苗的标准：子叶完好、第一片复叶初展，无病虫害。

4.5 定植（播种）前的准备

4.5.1 地块选择

应选择地势高燥，排灌方便，地下水位较低，土层深厚疏松、肥沃，3 年以上未种植过豆科作物的地块。

4.5.2 整地施基肥

根据土壤肥力和目标产量确定施肥总量。磷肥全部作基肥，钾肥 2/3 作基肥，氮肥 1/3 作基肥。基肥以优质农家肥为主，2/3 撒施，1/3 沟施，按照当地种植习惯作畦。

4.6 定植

4.6.1 定植适期的确定

10 厘米最低土温稳定在 12℃ 以上为春提早菜豆栽培的适宜定植期，此时也是春夏露地菜豆栽培的适宜播种期。

4.6.2 定植密度

矮生种每 667 平方米 4 500~5 000 穴，每穴 2~3 株。蔓生种露地栽培，每 667 平方米 2 300~3 000 穴，每穴 3~4 株；大型设施栽培每穴 2 株。

4.7 田间管理

4.7.1 棚室温度

4.7.1.1 缓苗期：白天 20~25℃，夜间不低于 15℃。

4.7.1.2 开花结果期：白天25℃左右，夜间不低于15℃。

4.7.2 湿度管理

菜豆生长期间空气相对湿度保持65%～75%，适宜的土壤相对湿度为60%～70%。

4.7.2.1 二氧化碳

设施栽培在菜豆开花结果期可增施二氧化碳，浓度800～1 000毫克/千克。

4.7.3 肥水管理

根据菜豆生育期长短，按照平衡施肥要求施肥，应适时多次追施氮肥和钾肥。同时，还应有针对性地喷施微量元素肥料，可喷施叶面肥防早衰。

4.7.4 不允许使用的肥料

在生产中不应使用未经无害化处理和重金属元素超标的城市垃圾、污泥和有机肥。

4.7.5 植株调整

4.7.5.1 插架或吊蔓：保护地宜吊蔓栽培，露地可采用人字架栽培。

4.7.5.2 中耕：未覆盖地膜栽培的应及时中耕锄草。

4.7.6 采收：按照 NY 5080 采收上市。

4.7.7 清理田园：及时将菜豆田间的残枝、病叶、老化叶和杂草清理干净，集中进行无害化处理，保持田间清洁。

4.7.8 病虫害防治

4.7.8.1 主要病虫害

4.7.8.1.1 主要病害：锈病、枯萎病、白粉病、叶斑病、炭疽病、灰霉病、细菌性疫病。

4.7.8.1.2 主要害虫：蚜虫、豆野螟、红蜘蛛、茶黄螨、潜叶蝇。

4.7.8.2 防治原则：按照"预防为主，综合防治"的植保方针，坚持以"农业防治、物理防治、生物防治为主，化学防治为辅"的无害化治理原则。

4.7.8.3 农业防治：选用抗病品种，与非豆科作物实行3年以上轮作，高畦栽培，地膜覆盖，培育壮苗，增施腐熟有机肥，及时拔除病株、摘除病叶和病荚，田园清洁。

4.7.8.3.1 选用抗病品种：针对当地主要病虫控制对象，选用高抗多抗的品种。

4.7.8.3.2 严格进行种子消毒，减少种子带菌传病。

4.7.8.3.3 培育无病虫苗

4.7.8.3.4 创造适宜的生育环境：控制好温度和空气湿度，适宜的肥水，充足的光照和二氧化碳，通过放风和辅助加温，调节不同生育时期的适宜温度，避免低温和高温危害。

4.7.8.4 物理防治

4.7.8.4.1 设施防护：大型设施的放风口用防虫网封闭，夏季覆盖塑料薄膜、防虫网和遮阳网，进行避雨、遮阳、防虫栽培，减轻病虫害的发生。

4.7.8.4.2 诱杀与驱避：保护地栽培运用黄板诱杀蚜虫、美洲斑潜蝇，每667平方米悬挂30～40块黄板（25厘米×40厘米）。露地栽培铺银灰地膜或悬挂银灰膜条驱避蚜虫。

4.7.8.5 生物防治

4.7.8.5.1 天敌：积极保护利用天敌，防治病虫害。

4.7.8.5.2　生物药剂

4.7.8.6　药剂防治

4.7.8.6.1　药剂防治应符合 GB 4285 和 GB/T 8321（所有部分）的要求。

4.7.8.6.2　禁用的剧毒高毒农药：生产上不允许使用甲胺磷、甲基对硫磷、对硫磷、久效磷、磷胺、甲拌磷、甲基异柳磷、特丁硫磷、甲基硫环磷、治螟磷、内吸磷、克百威、涕灭威、灭线磷、硫环磷、蝇毒磷、地虫硫磷、氯唑磷、苯线磷等剧毒、高毒农药。

第十九节　无公害豇豆生产技术规程

1. 范围

本规程规定了无公害食品豇豆的产地环境要求和生产技术管理措施。

本规程适用于开封市无公害食品豇豆生产

2. 规范性引用文件

下列文件中的条款通过本规程的引用而成为本规程的条款。凡是注日期的引用文件，其随后所有的修改单（不包括勘误的内容）或修订版均不适用于本标准，然而，鼓励根据本标准达成协议的各方研究提出是否可使用这些文件的最新版本。凡不注日期的引用文件，其最新版本适用于本标准。

GB 4285　　　　　农药安全使用标准

GB/T 8321　　　　农药合理使用准则

NY 5010　　　　　无公害食品 蔬菜产地环境条件

NY 5078　　　　　无公害食品 豇豆

3. 产地环境

产地环境条件应符合 NY 5010 规定。

4. 生产技术管理措施

4.1　保护设施

豇豆生产上采用的保护设施包括：日光温室、塑料棚、温床以及多层覆盖保温材料等。

4.2　栽培季节的划分

4.2.1　春夏栽培：春季播种，夏季上市的茬口。

4.2.2　夏秋栽培：夏季播种，秋季上市的茬口。

4.2.3　春提早栽培：早春播种，初夏上市的茬口。

4.3　品种选择

选择抗病、优质、高产、商品性好、符合目标市场消费习惯的品种。

4.4　育苗

豇豆一般采用直播，但是春提早与春夏栽培，为了提早上市，宜采用育苗。

4.4.1　育苗设施：根据季节不同选用日光温室、塑料棚、温床等育苗设施，并对育苗设施进行消毒处理。

4.4.2　营养土配制

4.4.2.1　营养土要求：pH 值 6～7.5，有机质 2.5%～3%，碱解氮 120～150 毫克/千克，有效磷 20～50 毫克/千克，速效钾 100～140 毫克/千克，养分全面。孔隙度约 60%，土壤疏松，保肥保水性能良好。配制好的营养土均匀装入营养体中。

4.4.2.2　工厂化穴盘或营养钵育苗营养土配方：2 份草炭加 1 份蛭石。

4.4.2.3　普通苗床或营养钵育苗营养土配方：选用无病虫源的田土占 1/3、炉灰渣（或腐熟马粪，或草炭土、或草木灰）占 1/3，腐熟农家肥占 1/3。不宜使用未发酵好的农家肥。

4.4.3　苗床土消毒：每平方米播种床用福尔马林 30～50 毫升，加水 3 升喷洒床土，用塑料薄膜闷盖 3 天后揭膜，待气体散尽后播种。或按每平方米苗床用 15～30 千克药土作床面消毒，方法：用 8～10 克 50% 多菌灵与 50% 福美双等量混合剂，与 15～30 千克细土混合均匀撒在床面。

4.5　种子处理

4.5.1　种子晾晒：将筛选好的种子晾晒 1～2 天，严禁暴晒。

4.5.2　药剂处理：用种子质量 0.5% 的 50% 多菌灵可湿性粉剂拌种，防治枯萎病和炭疽病；或用硫酸链霉素 500 倍液浸种 4～6 小时，防治细菌性疫病。

4.6　播种期

根据栽培季节，育苗手段选择适宜的播种期。

4.7　种子质量

豇豆种子质量指标：纯度≥97%、净度≥98%、发芽率≥90%，水分≤12%。

4.8　播种量

根据定植密度，每 667 平方米栽培面积用种量 2.5～3.5 千克。

4.9　播种方法

4.9.1　育苗移栽：将处理过后的种子点播于营养钵（袋）中，每钵（袋）2～3 粒。

4.9.2　露地直播：按确定的栽培方式和密度穴播 3～4 粒干种子。

4.10　苗期管理

4.10.1　温度：当有 30% 种子出土后，及时揭去地膜。育苗温度管理见表 5-6。

表 5-6　苗期温度调节表

时期	白天适宜温度/℃	夜间适宜温度/℃
出土前	25～30	16～18
出苗后	20～25	15～16
定植前 4～5 天	20～23	10～12

4.10.2　水肥：视育苗季节和墒情适当浇水。苗期以控水控肥为主。

4.10.3　炼苗：育苗移栽的应于定植前 5 天进行炼苗。

4.10.4　壮苗的标准：子叶完好、第一片复叶显露，无病虫害。

4.11 定植（播种）前的准备

4.11.1 整地施基肥：根据土壤肥力和目标产量确定施肥总量。磷肥全部作基肥，钾肥 2/3 作基肥，氮肥 1/3 作基肥。基肥以优质农家肥为主，2/3 撒施，1/3 沟施，深翻 25～30 厘米，按照当地种植习惯作畦。

4.11.2 棚室消毒：棚室在定植前要进行消毒，每 667 平方米设施用 80% 敌敌畏乳油 250 克拌上锯末，与 2～3 千克硫磺粉混合，分 10 处点燃，密闭一昼夜，放风后无味时定植。

4.12 定植（播种）

4.12.1 定植（播种）、时间的确定：10 厘米最低土温稳定通过 12℃为春季提早豇豆栽培的适宜定植期，此时也是春夏露地豇豆栽培的适宜播种期。

4.12.2 定植（播种）方法及密度：露地春夏和设施春季提早栽培每 667 平方米 3 000～3 500 穴，露地夏秋和设施秋季延后栽培种植每 667 平方米 3 500～4 000 穴左右，每穴播种 3～4 粒，出苗后每穴定苗两株。

4.13 田间管理

4.13.1 温度管理：设施内直播的豇豆，从播种到第一片复叶显露，其温度管理参见育苗部分。育苗移栽的缓苗期白天 28～30℃，晚上不低于 18℃；缓苗后和直播豇豆第一片复叶显露后，白天温度 20～25℃，夜间不低于 15℃。

4.13.2 光照：采用透光性好的耐候功能膜，保持膜面清洁，白天揭开保温覆盖物，日光温室后部张挂反光幕，尽量增加光照强度和时间。夏秋季节适当遮阳降温。

4.13.3 空气湿度：根据豇豆不同生育阶段对湿度的要求和控制病害的需要，最佳空气相对湿度的调控指标是 65%～75%。

4.13.4 肥水管理

4.13.4.1 采用膜下滴灌或暗灌。定植后及时浇水，3～5 天后浇缓苗水，第一花穗开花坐荚时浇第一水。此后仍要控制浇水，防止徒长，促进花穗形成。当主蔓上约 2/3 花穗开花，再浇第二水，以后地面稍干即浇水，保持土壤湿润。

4.13.4.2 根据豇豆长相和生育期长短。按照平衡施肥要求施肥，适时追施氮肥和钾肥。同时，应有针对性地喷施微量元素肥料。根据需要可喷施叶面肥防早衰。

4.13.4.3 不允许使用的肥料。在生产中不应使用未经无害化处理和重金属含量超标的城市垃圾、污泥、工业废渣和有机肥。

4.13.5 插架引蔓：用细竹竿插架引蔓。

4.13.6 及时采收：在种子未明显膨大时采收，注意不要损伤花芽花序。卫生标准应符合 NY 5078 的要求。

4.13.7 清洁田园：将病叶、残枝败叶和杂草清理干净，集中进行无害化处理，保持田间清洁。

4.13.8 病虫害防治

4.13.8.1 主要病虫害：猝倒病、立枯病、锈病、灰霉病、菌核病、枯萎病、炭疽病、白粉病、病毒病、蚜虫、豆荚螟、茶黄螨、红蜘蛛、潜叶蝇、白粉虱、烟粉虱。

4.13.8.2 农业防治

4.13.8.2.1 抗病品种：针对主要病虫控制对象，选用高抗多抗的品种。

4.13.8.2.2　创造适宜的生育环境条件：培育适龄壮苗，提高抗逆性，控制好温度和空气湿度，适宜的肥水，充足的光照和二氧化碳，通过放风和辅助加温，调节不同生育时期的适宜温度，避免低温和高温危害；深沟高畦，严防积水，清洁田园，做到有利于植株生长发育，避免侵染性病害发生。

4.13.8.2.3　耕作改制：尽量实行轮作制度。如与非豆类作物轮作 3 年以上。有条件的地区应实行水旱轮作，如水稻与蔬菜轮作。

4.13.8.2.4　科学施肥：测土平衡施肥，增施充分腐熟的有机肥，少施化肥，防止土壤盐渍化。

4.13.8.3　物理防治

4.13.8.3.1　设施防护：在放风口用防虫网封闭，春季覆盖塑料薄膜、防虫网，进行避雨、遮阳、防虫栽培，减轻病虫害的发生。

4.13.8.3.2　黄板诱杀：设施内悬挂黄板诱杀蚜虫等害虫。黄色规格 25 厘米×40 厘米，每 667 平方米 30～40 块。

4.13.8.3.3　银灰膜驱避蚜虫：铺银灰色地膜或张挂银灰膜条避蚜。

4.13.8.3.4　高温消毒：棚室在夏季宜利用太阳能进行土壤高温消毒处理。

4.13.8.3.5　杀虫灯诱杀害虫：利用频振杀虫灯、黑光灯、高压汞灯、双波灯诱杀害虫。

4.13.8.4　生物防治

4.13.8.4.1　天敌：积极保护利用天敌，防治病虫害。

4.13.8.4.2　生物药剂：采用浏阳霉素、农抗 120、印楝素、苦参碱、农用链霉素、新植霉素等生物农药。

4.13.8.5　主要病虫害的药剂防治：使用药剂防治应符合 GB 4285、GB/T 8321（所有部分）的要求。保护地优先采用粉尘剂、烟剂。注意轮换用药，合理混用。严格控制农药安全间隔期。

4.13.8.6　禁用的剧毒高毒农药：生产上不允许使用甲胺磷、甲基对硫磷、对硫磷、久效磷、磷铵、甲拌磷、甲基异柳磷、特丁硫磷、甲基硫环磷、治螟磷、内吸磷、克百威、涕灭威、灭线磷、硫环磷、蝇毒磷、地虫硫磷、氯唑磷、苯线磷等剧毒、高毒农药。

第二十节　无公害韭菜生产技术规程

1. 范围

本标准规定了无公害食品韭菜的生产基地建设、栽培技术、肥水管理技术、有害生物防治技术以及采收要求。标准适应于开封市无公害蔬菜韭菜的生产。

2. 规范性文件

下列文件中的条款通过本标准的引用而成为本标准的条款。凡是注日期的引用文件，其随后所有的修改单（不包括勘误的内容）或修订版均不适用于本标准，然而，鼓励根据本标准达成协议的各方研究是否可使用这些文件的最新版本。凡是不注日期的引用文件，其最新版本适用于本标准。

GB 4288　　　　　　农药安全使用标准

GB 8079　　　　　　蔬菜种子

GB/T 8321（所有部分）　农药合理使用准则

NY 5010　　　　　　无公害食品　蔬菜产地环境条件

3. 术语和定义

下列术语和定义适用于本标准。

3.1 安全间隔期

最后一次施药至作物收获时允许的间隔天数。

3.2 棚室

由采光和保温维护结构组成，以塑料薄膜为透明覆盖材料，在寒冷季节主要依靠获取和蓄积太阳辐射能进行蔬菜生产的单栋温室和采用塑料薄膜覆盖的拱圆形棚，其骨架常用竹、木、钢材或复合材料建造而成。

3.3 春播苗

清明前播种的韭菜苗。

3.4 夏播苗

立夏前播种的韭菜苗。

3.5 秋播苗

立秋后播种的韭菜苗。

3.6 青韭

在见光条件下生产的外观为绿色的韭菜。

3.7 软化韭菜

通过培土或覆盖，使韭菜在不见光环境下生产的黄化韭菜。

3.8 跳根

韭菜新长出须根随分蘖有层次地上移，生根的位置也不断地上升，使新根逐渐接近地面的现象。

3.9 中等肥力土壤

含碱解氮 80～100 毫克/千克，有效磷 10～15 毫克/千克，速效钾 100～120 毫克/千克的土壤。

3.10 高肥力土壤

碱解氮在 100 毫克/千克以上，有效磷在 15 毫克/千克以上，速效钾在 120 毫克/千克以上的土壤。

4. 产地环境

无公害韭菜生产的产地环境质量应符合 NY 5010 的规定。

5. 生产管理措施

5.1 前茬

非葱韭类蔬菜。

5.2　播种

从土壤解冻到秋分可随时播种，但夏至到立秋之间，因天气炎热，雨水多，对幼苗生长不利，故播种以春播为主，开封区域一般在 3 月 15 日至 4 月 15 日。

5.2.1　品种选择：选用抗病虫、抗寒、耐热、分株力强、外观和内在品质好的品种。保护地秋冬连续生产应选用休眠期短的品种。

5.2.2　种子质量：符合 GB 8079 中的二级以上要求。

5.2.3　用种量：每 667 平方米用种 4～8 千克。

5.2.4　种子处理：可用干籽直播（春播为主），也可用 40℃ 温水浸种 12 小时，除去秕籽和杂质将种子上的黏液洗净后催芽（夏、秋播为主）。

5.2.5　催芽：将浸好的种子用湿布包好放在 18～20℃ 的条件下催芽，每天用清水冲洗 1～2 次，80% 种子露白尖即可播种。

5.2.6　整地施肥

5.2.6.1　苗床：应选择旱能浇、涝能排的高燥地块，宜选用沙质土壤，土壤 pH 值在 7～8，播前需耕翻土地，结合施肥，耕后细耙，整平作畦。

5.2.6.2　基肥：以优质有机肥、化肥为主，结合整地每 667 平方米撒施优质有机肥 5 方以上，氮肥（N）3 千克、磷肥（P_2O_5）8 千克、钾肥（K_2O）8 千克，深翻入土。

5.2.7　播种方法：将沟（畦）普踩一遍，顺沟（畦）浇水，水渗后，将催芽种子混 2～3 倍沙子（或过筛炉灰）撒在沟、畦内，667 平方米播种子 4～5 千克，上覆过筛细土 1.8～2 厘米。播种后立即覆盖地膜或稻草，80% 幼苗顶土时撤除床面覆盖物。

5.2.8　播后水肥管理：出苗前需 2～3 天浇一水，保持土表湿润。从齐苗到苗高 18 厘米，7 天左右浇一小水，结合浇水每 667 平方米追施氮肥（N）3 千克。高湿雨季排水防涝。立秋后，结合浇水追肥 2 次，每次每 667 平方米追施氮肥（N）4 千克。定植前一般不收割，以促进壮苗养根。天气转凉，应停止浇水，封冻前浇 1 次冻水。

5.2.9　除草：出齐苗后及时拔草 2～3 次，或采用精喹禾灵、盖草能等除草剂防除单子叶杂草，或在播种后出苗前用 33% 施田补乳油 100～150 克/667 平方米，对水 50 千克喷洒地表。

5.3　定植

5.3.1　土壤施肥要求：施用的肥料品种应符合国家有关标准规定，达到无害化卫生要求。施肥原则是有机肥料和无机肥料配合施用，有机与无机之比不低于 1∶1。施肥量的取舍以土壤养分测定分析结果、蔬菜作物需肥规律和肥料效应为基础确定，最高无机氮素养分用施限量为 18 千克/667 平方米，中等肥力以上土壤，磷钾肥施用量以维持土壤平衡为准；在高肥力土壤，当季不施无机磷钾肥。收获前 20 天内不得追施无机氮肥。

5.3.2　定植时间：春播苗，应在夏至前后定植；夏播苗，应在大暑前后定植，以躲过高温多雨的七八月份；秋播苗，应在来年清明前后定植。定植时期要错开高温高湿季节。一般苗龄达 5～8 片叶，苗高 20 厘米左右时定植为佳，定植时苗床地浇水，起壮苗定植。

5.3.3　定植方法：将韭苗起出，剪去须根远端，留 2～3 厘米，以促进新根发育。再将叶子先端剪去一段，以减少叶面蒸发，维持根系吸收与叶面蒸发的平衡。在畦内按行距 18～20 厘米、穴距 10 厘米，每穴栽苗 8～10 株，适于生产青韭；或按行距 30～38 厘米开沟，沟深 18～20 厘米，穴距 18 厘米，每穴栽苗 20～30 株，适于生产软化韭菜，栽培深度以叶鞘露出地面 2～3 厘米，不埋住分蘗节为宜。

5.3.4 定植后管理

5.3.4.1 露地生长阶段管理

5.3.4.1.1 水分管理：定植后连浇两水，及时锄划 2～3 次蹲苗，此后土壤应保持见干见湿状态，进入雨季应及时排涝，当日最高气温下降到 12℃ 以下时，减少浇水，保持土壤表面不干即可，土壤封冻前应浇足冻水。

5.3.4.1.2 施肥管理：施肥应根据长势、天气、土壤干湿度的情况，采取轻施、勤施的原则。

5.3.4.2 棚室生产阶段管理：本区栽培的韭菜，如以收获叶片为主，可在秋冬季扣膜，转入棚室生产；如要来年收获韭薹，则不应扣膜，因韭菜需经过低温阶段才能抽薹。

5.3.4.2.1 扣膜

5.3.4.2.1.1 保护地韭菜以供应双节为主，扣膜时间从元旦向前推算 30～40 天左右，一般在 11 月上旬扣膜为宜。扣膜应选择无风的晴天下午进行。

5.3.4.2.1.2 扣膜前，将畦内枯叶搂净，顺垄耙一遍，把表土划松。扣膜后四周要用土封严，加盖草苫保温。

a) 休眠期长的品种，为了促进韭菜早完成休眠，保证新年上市，可以在温室南侧架起一道风障，造成温室地面寒冷的小气候，当地表封冻 10 厘米时，撤掉风障扣上薄膜，加盖草苫。

b) 休眠期短的品种，适宜在霜前覆盖塑料薄膜，加盖草苫。

5.3.4.2.2 温湿度管理：棚室密闭后，保持白天 20～24℃，夜里 12～14℃。株高 10 厘米以上时，保持白天 18～20℃，超过 24℃ 放风降温排湿，相对湿度 70%～80%，夜间 8～12℃。冬季中小拱棚栽培应加强保温，夜温保持在 8℃ 以上，以缩短生长时间。

5.3.4.2.3 水肥管理：土壤封冻前浇 1 次水，扣膜后不浇水，以免降低地温，或湿度过大引起病害，当苗高 8～10 厘米时浇一水，结合浇水每 667 平方米追施氮肥（N）4 千克。

5.3.4.2.4 棚室后期管理：三刀收后，当韭菜长到 10 厘米时，逐步加大放风量，撤掉棚膜。每 667 平方米施腐熟圈肥 3～5 方。并顺韭菜沟培土 2～3 厘米高，苗壮的可在露地时收 1～2 刀，苗弱的，为养根不再收割。

5.3.5 收割：定植当年着重"养根壮秧"，不收割，如有韭菜花及时摘除。

5.3.5.1 收割的季节：收割的季节主要在春秋两季，夏季一般不收割。韭菜适于晴天清晨收割，收割时刀口距地面 2～4 厘米，以割口呈黄色为宜，割口应整齐一致。两次收割时间间隔应在 30 天左右。保护地韭菜可于扣膜后 40 天左右收割第一刀。夏播苗，可于翌年春天收割第一刀，在韭菜调萎前 50～80 天停止收割。

5.3.5.2 收割后的管理：每次收割后，把韭茬挠一遍，周边土锄松，待 2～3 天后韭菜伤口愈合、新叶快出时进行浇水、追肥，每 667 平方米施腐熟粪肥 400 千克，需执行附录 C 的卫生标准。同时加施尿素 10 千克、复合肥 10 千克。从翌年开始，每年需进行一次培土，以解决韭菜跳根问题。

5.4　病虫害防治

主要病虫害：虫害以韭蛆、潜叶蝇、蓟马为主，病害以灰霉病、疫病、霜霉病等为主。

5.4.1　农业防治

5.4.1.1　选择适宜的抗病虫害品种，进行种子消毒，可用 50℃温水烫种灭菌，育苗床上可作高温、药剂等消毒。

5.4.1.2　加强苗期管理，培育健壮秧苗，移栽前进行炼苗，提高秧苗的抗病力和抗逆性。

5.4.1.3　深耕农田，施足底肥。

5.4.1.4　加强田间管理，实行健康栽培，促进植株生长健壮，提高植株本身的抗病力和抗逆性。

5.4.1.5　生产中和生产后保持田园清洁，韭菜收割后，及时清除病残体，沉埋或烧毁，防止病菌蔓延。

5.4.1.6　严格检疫，防止病虫蔓延。

5.4.2　物理防治：糖醋液诱杀：按糖、醋、酒、水和 90% 敌百虫晶体 3：3：1：10：0.8 比例配成溶液，每 667 平方米放药液 15～20 克，置于 3 个开口容器中，随时添加，保持不干，诱杀种蝇类害虫。

5.4.3　药剂防治

5.4.3.1　药剂使用的原则和要求

5.4.3.1.1　不应使用的农药品种，见附录 A。

5.4.3.1.2　使用化学农药时，应执行 GB 4288 和 GB/T 8321，农药的混剂执行其中残留性最高的有效成分的安全间隔期（附录 B）。

5.4.3.1.3　合理混用、轮换交替使用不同作用机制或具有负交互抗性的药剂，克服和推迟病虫害抗药性的产生和发展。

5.4.3.2　病害的防治

5.4.3.2.1　苗期病害：苗床上可用 75% 百菌清 10～15 克/100 千克或 50% 多菌灵 25～30 克/100 千克床土配比消毒，可防治苗期猝倒病、立枯病等病害。苗期可用 72.2% 普力克 800 倍液加福美双粉剂 800 倍液喷淋，可防治苗期猝倒病和立枯病等病害。

5.4.3.2.2　灰霉病：每 667 平方米用 10% 速克灵烟剂 280～300 克，分散点燃，关闭棚室，熏蒸一夜。晴天用 50% 扑海因可湿性粉剂 1 000～1 500 倍液，或 50% 速克灵 1 500～2 000 倍液，或 50% 多菌灵可湿性粉剂 500 倍液喷雾。7 天 1 次，连喷 2 次。

5.4.3.2.3　疫病：用 5% 百菌清粉尘剂，每 667 平方米用药 1 千克，7 天喷 1 次，连喷 2 次。发病初期用 25% 瑞毒霉可湿性粉剂 700～800 倍液，或 72.2% 普力克水剂 800 倍液，或 72% 克露可湿性粉剂 800 倍液灌根或喷雾，10 天喷（灌）1 次，交替使用 2～3 次。

5.4.3.2.4　锈病：发病初期，用 18% 三唑酮可湿性粉剂 1 800 倍液，隔 10 天喷 1 次，连喷 2 次。也可选用烯唑醇、三唑醇等。

5.4.3.3 害虫的防治

5.4.3.3.1 防治韭蛆

5.4.3.3.1.1 地面施药：成虫盛发期，顺垄撒施2.5%敌百虫粉剂，每667平方米撒施2~2.5千克，或在上午9~11时喷洒40%辛硫磷乳油1 000倍液或2.5%溴氰菊酯乳油2 000倍液及其他菊酯类农药如氯氰菊酯、氰戊菊酯等。也可在浇足水促使害虫上行后喷75%灭蝇胺8~10千克/667平方米。

5.4.3.3.1.2 灌根：早春（3月上中旬）和晚秋（9月中下旬）进行药剂灌根防治，以下方法任选其一。

a）选用40.8%乐斯本乳油600毫升或40%辛硫磷乳油1 000毫升或辛硫磷-乐斯本合剂（1+1）800毫升，稀释成100倍液，去掉喷雾器喷头，对准韭菜根部灌药，然后浇水。

b）任选以上药剂其中之一，药剂用量加倍，随浇水滴药灌溉或喷施。

5.4.3.3.2 防治潜叶蝇：在产卵盛期至幼虫孵化初期，喷2.5%溴氰菊酯1 500~2 000倍液。或乐斯本乳油800~1 000倍液，或1.8%集琦虫螨克乳油3 000~4 000倍，6~8天1次，连续喷洒2~3次。

5.4.3.3.3 防治蓟马：在幼虫发生盛期，喷50%辛硫磷1 000倍液，或10%吡虫啉4 000倍液，或3%啶虫脒3 000倍液，或20%丁硫克百威2 000倍液，或2.5%溴氰菊酯等菊酯类农药1 500~2 500倍液。

附录 A：（规范性附录）
蔬菜上的禁用农药品种

甲拌磷（3911）、治螟磷（苏化203），对硫磷（1808），甲基对硫磷（甲基1808）、内吸磷（1089）、杀螟威、久效磷、磷胺、甲胺磷、异丙磷、三硫磷、氧化乐果、磷化锌、磷化铝、甲基硫环磷、甲基异柳磷、氰化物、克百威、氟乙酰胺、砒霜、杀虫脒、西力生、赛力散、溃疡净、氯化苦、五氯酚、二溴氯丙烷、401、六六六、滴滴涕、氯丹及其他高毒、高残留农药。

附录 B：（规范性附录）
农药合理使用准则（韭菜常用药剂部分）

农药名称	剂型	常用药量型克（毫升）/次·亩	最高用药量克（毫升）/次·亩	施药方法	最多施药次数（每季作物）	安全间隔期（天）
辛硫磷	50%乳油	800	78	浇施灌根	2	≥10
敌百虫	90%固体	80克	100克	喷雾	8	≥7
氯氰菊酯	10%乳油	20	30	喷雾	3 2	≥8 ≥1
溴氰菊酯	2.5%乳油	20	40	喷雾	3	≥2
甲氰菊酯（灭扫利）	20%乳油	28	80	喷雾	3	≥3

续附录 B

农药名称	剂型	常用药量型克(毫升)/次·亩	最高用药量克(毫升)/次·亩	施药方法	最多施药次数(每季作物)	安全间隔期(天)
三氟氯氰菊酯(功夫)	2.8%乳油	28	80	喷雾	3	≥7
顺式氰式菊酯(来福灵)	8%乳油	10	20	喷雾	3	≥3
顺式氯氰菊酯	10%乳油	8	10	喷雾	2	≥3
		8	10		3	≥3
毒死蜱(乐斯本)	40.7%固体	80	78	喷雾	3	≥7
甲霜灵锰锌	88%可湿性粉剂	78 克	120 克	喷雾	3	≥1
速克灵(腐霉利)	80%可湿性粉剂	40 克	80 克	喷雾	1	≥1
粉锈宁(三唑酮)	20%可湿性粉剂	30 克	80 克	喷雾	2	≥3
	18%可湿性粉剂	80 克	100 克	喷雾	2	≥3

注:1 亩等于 667 平方米

附录 C:(资料性附录)
有机肥卫生标准

项目		卫生标准及要求
高温堆肥	堆肥温度	最高堆温达 80~88℃,持续 8~7 天
	蛔虫卵死亡率	98%~100%
	粪大肠菌值	$10^{-1}~10^{-2}$
	苍蝇	有效地控制苍蝇孳生,肥堆周围没有活的蛆、蛹或新羽化的成蝇
沼气发酵肥	密封贮存期	30 天以上
	高温沼气发酵温度	(83±2)℃持续 2 天
	寄生虫卵死沉降率	95%以上
	血吸虫卵和钩虫卵	在使用粪液中不得检出活的血吸虫卵和钩虫卵
	粪大肠菌值	普通沼气发酵 10^{-4},高温沼气发酵 $10^{-1}~10^{-2}$
	蚊子、苍蝇	有效地控制蚊蝇孳生,粪液中无孑孓。池的周围无活的蛆、蛹或新羽化的成蝇
	沼气池残渣	经无害化处理后方可用作农肥

第二十一节 无公害西葫芦生产技术规程

1. 范围

本标准规定了西葫芦无公害食品生产的产地环境、生产技术、农药和肥料的使用要求以及生产栽培技术措施和病虫害防治策略及防治办法。

本标准适用于无公害食品西葫芦的生产。

2. 规范性引用文件

下列文件中的条款通过本标准的引用而成为本标准的条款。凡是注日期的引用文件，其随后所有的修改单（不包括勘误的内容）或修订版均不适用于本标准，然而，鼓励报据本标准达成协议的各方研究是否可使用这些文件的最新版本。凡是不注日期的引用文件，其最新版本适用于本标准。

GB/T 8321 （所有部分） 农药合理使用准则
NY/T 496 肥料合理使用准则 通则
NY 5010 无公害食品 蔬菜产地环境条件

3. 术语

3.1 西葫芦： 属葫芦种植物，食用部分是植物的嫩果。是露地和保护地重要的蔬菜种类之一。

3.2 温室： 是指阳光温室。其热量来源主要是太阳辐射能，在严冬季节不加温或基本不加温的情况下，可以进行喜温蔬菜生产，只能在早春和晚秋进行蔬菜改良生产。

3.3 大棚： 是指塑料大棚，多为圆拱形，南北向，在严冬季节不加温或基本不加温的情况下，不能进行喜温蔬菜生产，只能在早春和晚秋进行蔬菜改良生产。

4 技术措施

4.1 地块选择
4.1.1 地块的大气环境、土壤、水质须符合要求。
4.1.2 地势较高，排灌方便，一年内未种过葫芦科植物。

4.2 栽培季节与方式
4.2.1 温室栽培：一年四季均可栽培，可根据市场需求调整种植时间。
4.2.2 大棚栽培：可根据蔬菜淡季，进行春提早和秋延后栽培。
4.2.3 露地栽培：常规的栽培模式，也可用地膜覆盖适当提早和延后。

4.3 品种选择
根据不同的栽培季节和模式，结合本地情况，选择适宜品种。

4.4 育苗
4.4.1 穴盘育苗：草炭与蛭石按体积比 2：3 混匀，每 1 毫升加入磷酸二氢钾 500 克，蔬菜专用复合肥 500 克，50% 多菌灵粉剂 5 克，掺匀，装入 72 孔育苗盘内。
4.4.2 播种期：根据不同的栽培季节与方式来确定合适的播种期。
4.4.2.1 温室栽培：根据人为上市期，确定定植期，再减去瓜秧苗龄则为适宜的插种期。
4.4.2.2 大棚栽培：春提早栽培在大棚地温 10 厘米深处稳定在 10℃ 左右时可定植，再据此确定适合的播期；秋延后一般在 7 月中下旬到 8 月上旬为适播期。
4.4.2.3 露地栽培：一般在 4 月上中旬直播或定植；加盖地膜，可提前到 3 月下旬。

4.4.3 播种

4.4.3.1 播种量的确定：根据栽培面积，种子质量，育苗条件和栽培密度等来确定盘穴，育苗法采用桶种精量播种，一般每 667 平方米需种量 200 克。

4.4.3.2 穴盘量确定：每 667 平方米西葫芦瓜需 72 孔育苗盘 20 个。

4.4.3.3 浸种：待播种子可用 70～75℃热水烫种，迅速搅拌水温降至 40℃时停止，然后再浸泡 10～12 小时。

4.4.3.4 催芽：待种子充分吸足水后捞出洗净表面黏液，再用干净的湿纱布或毛巾包裹，在 25～28℃环境下催芽放在光照培养箱内或恒温箱内。在催芽时，须每天淘洗 1 次，稍晒后继续催芽。西葫芦约 2～3 天。

4.4.3.5 播种：经催芽后，露白约 60% 时即可播种。寒冬育苗应在温室内或有加温设施的育苗工厂内进行。

播种时，每孔放 1 粒，种子须平放。使露白部分朝下。播后在育苗盘上覆盖蛭石，覆盖厚度不超过 1 厘米。要求均匀一致，覆盖后浇透水。如果西葫芦瓜种子包衣，即可省去 4.4.3.3 和 4.4.3.4 步骤，可直接播种育苗。在穴孔内育苗无须分苗。

4.4.4 苗床管理

4.4.4.1 播种后到出苗前苗床管理：播种后苗床温度白天应控制在 25～28℃，夜间 16～20℃有利于尽快出苗。

4.4.4.2 出苗后苗床管理：出苗后，要降低苗床温度到白天 23℃，夜间 16℃左右。防止幼苗徒长，要增加光照，一些保温覆盖物可逐渐揭开。要适当降低苗床温度。以 20～25℃为宜，应合理通风，调节温度。

4.4.5 定植前管理

4.5 定植

4.5.1 定植日期：按不同的栽培季节和方式确定定植时期。

4.5.1.1 日光温室：按不同的上市时间确定定植时期。

4.5.1.2 大棚栽培：春大棚可在棚内温度稳定在 8℃左右时定植；秋大棚可在 8 月中旬定植。

4.5.1.3 露地栽培：露地栽培要在终霜期过后定植。

4.5.2 整地施肥：要深翻农田，施足基肥，每 667 平方米施腐熟有机肥 3～5 方，复合肥 30～50 千克，做好栽培畦，一般按畦宽（连沟）130～150 厘米，畦沟深 10～20 厘米。

4.5.3 定植方式：西葫芦瓜行株距 80 厘米×40 厘米，宜早定植，可根据情况采用铺地膜等保温措施；定植宜在晴天下午进行，要浇定植水。

4.6 田间管理

4.6.1 水肥管理

4.6.1.1 灌溉水质和肥料使用须符合要求。

4.6.1.2 定植初期：以促进缓苗为目的，浇足定植水，在此期间不用施肥。约需 3～5 天。

4.6.1.3 缓苗后至结瓜初期：以促根控秧为主要目标，水以控为主，以不旱为原则。若缺水，则应轻浇灌，达到蹲苗促根作用。此期可不用追肥。

4.6.1.4 结瓜初期到整个结瓜盛期：此期应掌握好营养生长和生殖生长平衡，一般以根瓜长到一定长度时，可追施有机肥加适量三元复合肥，每 10～15 天追 1 次肥，每 667 平方米每次各 10～15 千克。也可以进行叶面追肥，用微生物叶面肥或 0.2% 尿素。采瓜期不能施速效氮肥。

4.6.2　植株调整好枝蔓，使互相不遮光，通风透气为原则。及时除去雄花。

4.6.3　保花保果要采用多种措施，促进雌花的生成；可采用一定浓度的植物生长调节剂（如增瓜灵等）促进雌花生成和保花保果；一般采用人工授粉促进坐果和膨大。

4.7　采收

根瓜要早收。根据不同的消费习惯适时采收。西葫芦瓜开始采收后，安全间隔期内禁止使用化学农药和化学激素。

5. 病虫害防治

5.1　常见害虫病

5.1.1　西葫芦瓜常见的病害有：霜霉病、枯萎病、白粉病、病毒病、灰霉病、疫病等及一些生理性病害。

5.1.2　西葫芦瓜常见的虫害有：白粉虱、瓜蚜、潜叶蝇、根节线虫等。

5.2　防治措施

5.2.1　温室大棚的整个生长期和露地的春季到夏季以防病为主。以抗病或耐病品种为基础，以提高植株抗性为主，结合科学利用农药防治的综合防治。对于真菌性病害，以农业防治为主，适时采用化学防治办法。

5.2.2　晚春夏初以防虫为主：掌握不同品种和不同栽培条件下虫害的发生规律，预防为主，合理用药。

压低虫口基数，控制暴发危害，减少损失。防治蚜虫，掌握每株有蚜虫 3～5 头时，即施药防治，早期应尽量使用生物农药。

5.3　农业栽培防治办法

5.3.1　实行轮作，避免连作。

5.3.2　育苗最好选用不带病毒的种子。

5.3.3　选抗病品种，加强苗床管理，培育无病壮苗，增加秧苗自身抗性。定植前 7 天要进行炼苗。

5.3.4　选择地势较高、能排能灌、地质疏松肥沃的地块，施足基肥。

5.3.5　采用高畦深沟方式栽培，利于排水。

5.3.6　采用合理的田间管理措施，减少病虫发生发展的机会。

5.3.7　采用配合施肥技术，促进植株健壮生长，提高植株抗性。

5.3.8　早春采用小拱棚防寒，提高植株杭病能力；夏季用银灰膜遮阳网覆盖，防治蚜虫、白粉虱等虫害。

5.3.9　生产中和生产后保持田园清洁，及时铲除杂草，去除蚜虫、病毒等越冬寄主，收获后及时翻耕晒畦。

5.4　病虫害农药防治办法

5.4.1　常见病害防治

5.4.1.1　苗期猝倒病、立枯病可用苗床土消毒防治。也可在苗期灌 75% 百菌清 800

倍液、或70%多菌灵800倍液、或B-903菌液20倍液、或2%农抗120水剂100倍液、或72.2%普力克800倍液等防治办法。

5.4.1.2　霉病、疫病可用72%霜霉疫净600～800倍液、或72.2%普力克600～800倍液等防治。

5.4.1.3　枯萎病可用B-903菌液20倍液，或农抗120水剂100倍液，或70%多菌灵100倍液淋施预防发生。

5.4.1.4　灰霉病、菌核病可用40%灰核净800～1 200倍液，或50%速可灵2 000倍液，或50%多霉灵800倍液等防治。

5.4.1.5　防治细菌性角斑病，可用72%农用链霉素4 000倍液，或1∶2∶（300～400）波尔多液，或14%络氨铜水剂300倍液，或50%琥胶肥酸铜DT500倍液。

5.4.1.6　白粉病、锈病可用15%粉锈宁1 500倍液，或2%农抗120水剂。

5.4.1.7　病毒病首先要防治传毒昆虫，其次，可用40%抗毒宝600～800倍液，或1.5%植病灵乳剂800～1 000倍液减轻病情发生，增强植株抗性，起到一定防治作用。

5.4.1.8　炭疽病防治可用2%农抗120、或70%多菌灵600倍液，或75%百菌清800倍液，或80%炭疽福美粉剂800倍液等。

5.4.2　常见虫害防治

5.4.2.1　防治蚜虫、白粉虱、蓟马等可用黄板诱杀，也可用10%吡虫啉2 000倍液，或10%扑虱灵1 000倍液，或鱼藤精400倍液，或65%蚜满虫威600～700倍液、或2.5%保得乳油2 000倍液，或7.5%下大乳油2 000倍液。

5.4.2.2　潜叶蝇的防治：可采用灭蝇纸和黄板诱杀成虫，每667平方米设置15个诱杀点，在幼虫两龄前，用20%斑潜净1 000～2 000倍液、或48%乐斯本乳油800～1 000倍液杀死幼虫；在成虫羽化期间用5%抑太保2 000倍液、或5%卡死克乳油2 000倍液抑制成虫繁殖。

5.4.2.3　以上农药防治使用药剂及药量仅举例说明，相同有效成分的其他剂型及新上市的其他农药产品，需经无公害蔬菜生产管理部门同意，方可在无公害蔬菜生产基地使用，并要严格按照使用说明执行。上述药剂要交替使用。

第二十二节　无公害冬瓜生产技术规程

1. 范围

本标准规定了冬瓜无公害生产的基本条件、农药和肥料的使用要求以及生产栽培技术措施和病虫害防治策略及防治方法。

本标准适用于无公害蔬菜冬瓜生产。

2. 规范性引用文件

下列文件中的条款通过本标准的引用而成为本标准的条款。凡是注日期的引用文件，其随后所有的修改单（不包括勘误的内容）或修订版均不适用于本标准，然而，鼓励根据本标准达成协议的各方研究是否可使用这些文件的最新版本。凡是不注日期的引用文件，其最新版本适用于本标准。

GB/T 8321（所有部分）　　农药合理使用准则

NY/T 496　　　　　　　　肥料合理使用准则 通则

NY 5010　　　　　　　　无公害食品 蔬菜产地环境条件

3. 术语

3.1 冬瓜

属葫芦科植物，食用部分是植物的嫩果及成熟果。是露地和保护地重要的蔬菜种类之一。

3.2 温室

是指日光温室。其热量来源主要是太阳辐射能，在严冬季节不加温或基本不加温的情况下，可以进行喜温蔬菜生产，通常也称为高效节能日光温室。

3.3 大棚

是指塑料大棚，多为圆拱形，南北向，在严冬季节不加温或基本不加温的情况下，不能进行喜温蔬菜生产，只能在早春和晚秋进行蔬菜改良生产。

4. 栽培技术措施

4.1 地块选择

4.1.1 地块的大气环境、土壤、水质须符合要求。

4.1.2 地势较高，排灌方便，一年内未种过葫芦科植物。

4.2 栽培季节与方式

4.2.1 温室栽培：一年四季均可栽培，可根据市场情况调节种植时间。

4.2.2 大棚栽培：可根据蔬菜淡季，进行春提早和秋延后栽培。

4.2.3 露地栽培：常规的栽培模式，也可用地膜覆盖适当提早和延后。

4.3 品种选择

根据不同的栽培季节和模式，结合本地情况，选样适宜品种。

4.4 育苗

4.4.1 穴盘育苗：草炭与蛭石按体积比 2：3 混匀，每立方米加入磷酸二氢钾 500 克，蔬菜专用复合肥 500 克，50% 多菌灵粉剂 5 克掺匀，装入 128 或 288 孔育苗盘内。

4.4.2 播种期：根据不同的栽培季节与方式来确定合适的播种期。

4.4.2.1 温室栽培：根据人为上市期，确定定植期，再减去瓜秧苗龄则为适宜的播种期。

4.4.2.2 大棚栽培：春提早栽在大棚地温 10 厘米深处稳定在 10℃ 左右时，可定植，再据此确定合适的播期；秋延后一般在 7 月中下旬到 8 月上旬为适播期。

4.4.2.3 露地栽培：一般在 4 月上中旬直播或定植：加盖地膜，可提前到 3 月下旬。苗龄一般为 40~50 天。

4.4.3 播种

4.4.3.1 播种量的确定：根据栽培面积，种子质量，育苗条件和栽植密度等来定。穴盘育苗采用播种机精量播种，一般每 667 平方米需种量 200 克。

4.4.3.2 穴盘量确定：每 667 平方米冬瓜需 72 孔育苗盘 20 个。

4.4.3.3 浸种：待播种子可用 70～75℃ 温水烫种，迅速搅拌水温降至 40℃ 时停止，然后再浸泡 10～12 小时。

4.4.3.4 催芽：待种子充分吸足水后，捞出洗净表面黏液，再用干净的湿纱布或毛巾包裹，在 25～28℃ 环境下放在光照培养箱内或恒温箱内催芽。在催芽时，须每天淘洗 1 次，少晒后继续催芽。冬瓜约需 2～3 天。

4.4.3.5 播种：经催芽后，露白约 60% 时即可播种。寒冬育苗应在温室内或有加温设施的育苗工厂内进行，播种时，每孔放 1 粒，种子须平放，使露白部分朝下。播后在育苗盘上覆盖蛭石，覆盖厚度不超过 1 厘米。要求均匀一致。覆盖后浇透水。如果冬瓜种子包衣，即可省去 4.4.3.3 和 4.4.3.4 步骤，可直接播种育苗。

4.4.4 苗床管理

4.4.4.1 播后到出苗前苗床管理：播种后，苗床温度应控制在白天 25～28℃，夜间 16～20℃ 利于尽快出苗。

4.4.4.2 出苗后苗床管理，出苗后，要降低苗床温度到白天 23℃，夜间 16℃ 左右，防止幼苗徒长，要增加光照，一些保温覆盖物可逐渐揭开。要适当降低苗床温度以 20～25℃ 为宜，应合理通风，调节湿度。

4.4.5 定植前管理：苗床温度白天 25～30℃，夜间 18～20℃，要逐步增加光照时间和光照强度，适当浇水施肥，可叶面喷施微生物有机叶面肥或 0.1%～0.2% 磷酸二氢钾，促瓜苗健壮，增加抗病性和抗逆性。此期也应当防治病虫害。

4.5 定植

4.5.1 定植时期：按不同的栽培季节和方式确定定植时期。

4.5.1.1 日光温室：按不同的上市时间确定定植时间。

4.5.1.2 大棚栽培：春大棚可在棚内温度稳定在 8℃ 左右时定植，秋大棚可在 8 月中旬定植。

4.5.1.3 露地栽培：露地栽培要在终霜期过后定植。

4.5.2 整地：要深翻农田，施足基肥，每 667 平方米施腐熟有机肥 3～5 方，复合肥 30～50 千克。做好栽培畦，一般按畦宽（连沟）130～150 厘米，畦沟深 10～20 厘米。

4.5.3 定植方式：冬瓜行株距 80 米×40 米；宜早定植。可根据情况采用铺地膜等保温措施，定植宜在晴天下午进行，要浇定植水。

4.6 田间管理

4.6.1 水肥管理

4.6.1.1 灌溉水质和肥料使用须符合要求。

4.6.1.2 定植初期：以促进缓苗为目的，浇足定植水，在此期间不用施肥。约 3～5 天。

4.6.1.3 缓苗后至结瓜初期：以促根控秧为主要目标，水以控为主，以不旱为原则，若缺水，则应轻浇，达到蹲苗促根作用。此期可不用追肥。

4.6.1.4 结瓜初期到整个结瓜盛期：此期应掌握好营养生长和生殖生长平衡，可追施有机肥加适宜复合肥，每 10～15 天追 1 次肥，每 667 平方米每次各 10～15 千克。采瓜期不能施速效氮肥。

4.6.2 植株调整：调整好枝蔓，使互相不遮光，通风透气为原则。及时除去雄花。

4.6.3 保花保果：要采用多种措施，促进雌花的生成，可采用一定浓度的植物生长调节剂（如增瓜灵等）促进雌花生成和保花保果；一般采用人工授粉促进坐果和膨大。

4.7 采收

根瓜要早收，根据不同的消费习惯适时采收。冬瓜开始采收后，安全间隔期内禁止使用化学农药和化学激素。

5. 病虫害防治

5.1 常见病虫害

5.1.1 冬瓜常见的病害有：霜霉病、枯萎病、白粉病、病毒病、炭疽病、灰霉病、疫病等及一些生理性病害。

5.1.2 冬瓜常见的虫害有：白粉虱、瓜蚜、潜叶蝇、根结线虫等。

5.2 防治措施

5.2.1 温室大棚的整个生长期和露地的春季到夏季以防病为主。以抗病或耐病品种为基础，以提高植株抗性为主，结合科学利用农药防治的综合防治方法。对于真菌性病害，以农业防治为主，适期采用化学防治方法。

5.2.2 晚春夏初以防虫为主。掌握不同品种和不同栽培条件下害虫的发生规律，预防为主，合理用药，压低虫口基数，控制暴发危害，减少损失，防治蚜虫，掌握在每株有蚜虫 3~5 头时，即施药防治。早期应尽量使用生物农药。

5.3 农业栽培防治方法

5.3.1 实行轮作，避免连作，下茬瓜应选择避免与春茬瓜、茄子相连的地块，防止蚜虫大量转移危害。

5.3.2 种过冬瓜的地块，育苗选用不带病毒的种子，或进行种子处理。

5.3.3 选抗病品种，加强苗床管理，培育无病苗和壮苗，增加秧苗自身抗性。定植前 7 天要进行炼苗。

5.3.4 选择地势较高、能排能灌、质地疏松肥沃的地块，施足基肥。

5.3.5 采用高畦深沟方式栽培，利于排水。

5.3.6 采用合理的田间管理措施，减少病虫发生发展的机会。采用配方施肥技术，促进植株抗病能力。

5.3.7 采用配方施肥技术，促进植株健壮生长，提高植株抗性。

5.3.8 早春用小拱棚防寒，提高植株抗病能力；夏季用银灰膜遮阳网覆盖，防止蚜虫、白粉虱等虫害。

5.3.9 生产中和生产后保持田园清洁，及时铲除杂草，除去蚜虫、病毒等越冬寄生，收获后及时翻耕晒畦。

5.4 病虫害农药防治方法

5.4.1 常见病害防治

5.4.1.1 苗期猝倒病、立枯病可用苗床土消毒防治，也可在苗期灌 75% 百菌清 800 倍液、或 70% 多菌灵 800 倍液、或 B-903 菌液 20 倍液、或 2% 农抗 120 水剂 100 倍液、或 72.2% 普力克 800 倍液等防治方法。

5.4.1.2　霜霉病、疫病可用72%霜霉疫净，600~800倍液，或72.2%普力克800倍液等防治方法。

5.4.1.3　枯萎病可用B-903菌液20倍液，或农抗120水剂100倍液，或70%多菌灵100倍液淋施预防发生。

5.4.1.4　灰霉病、菌核病可用40%灰核净800~1200倍液，或50%速可灵200倍液，或50%多霉灵800倍液等防治。

5.4.1.5　防治细菌性角斑病，可用72%农用链霉素4000倍液，或14%络氨铜水剂300倍液，或50%琥胶肥酸铜DT500倍液。

5.4.1.6　白粉病可用15%粉锈宁1500倍液，或2%农抗120水剂。

5.4.1.7　病毒首先要防治传病毒昆虫，其次，可用40%抗毒宝600~800倍液，或1.5%植病灵乳剂800~1000倍液减轻病情发生，增强植株抗性，起到一定防治作用。

5.4.1.8　炭疽病防治可用2%农抗120，或70%多菌灵600倍液，或75%百菌清800倍液，或80%炭疽福美粉剂800倍液等。

5.4.2　常见虫害防治

5.4.2.1　防治蚜虫、白粉虱、蓟马等可用黄板诱杀，也可用10%吡虫啉2000倍液，或10%扑虱灵1000倍液，或鱼藤精400倍液，或65%蚜螨虫威600~700倍液，或2.5%保得乳油2000倍液，或7.5%功夫乳油2000倍液。

5.4.2.2　潜叶蝇的防治：可采用灭蝇纸和黄板诱杀成虫，每667平方米设置15个诱杀点；在幼虫两龄前，用20%斑潜净1000~2000倍液，或48%乐斯本乳油800~1000倍液杀死幼虫；在成虫羽化期用5%抑太保2000倍液，或5%卡死克乳油2000倍液抑制成虫繁殖。

5.4.2.3　以上农药防治使用药剂及药品量仅举例说明，相同有效成分的其他剂型及新上市的其他农药产品，需经无公害蔬菜生产管理部门同意，方可在无公害蔬菜生产基地使用，上述药剂要交替使用。

第二十三节　无公害莴笋生产技术规程

1. 范围

本标准规定了莴笋无公害食品生产的基本条件、农药和肥料的使用要求以及生产栽培技术措施和病虫害防治策略及防治办法。

本标准适用于无公害食品莴笋的生产。

2. 规范性引用文件

下列文件中的条款通过本标准的引用而成为本标准的条款。凡是注日期的引用文件，其随后所有的修改单（不包括勘误的内容）或修订版均不适用于本部分，然而，鼓励根据本标准达成协议的各方研究是否可使用这些文件的最新版本。凡是不注日期的引用文件，其最新版本适用于本标准。

GB/T 8321（所有部分）　　农药合理使用准则

NYT 496　　　　　　肥料合理使用准则通则
NY 5010　　　　　　无公害食品　蔬菜产地环境条件

3. 术语

3.1　莴笋又称莴苣，属菊科植物，食用部分是植物的花茎。是露地和保护地栽培的重要蔬菜品种之一。

3.2　温室：是指阳光温室。其热量来源主要是太阳辐射能，在严冬季节不加温或基本不加温的情况下，可以进行喜温蔬菜生产，通常也称为高效节能日光温室。

3.3　大棚：是指塑料大棚，多为圆拱形，南北向，在严冬季节不加温或基本不加温的情况下，不能进行喜温蔬菜生产，只能在早春和晚秋进行蔬菜改良生产。

4. 栽培技术措施

4.1　地块选择

4.1.1　地块的大气环境、土壤、水质须符合要求。

4.1.2　地势较高，排灌方便，一年内未种过同科植物。

4.2　栽培季节与方式

4.2.1　温室栽培：一年四季均可栽培，可根据市场情况调节种植时间。

4.2.2　大棚栽培：可根据蔬菜淡季，进行春提早和秋延后栽培。

4.2.3　露地栽培：常规的栽培模式，也可用地膜覆盖适当提早和延后。

4.3　品种选择

根据不同的栽培季节和模式，结合本地情况，选择适宜品种如美国莴、FS莴苣等。

4.4　育苗

4.4.1　穴盘育苗：草炭与蛭石按体积比2：3混匀，每立方米加入磷酸二氢钾500克，蔬菜专用复合肥500克，50%多菌灵粉剂5克，掺匀，装入128或288孔育苗盘内。

4.4.2　播种期：根据不同的栽培季节与方式来确定合适的播种期。

4.4.2.1　温室栽培：根据上市期，确定定植期，再减去苗龄则为适宜的播种期。

4.4.2.2　大棚栽培：春提早栽培在大棚地温5厘米深处稳定在8℃左右时，可定植，再根据此确定适合的播期；秋延后一般在7月中下旬到8月上旬为适播期。

4.4.2.3　露地栽培：一般在4月上中旬直播或定植；加盖地膜，可提前到3月下旬。

4.4.3　播种

4.4.3.1　播种量的确定：根据栽培面积，种子质量，育苗条件和栽培密度等来确定。

4.4.3.2　穴盘量确定：每667平方米莴笋需128孔育苗盘60个或288孔育苗盘30个。

4.4.3.3　浸种：待播种子可用50~55℃温水浸种15~30分钟，在此过程中须不断搅拌，水温降至20℃时停止，然后再浸泡1~2小时。

4.4.3.4　催芽：待种子充分吸足水后，捞出洗净表面黏液，再用干净的湿纱布或毛巾包裹，在17~20℃环境下催芽，在催芽时，保持湿润。莴笋约需5~7天。

4.4.3.5　播种：经催芽后，露白约60%时即可播种。寒冬育苗应在温室内或有加温设施的育苗工厂内进行。播种时，每孔放2~3粒，种子须平放，使露白部分朝下。播后在育苗盘上覆盖蛭石，覆盖厚度不超过1厘米。要求均匀一致。覆盖后浇透水。

4.4.4 苗床管理

4.4.4.1 播后到出苗前苗床管理：播种后，苗床温度白天应控制在25℃左右，夜间16～20℃，以利于尽快出苗。

4.4.4.2 出苗后苗床管理：出苗后，要降低苗床温度到白天20℃，夜间10℃左右，防止幼苗徒长。要增加光照，一些保温覆盖物可逐渐揭开。要适当降低苗床温度以20～25℃为宜，应合理通风，调节温度。

4.4.4.3 定植前管理

苗床温度白天25～30℃，夜间18～20℃，要逐步增加光照时间和光照强度，适当浇水施肥，可叶面喷施微生物有机叶面肥或0.1%～0.2%磷酸二氢钾，促苗健壮，增加抗病性和抗逆性。此期也应注意防治虫害。

4.5 定植

4.5.1 定植日期：按不同的栽培季节和方式确定定植时期。

4.5.1.1 日光温室：按不同的上市时间确定定植时间。

4.5.1.2 大棚栽培：春大棚可在棚内温度稳定在8℃左右时定植；秋大棚可在8月中旬定植。

4.5.1.3 露地栽培：露地栽培要在冬霜期过后定植。

4.5.2 整地：要深翻农田，施足基肥，每667平方米施腐熟有机肥3～5方，复合肥30～50千克。做好栽培畦，一般按宽130～150厘米，畦埂宽10厘米左右。

4.5.3 定植方式：莴笋行株距30厘米×20厘米。宜早定植，定植宜在晴天下午进行，要浇定植水。

4.6 田间管理

4.6.1 灌溉水质和肥料使用须符合要求。

4.6.2 定植初期：注意适当提高温度。缓苗后可适当降低温度。

4.6.3 生长前应根据长势、天气、土壤、湿度采取少浇水轻施肥原则。生长中期可适当加大肥量，氮、磷、钾合理搭配。生长中后期应以化肥为主，少施氮肥。

4.6.4 收获前10天禁止施用速效氮肥，中后期禁止施用粪尿作为追肥。

4.7 收获

4.7.1 一次性收获，也可分批进行收获。

4.7.2 收获前的安全隔离期内禁止使用化学农药和化肥。

4.7.3 收获时，使用专用工具收割、盛放、包装等。严禁使用工业废水、生活废水及其他可能被污染的水洗菜。

4.7.4 收获完后，清洁田间，病虫残叶烧掉或深埋。

5. 病虫害防治

5.1 常见病虫害

5.1.1 莴笋常见的病害有：霜霉病、枯萎病、白粉病、病毒病、炭疽病、叶斑病、软腐病、疫病等及一些生理性病害。

5.1.2 莴笋常见的虫害有：菜粉蝶、蚜虫、潜叶蝇、夜蛾、菜蛾、跳甲类等。

5.2 农业栽培措施防治

5.2.1 选择适宜的抗病虫品种及进行种子消毒，可用55℃水烫种灭菌，有苗床的可用高温、药剂等消毒。

5.2.2 加强苗期管理，培育健壮秧苗，提高秧苗的抗病力和抗逆性。

5.2.3 重病田实行轮作，合理安排品种播种期及布局，避开病虫高发期。

5.2.4 要深耕农田，施足底肥。

5.2.5 夏秋季有条件的可使用防虫网覆盖栽培。

5.2.6 加强田间管理，实行健康栽培，促进植株生长健壮，提高植株本身的抗病力和抗逆性。

5.2.7 生产中和生产后保持田园清洁，收获后及时翻耕晒畦。

5.2.8 严格检疫，防止病虫扩大蔓延。

5.2.9 加强苗期及生产期病情调查，发现病株及时拔去，并喷药防治。

5.3 病虫害农药防治办法

5.3.1 常见病害防治

5.3.1.1 苗期猝倒病、立枯病：可用苗床土消毒防治，也可在苗期灌75%百菌清800倍液，或70%多菌灵800倍液，或2%农抗120水剂100倍液，或72.2%普力克800倍液等办法防治。

5.3.1.2 霜霉病、疫病：可用72%霜霉疫净600～800倍液，或72.2%普力克800倍液等防治。

5.3.1.3 枯萎病：可用农抗120水剂100倍液，或70%多菌灵100倍液淋施预防发生。

5.3.1.4 叶斑病：可用75%百菌清700倍液，或50%多霉灵800倍液等防治。

5.3.1.5 细菌性病害：可用72%农用链毒素4 000倍液，或1：2：（300～400）波尔多液，或14%络氨铜水剂300倍液。

5.3.1.6 白粉病：可用15%粉锈宁1 500倍液，或2%农抗120水剂。

5.3.1.7 病毒病：首先要防治传毒昆虫，其次，可用40%抗毒宝600～800倍液，或1.5%植病灵乳剂800～1 000倍液减轻病情发生，增强植株抗性，起到一定防治作用。

5.3.1.8 炭疽病：可用2%农抗120，或70%多菌灵600倍液，或75%百菌清800倍液，或80%炭疽福美粉剂800倍液等。

5.3.1.9 软腐病：可用70%甲基硫菌灵可湿性粉剂700倍液，或50%扑海因粉剂1 000～5 000倍液，或50%速克灵1 500倍液。

5.4 常见虫害防治

5.4.1 白粉虱、蓟马：可用黄板诱杀，也可用10%吡虫啉2 000倍液，或10%扑虱灵1 000倍液，或65%蚜螨虫威600～700倍液。

5.4.2 潜叶蝇：可采用灭蝇纸和黄板诱杀成虫，每667平方米设置15个诱杀点，在幼虫二龄前，用20%斑潜净1 000～2 000倍液，或48%乐斯本乳油800～1 000倍液杀死幼虫；在成虫羽化期用5%抑太保2 000倍液，5%卡死克乳油2 000倍液抑制成虫繁殖。

5.4.3 菜青虫、夜蛾：可在卵孵期用25%灭幼脲3号悬浮剂500倍液；在幼虫期可用BT乳剂600倍液或青虫菌6号1 000倍液加10%氯氰菊酯3 000倍液；在成虫羽化期可用5%抑太保2 000倍液，或2.5%天王星乳油3 000～4 000倍液。

5.4.4 防治甲虫类可在整地时每667平方米用2.5%辛硫磷2千克加细土30千克撒施，翻入土中，防治越夏成虫及越冬卵块；也可用4.5%高效氯氰菊酯乳油2 000～3 000倍液，或2.5%功夫乳油1 500倍液喷雾防治。

5.4.5 以上农药防治使用药剂及药剂量仅举例说明，相同有效成分的其他剂型及新上市的其他农药产品，需经无公害蔬菜生产管理部门同意，方可在无公害蔬菜生产基地使用，并要严格按照使用说明执行，上述药剂要交替使用。

第二十四节 无公害大蒜生产技术规程

1. 范围

本标准规定了无公害大蒜和蒜薹生产基地的产地环境技术条件，肥料、农药使用的原则和要求，生产管理等系列措施。

本标准适用于露地和保护地无公害大蒜和蒜薹的生产。

2. 规范性引用文件

下列文件中的条款通过本标准的引用而成为本标准的条款。凡是注日期的引用文件，其随后所有的修改单（不包括勘误的内容）或修订版均不适用于本标准，然而，鼓励根据本标准达成协议的各方研究是否可使用这些文件的最新版本。凡是不注日期的引用文件，其最新版本适用于本标准。

GB 4268　　　　　　　农药安全使用标准
GB 8079　　　　　　　蔬菜种子
GB/T 8321（所有部分）农药合理使用准则
NY 5010　　　　　　　无公害食品 蔬菜产地环境条件

3. 产地环境技术条件

无公害大蒜和蒜薹生产的产地环境质量应符合的规定。

4. 生产管理措施

4.1 播种时间
秋播区域，露地可在9月下旬和10月上旬，地膜覆盖的可推迟7～10天。

4.2 品种选择
选择耐寒、生长势强、抗病、蒜头大，抽薹率高，耐贮、辣香浓的品种，如金乡大蒜、苍山大蒜、永年白蒜等。在这些传统品种的基础上培育新的优良品种，以丰富大蒜品种，保证种源的优良性和继承性，防止大蒜的种性退化现象。

4.3 蒜种质量
应符合GB 8079—1987中附录A规定。

4.4 用种量
每667平方米用种125～175千克。

4.5 蒜种处理

分级：精选具有品种特征，肥大圆整，蒜瓣整齐，无病斑，无损伤的蒜头，选择无伤残、无霉烂、无虫蛀、顶芽未受伤的蒜瓣，按大、中、小分级，分别用于播种。

4.6 播种地准备

4.6.1 前茬：为非葱蒜类作物。

4.6.2 整地施肥：在中等肥力条件下，结合整地每 667 平方米施优质有机肥 3~5方，氮肥（N）5~8 千克、磷肥（P_2O_5）8~10 千克、钾肥（K_2O）8~10 千克。用 1.5米宽的平畦，栽种 6~7 行，株距 7~10 厘米，每 667 平方米 3 万~4 万株。

4.7 播种

在畦内按行距 20 厘米，开 3~4 厘米深沟（秋播深些、春播浅些），在沟内按株距 8厘米蒜背顺行间播种，然后覆土搂平，顺畦浇水。

4.8 田间管理

4.8.1 苗期管理

4.8.1.1 露地蒜：当苗长出 1 片真叶时，应中耕锄划两次，提高地温，秋播蒜适当蹲苗，以防徒长越冬死苗。上冻前浇 1 次冻水。返青后，当种瓣腐烂"退母"时，结合浇水每 667 平方米追施氮肥（N）5 千克，钾肥（K_2O）3 千克。

4.8.1.2 地膜覆盖：可用扫帚在膜上轻扫住蒜破膜出苗，未破膜的可用筷子或铁丝钩在苗顶破口让苗伸出。越冬前株高 20 厘米左右，茎粗 0.8 厘米，有叶 5 片以上，封冻前浇 1 次水。

4.8.2 鳞芽、花芽分化和蒜薹伸长期管理："退母"后鳞芽和花芽开始分化，需水肥最多，应每隔 5~7 天浇 1 次水，在蒜薹未伸出叶鞘之前结合浇水，每 667 平方米追施氮肥（N）5 千克，钾肥（K_2O）3 千克。蒜薹伸出后连浇 2 次水，抽薹前 5~7 天停止浇水。

4.8.3 抽薹：蒜薹伸出叶鞘 7~15 厘米，蒜薹尖端自行打弯呈"秤钩形"，总苞变白，于晴天下午假茎叶片萎蔫时抽薹。

4.8.4 鳞茎膨大期：抽薹后，应每隔 3~5 天浇 1 次水，降低田间气温地温，叶面喷施 1% 磷酸二氢钾 1 次。收获前 5~7 天停止浇水。

4.8.5 收获鳞茎：收鲜蒜头做腌渍用，可在抽薹后 10~12 天收获；收干蒜应在叶片枯黄，假茎松软植株回秧时收获，过早则减产不耐贮藏，过晚蒜头易松散脱落。蒜收后立即在地里用叶盖住蒜头晾晒 3~4 天，严防雨淋，当假茎和叶干枯时，可编瓣挂在通风处贮藏。也可将蒜头留梗 2 厘米剪下，去掉须根，按级装箱，经预冷后入冷库贮藏。

4.9 病虫害防治（附录 A）

4.9.1 物理防治：用糖、醋、酒、水、90% 敌百虫晶体按 3∶3∶3∶10∶0.5 比例配成溶液，每 150~200 平方米放置一盆，随时添加药液保持不干，诱杀葱蝇类害虫。

4.9.2 药剂防治害虫

4.9.2.1 喷洒：成虫盛发期或蛹羽化盛期，在田间喷 15% 锐劲特悬浮剂 1 000~1 500 倍液，或顺垄撒施 2.5% 敌百虫粉剂，每 667 平方米撒施 2~2.5 千克，或在上午 9~11 时喷洒 40% 辛硫磷乳油 1 500 倍液，或 2.5% 溴氢菊酯乳油 2 000 倍液。

4.9.2.2 灌根：在蒜头膨大期进行药剂灌根防治，选用 48% 乐斯本乳油 500 毫升，或1.1%苦参碱粉剂2~4千克，或50%辛硫磷乳油1 000毫升，去掉喷雾器喷头，对准大蒜根部灌药，然后浇水。若随浇水滴药灌溉，用量加倍。

4.9.3 药剂防治病害

4.9.3.1 叶枯病和灰霉病：大蒜叶枯病可用25%的施保乳油1 000倍液，或用75%的百菌清可湿性粉剂500倍液，50%速克灵1 000倍液喷雾防治；灰霉病可用1%武夷菌素150~200倍液喷雾，或40%的纹霉星可湿性粉剂，每667平方米60千克，对水喷雾防治。

4.9.3.2 紫斑病：用75%百菌清可湿性粉剂500~600倍液，或64%杀毒矾可湿性粉剂500倍液，或58%甲霜灵锰锌可湿性粉剂500倍液喷雾，7~10天1次，连喷2~3次。

4.9.3.3 锈病：用20%三唑酮乳油2 000倍液，或70%代森锰锌可湿性粉剂1 000倍液加15%三唑酮可湿性粉剂2 000倍液喷雾，10~15天喷1次，连喷1~2次。

4.9.3.4 霉斑病：用65%代森锰锌可湿性粉剂400~600倍液于发病初期喷雾，7~10天1次。连喷2~3次。

4.9.3.5 病毒病：采用茎尖培养法，培育无毒种苗，进而在温室内繁殖原种，选用无毒大蒜播种，大蒜种性得到大幅度提高，显著提高大蒜产量和品质。

附录A：（提示的附录）
大蒜常见病虫害及有利发生条件

病虫害名称	病原或害虫类别	传播途径	有利发生条件
韭蛆	双翅目、蕈蚊科	成虫短距离迁飞	3~4厘米土层含水量15%~24%最为适宜
叶枯病	真菌：枯叶格孢腔菌	土壤	气温25~27℃，多雨，多湿
紫斑病	真菌：香葱链格孢	气流、雨水	气温25~27℃，多雨，多湿
锈病	真菌：葱柄锈菌	病组织、气流	气温10~32℃以上，相对湿度90%以上
霉斑病	真菌：葱芽枝孢	肥料、风	气温10~20℃以上，相对湿度100%
病毒病	病毒：大蒜花叶病毒（GMV）、大蒜潜隐病毒（DLV）	鳞茎带毒、蚜虫、汁液摩擦	管理条件差、蚜虫量大、与葱属植物连作或邻作

第二十五节 无公害结球甘蓝生产技术规程

1. 范围

本标准规定了无公害结球甘蓝生产技术管理措施。
本标准适用于无公害结球甘蓝的生产。

2. 规范性引用文件

下列文件中的条款通过本标准的引用而成为本标准的条款。凡是注日期的引用文件，其随后所有的修改单（不包括勘误的内容）或修订版均不适用于本标准，然而，鼓励根据本标准达成协议的各方研究是否可使用这些文件的最新版本。凡是不注日期的引用文件，其最新版本适用于本标准。

GB 4285　　　　　　　农药安全使用标准
GB/T 8321（所有部分）　农药合理使用准则
GB 16715.4　　　　　　瓜菜作物种子　甘蓝类
NY 5010　　　　　　　无公害食品蔬菜产地环境条件

3. 术语和定义

下列术语和定义适用于本标准。

3.1　未熟抽薹

越冬的幼苗如果太大，在冬季长期的低温下，必将通过春化阶段，到翌年春暖日长的时候，就会通过光照阶段并抽薹开花，而不形成叶球。

4　要求

4.1　产地环境

产地环境质量应符合 NY 5010 的规定。

4.2　生产管理措施

4.2.1　栽培季节的划分

4.2.1.1　春甘蓝：前一年 9～10 月阳畦育苗，10～11 月移栽，4～5 月收获。

4.2.1.2　夏甘蓝：3～4 月冷床育苗，4～5 月移栽，7～8 月收获。

4.2.1.3　夏秋甘蓝：春夏育苗，夏定植，秋收获。

4.2.1.4　秋甘蓝：夏季育苗，夏、秋定植，秋、冬收获。

4.2.1.5　冬甘蓝，夏、秋育苗，秋、冬定植，冬、春收获。

4.2.2　育苗

4.2.2.1　育苗设施

4.2.2.1.1　改良阳畦：跨度约 3 米，高度约 1.3 米。有保温和采光维护结构，东西向延长。

4.2.2.1.2　塑料棚：采用塑料薄膜覆盖，其骨架常用竹、木、钢材或复合材料建造而成。

主要包括以下三种棚型：

a）塑料小棚：高 0.6～1.0 米，跨度 1.0～3.0 米，长度不限。

b）塑料小棚：高 1.5～2.0 米，跨度 4.0～6.0 米，长度不限。

c）塑料大棚：高 2.5～3.0 米，跨度 6.0～12.0 米，长度 30.0～60.0 米。

4.2.2.1.3　日光温室：由采光和保温维护结构组成，以耐老化无滴膜为透明覆盖材料。

4.2.2.1.4 连栋温室：单栋跨度 6~8 米，顶高 4~6 米，二连栋以上的大型保护设施，以塑料、玻璃等为透明覆盖材料，钢材为骨架。

4.2.2.2 育苗方式：根据栽培季节和方式，可在改良阳畦、塑料棚、温室、温床和露地育苗。有条件的可采用工厂化育苗。夏秋露地育苗要有防雨、防虫、庇阴设施。

4.2.2.3 品种选择：早春塑料拱棚、春甘蓝选用抗逆性强、耐抽薹，商品性好的早熟品种；夏甘蓝选用抗病性强、耐热的品种，秋甘蓝选用优质、高产、耐贮藏的中晚熟品种。

4.2.2.4 种子质量：符合 GB 16715.4—1999 中的二级以上要求。

4.2.2.5 催芽：将浸好的种子捞出洗净后，稍加晾干后用湿布包好，放在 20~25℃ 处催芽，每天用清水冲洗，当 20% 种子萌芽时，即可播种。

4.2.2.6 育苗床准备

4.2.2.6.1 床土配制：选用近 3 年来未种过十字花科蔬菜的肥沃园土 2 份与充分腐熟的过筛圈肥 1 份配合，并按配立方米加氮：磷：钾为 15：15：15 的三元复合肥 1 千克或相应养分的单质肥料混合均匀待用。将床土铺入苗床，厚度约 10 厘米。

4.2.2.6.2 床土消毒：用 25% 多菌灵可湿性粉剂与 50% 福美双可湿性粉剂按 1：1 比例混合，或 25% 甲霜灵可湿性粉剂与 70% 代森锰锌可湿性粉剂按 9：1 比例混合，按每平方米用药 8~10 克与 4~5 千克过筛细土混合，播种时 2/3 铺于床面，1/3 覆盖在种子上。

4.2.2.7 播种

4.2.2.7.1 播种期：根据气象条件和品种特性，选择适宜的播期。最好选用温室育苗，推迟播种期，缩短育苗期，减少低温影响，防止未熟抽薹。

4.2.2.7.2 播种方法：浇足底水，水渗后覆一层细土（或药土），将种子均匀撒播于床面，覆土 0.6~0.8 厘米。露地夏秋育苗，使用小拱棚或平棚育苗，覆盖遮阳网或旧薄膜，遮阳防雨。

4.2.2.8 苗期管理

4.2.2.8.1 温度：见表 5-7。

4.2.2.8.2 分苗：当幼苗 1~2 片真叶时，分苗在营养钵内，摆入苗床。

表 5-7 苗期温度管理

时期	白天适宜温度℃	夜间适宜温度℃
播种至齐苗	20~25	16~15
齐苗至分苗	18~23	15~13
分苗至缓苗	20~25	16~14
缓苗至定植前 10 天	18~23	15~12
定植前 10 天至定植	15~20	10~8

4.2.2.8.3 分苗后管理：缓苗后划锄 2~3 次，床土不旱不浇水，浇水宜浇小水或喷水。定植前 7 天浇透水，1~2 天后起苗蹲苗，并进行低温炼苗。露地夏秋育苗，分苗后要用遮阳网防暴雨，有条件的还要扣 22 目防虫网防虫。同时，既要防止床土过干，也要

在雨后及时排除苗床积水。

4.2.2.8.4 壮苗标准：植株健壮，6～8片叶，叶片肥厚蜡粉多，根系发达，无病虫害。

4.2.3 定植前准备

4.2.3.1 前茬：为非十字花科蔬菜。

4.2.3.2 整地：露地栽培采用平畦，塑料拱棚亦可采用半高畦。

4.2.3.3 基肥：有机肥与无机肥相结合。在中等肥力条件下，结合整地每667平方米施优质有机肥3～4方，配合施用氮、磷、钾肥。有机肥料需达到规定的卫生标准，见附录A（规范性附录）。

4.2.3.4 设防虫网防虫：温室大棚通风口用防虫网密封阻止蚜虫进入。夏季高温季节，在害虫发生之前，用防虫网覆盖大棚和温室，阻止小菜蛾、菜青虫、夜蛾科害虫等迁入。

4.2.3.5 银灰膜驱蚜：铺银灰色地膜，或将银灰膜剪成10～15厘米宽的膜条，膜条间距10厘米，纵横拉成网眼状。

4.2.3.6 棚室消毒：45%百菌清烟剂，每667平方米用180克，密闭烟熏消毒。

4.2.4 定植

4.2.4.1 定植期：春甘蓝一般在春季土壤化冻、重霜过后定植。

4.2.4.2 定植方法：采用大小行定植，覆盖地膜。

4.2.4.3 定植密度：根据品种特性、气候条件和土壤肥力，每667平方米定植早熟种4 000～6 000株，中熟种2 200～3 000株，晚熟种1 800～2 200株。

4.2.5 定植后水肥管理

4.2.5.1 缓苗期：定植后4～5天浇缓苗水，随后结合中耕培土1～2次。棚室要增温保温，适宜的温度白天20～22℃，夜间10～12℃，通过加盖草苫，内设小拱棚等措施保温。

4.2.5.2 莲座期：通过控制浇水而蹲苗，早熟种6～8天，中晚熟种10～15天，结束蹲苗后要结合浇水每667平方米追施氮肥（N）3～5千克，同时应用0.2%的硼砂溶液叶面喷施1～2次。棚室温度控制在白天15～20℃，夜间8～10℃。

4.2.5.3 结球期：要保持土壤湿润。结合浇水追施氮肥（N）3～5千克，钾肥（K$_2$O）4～6千克。同时，用0.2%的磷酸二氢钾溶液叶面喷施1～2次。结球后期控制浇水次数和水量。棚室栽培浇水后要放风排湿，室温不宜超过25℃，当外界气温稳定在15℃时可撤膜。

4.2.6 病虫害防治

4.2.6.1 病虫害防治原则：贯彻"预防为主，综合防治"的植保方针，通过选用抗性品种，培育壮苗，加强栽培管理，科学施肥，改善和优化菜田生态系统，创造一个有利于结球甘蓝生长发育的环境条件；优先采用农业防治、物理防治、生物防治，配合科学合理地使用化学防治，将结球甘蓝有害生物的危害控制在允许的经济阈值以下，达到生产安全、优质的无公害结球甘蓝的目的。

4.2.6.2 物理防治

4.2.6.2.1 设置黄板诱杀蚜虫：用100厘米×20厘米的黄板，按照30～40块/667

平方米的密度，挂在行间或株间，高出植株顶部，诱杀蚜虫，一般 7～10 天重涂 1 次机油。

4.2.6.2.2　利用黑光灯诱杀害虫。

4.2.6.3　药剂防治

4.2.6.3.1　严格执行国家有关规定，不应使用高毒、高残留农药，见附录 B：（规范性附录）。使用药剂防治时要严格执行 GB 4285 和 GB/T 8321，见附录 C：（规范性附录）。

4.2.6.3.2　病害防治

4.2.6.3.2.1　霜霉病

a）每 667 平方米用 45% 百菌清烟剂 110～180 克，傍晚密闭烟熏。7 天熏 1 次，连续防治 3～4 次。

b）用 80% 代森锰锌 600 倍液喷雾防病害发生。

c）发现中心病株后用 40% 三乙磷酸铝可湿性粉剂 150～200 倍液，或 72.2% 霜霉威水剂 600～800 倍液，或 75% 百菌清可湿性粉剂 500 倍液，或 69% 安克锰锌 500～600 倍液喷雾，交替、轮换使用，7～10 天/次，连续防治 2～3 次。

4.2.6.3.2.2　黑斑病：发病初期用 75% 百菌清可湿性粉剂 500～600 倍液，或 50% 异菌脲可湿性粉剂 1 500 倍液，7～10 天/次，连续防治 2～3 次。

4.2.6.3.2.3　黑腐病：发病初期用 14% 络氨铜水剂 600 倍液，或 77% 氢氧化铜可湿性粉剂 500 倍液，或 72% 农用链霉素可溶性粉剂 4 000 倍液，7～10 天/次，连续防治 2～3 次。

4.2.6.3.2.4　菌核病：用 40% 菌核净 1 500～2 000 倍液，或 50% 腐霉利 1 000～1 200 倍液，在病发生初期开始用药，间隔 7～10 天连续防治 2～3 次。

4.2.6.3.2.5　软腐病：用 72% 农用链霉素可溶性粉剂 4 000 倍液，或 77% 氢氧化铜 400～600 倍液，在病发生初期开始用药，间隔 7～10 天，连续防治 2～3 次。

4.2.6.3.3　虫害防治

4.2.6.3.3.1　菜青虫：

a）卵孵化盛期选用苏云金杆菌（Bt）可湿性粉剂 1 000 倍液，或 5% 定虫隆乳油 1 500～2 500 倍液喷雾。

b）在低龄幼虫发生高峰期，选用 2.5% 氯氟氰菊酯乳油 2 500～5 000 倍液，或 10% 联苯菊酯乳油 1 000 倍液，或 50% 辛硫磷乳油 1 000 倍液。

4.2.6.3.3.2　小菜蛾：于 2 龄幼虫盛期用 5% 氟虫腈悬剂每 667 平方米 17～34 毫升，加水 50～75 升，或 5% 定虫隆乳油 1 500～2 000 倍液，或苏云金杆菌（Bt）可湿性粉剂 1 000 倍液喷雾。以上药剂要轮换、交替使用。

4.2.6.3.3.3　蚜虫：用 5% 抗蚜威可湿性粉剂 2 000～3 000 倍液，或 10% 吡虫啉可湿性粉剂 1 500 倍液，或 3% 啶虫脒 3 000 倍液，6～7 天防治 1 次，连续防治 2～3 次。

4.2.6.3.3.4　夜蛾科害虫：在幼虫 3 龄前用 5% 定虫隆乳油 1 500～2 500 倍液，或 37.5% 硫双灭多威悬剂 1 500 倍液，或 20% 虫酰肼 1 000 倍液喷雾，晴天傍晚用药，阴天可全天用药。

4.2.7　适时采收：根据甘蓝的生长情况和市场的需求，陆续采收上市。在叶球大小定型，紧实度达到八成时即可采收。防止叶片失水萎蔫，影响经济价值。同时，应去其黄叶或有病虫斑的叶片，然后按照球茎的大小进行分级包装。

附录A：（规范性附录）
有机肥卫生标准

	项目	卫生标准要求
高温堆肥	堆肥温度	最高堆温达 50～55℃，持续 5～7 天
	蛔虫卵死亡率	95%～100%
	粪大肠菌值	10^{-1}～10^{-2}
	苍蝇	有效控制苍蝇孳生，肥堆周围没有活的蛆、蛹或新羽化的成蝇
沼气发酵肥	密封贮存期	30 天以上
	高温沼气发酵温度	（53℃±2℃）持续 2 天
	寄生虫卵沉降率	95%以上
	血吸虫卵和钩虫卵	在使用粪液中不得检出活的血吸虫卵和钩虫卵
	粪大肠菌值	普通沼气发酵 10^4，高温沼气发酵 10^{-1}～10^2
	蚊子、苍蝇	有效地控制蚊蝇孳生，粪液中无孑孓。池的周围无活的蛆、蛹或新羽化的成蝇
	沼气池残渣	经无害化处理后方可用作农肥

附录B：（规范性附录）
无公害甘蓝生产中禁止使用的农药品种

甲拌磷（3911）、治螟磷（苏化203）、对硫磷（1605）、甲基对硫磷（甲基1605）、内吸磷（1059）、杀螟威、久效磷、磷胺、甲胺磷、异丙磷、三硫磷、氧化乐果、磷化锌、磷化铝、甲基硫环磷、甲基异柳磷、氰化物、克百威、氟乙酰胺、砒霜、杀虫脒、西力生、赛力散、溃疡净、氯化苦、五氯酚、二溴氯丙烷、401、六六六、滴滴涕、氯丹及其他高毒、高残留农药。

附录C：（规范性附录）
农药合理使用准则（甘蓝常用农药部分）

农药名称	剂型	常用药量克（毫升）/（次·亩）	最高用药量克（毫升）/（次·亩）	施药方法	最多施药次数（每季作物）	安全间隔期（天）
敌敌畏	80%乳油	100	200	喷雾	5	≥5
辛硫磷	50%乳油	50	100	喷雾	3	≥6
敌百虫	90%固体	50克	100克	喷雾	5	≥7
氯氰菊酯	10%乳油	20	30	喷雾	3	≥5
溴氰菊酯	2.5%乳油	20	40	喷雾	3	≥2
氰戊菊酯	20%乳油	15	40	喷雾	3	≥5（夏菜）≥12（秋菜）
甲氰菊酯	20%乳油	25	50	喷雾	3	≥3

农药名称	剂型	常用药量克（毫升）/（次·亩）	最高用药量克（毫升）/（次·亩）	施药方法	最多施药次数（每季作物）	安全间隔期（天）
氯氟氰菊酯	2.5%乳油	25	50	喷雾	3	≥7
顺式氰戊菊酯	5%乳油	10	20	喷雾	3	≥3
顺式氯氰菊酯	10%乳油	5	10	喷雾	3	≥3
抗蚜威	50%可湿性粉剂	10克	30克	喷雾	3	≥11
抑太保	5%乳油	40	80	喷雾	3	≥7
毒死蜱	40.7%乳油	50	75	喷雾	3	≥7
齐墩螨素	1.8%乳油	30	50	喷雾	1	≥7
百菌清	75%可湿性粉剂	100克	120克	喷雾	3	≥10
琥胶肥酸铜	30%悬浮剂	150	300	喷雾	4	≥3
氢氧化酮	77%可湿性粉剂	134克	200克	喷雾	3	≥3

注：摘自 GB 4285 和 GB/T 8321；1 亩等于 667 平方米

第二十六节　无公害苦瓜生产技术规程

1. 范围

本标准规定了无公害食品苦瓜的产地环境要求和生产管理措施。

本标准适用于无公害食品苦瓜生产。

2. 规范性引用文件

下列文件中的条款通过本标准的引用而成为本标准的条款。凡是注日期的引用文件，其随后所有的整改单（不包括勘误的内容）或修订版均不适用于本标准。然而，鼓励根据本标准达成协议的各方研究是否可使用这些文件的最新版本。凡是不注日期的引用文件，其最新版本适用于本标准。

GB 4285　　　　农药安全使用标准

GB/T 8371　　（所有部分）农药合理使用准则

NY 5010　　　无公害食品 蔬菜产地环境条件

3. 产地环境

应符合 NY 5010 的规定，并选择地势高燥，排灌方便，土层深厚、疏松、肥沃的地块。

4. 生产技术管理

4.1　保护设施

包括日光温室、塑料棚、连栋温室、改良阳畦、温床等。

4.2　栽培季节

4.2.1　春提早栽培：终霜前 30 天左右定植，初夏上市。

4.2.2　秋延后栽培：夏末初秋定植，9月底10月初上市。

4.2.3　春夏栽培：晚霜结束后定植，夏季上市。

4.2.4　夏秋栽培：夏季育苗定植，秋季上市。

4.2.5　秋冬栽培：秋季定植、初冬上市。

4.3　品种选择

选择抗病、优质、高产、耐贮运、商品性好、适合市场需求的品种。

4.4　育苗

4.4.1　育苗设施：根据季节不同，选用温室、塑料棚、温床等设施育苗；夏秋季育苗应配有防虫、遮阳、防雨设施。有条件的可采用穴盘育苗和工厂化育苗。

4.4.2　营养土

4.4.2.1　营养土要求：pH值5.5～7.5，有机质2.5～3克/千克，碱解氮120～150毫克/千克，有效磷20～50毫克/千克，速效钾100～150毫克/千克，养分全面，土壤疏松，保肥保水性能良好。配制好的营养土均匀铺于播种床上，厚度10厘米。

4.4.2.2　营养土配方：无病虫源菜园土50%～70%、优质腐熟农家肥30%～50%，三元复合肥（氮—磷—钾＝15—15—15）0.2%～0.3%。

4.4.2.3　苗床表面消毒：按每平方米苗床用15～30千克药土作床面消毒。方法：用8～10克50%多菌灵与50%福美双等量混合剂，与15～30千克营养土或细土混合均匀撒于床面。

4.4.3　种子质量：种子纯度≥95%，净度≥98%，发芽率≥90%。

4.4.4　种子用量：每667平方米栽培面积的用种量：育苗移栽350～450克，露地直播500～650克。

4.4.5　种子处理

4.4.5.1　常温浸种：把种子放入常温水清洗干净，再换水浸种10～12小时。

4.4.5.2　温汤浸种：将种子投入55℃热水中，维持水温均匀稳定浸泡15分钟，并不断搅拌。然后保持30℃水温继续浸泡10～12小时，中间最好隔4～5小时换1次水，用清水洗净黏液后即可催芽。

4.4.6　催芽：浸泡后的种子在30～35℃条件下保湿催芽，70%左右的种子露白时即可播种。

4.4.7　播种期：根据栽培季节、育苗手段和壮苗指标选择适宜的播种期。

4.4.8　苗床准备

4.4.8.1　苗床设置：冬春季节采用日光温室、塑料棚或温床育苗。电热温床育苗，按100～120瓦/平方米功率标准铺设电加温线。

4.4.8.2　苗床消毒：将配制好的营养土均匀铺于播种床上，厚度10厘米。按每平方米用福尔马林30～50毫升，加水3升，喷洒床上，用塑料膜密闭苗床5天，揭膜15天后再播种。

4.4.9　播种

4.4.9.1　育苗移栽：将催芽后的种子均匀撒播于苗床（盘）中，或点播于营养钵中，播后用毒土盖种防治苗床危害。

4.4.9.2　露地直播：按确定的栽培方式和密度穴播2粒干种子。

4.4.10　苗期管理

4.4.10.1　温度管理：苦瓜喜温、较耐热，不耐寒。冬春育苗要保暖增温，夏秋育苗要遮阳降温。温度管理见表5－8。

表5－8　苗期温度调节表

时期	白天适宜温度/℃	夜间适宜温度/℃
出土前	30～35	20～25
出苗后	20～25	15～20
定植前5～7天	20～23	15～18

4.4.10.2　水分：视育苗季节和墒情适当浇水。

4.4.10.3　分苗：当幼苗子叶展平至初生叶显露时，移入直径10厘米营养钵中；也可在育苗床上按10厘米×10厘米划沟、分苗。

4.4.10.4　炼苗：早春定植前7天适当降温通风，夏秋逐渐撤去遮阳网，适当控制水分。

4.4.10.5　壮苗标准：株高10～12厘米，茎粗0.3厘米左右，4～5片真叶，子叶完好。叶色浓绿，无病虫害。

4.5　定植前准备

4.5.1　地块选择：应选择3年以上未种植过葫芦科作物的地块，有条件的地方采用水旱轮作。

4.5.2　整地施基肥：根据土壤肥力和目标产量确定施肥总量。磷肥全部作基肥，钾肥2/3作基肥，氮肥1/3作基肥。基肥以优质农家肥为主，2/3撒施，1/3沟施，按照当地种植习惯作畦。每667平方米底施农家肥3方以上，豆饼30～50千克，纯氮8～16千克，五氧化二磷6～8千克，氧化钾10～15千克。

4.5.3　棚室消毒：棚室栽培定植前要进行消毒，每667平方米用敌敌畏乳油200克拌上锯末，与2～3千克硫磺粉混合，分10处点燃，密闭一昼夜，放风后无味时定植。

4.6　定植

4.6.1　定植适期确定：10厘米最低土温稳定在15℃以上为定植适期，此时也是春夏露地直播苦瓜的播种适期。在天气晴朗的上午10时前或下午16时后定植，且浇足定根水。

4.6.2　定植密度

4.6.2.1　保护地栽培：行距80厘米，株距35～40厘米，每667平方米保苗2 000～2 300株。

4.6.2.2　露地栽培：行距80～100厘米，株距35～45厘米，每667平方米保苗1 600～2 300株。

4.7　田间管理

4.7.1　棚室温度

4.7.1.1　缓苗期：白天25～30℃，晚上不低于18℃。

4.7.1.2　开花结果期：白天25℃左右，夜间不低于15℃。

4.7.2 光照调节：苦瓜开花结果期需要较强光照，设施栽培宜采用防雾流滴性好的耐候功能膜，保持膜面清洁，日光温室后部张挂反光幕。

4.7.3 湿度管理：苦瓜生长期间空气相对湿度保持60%～80%。

4.7.4 二氧化碳：设施栽培可补充二氧化碳，浓度800～1 000毫克/千克。

4.7.5 肥水管理

4.7.5.1 浇水

4.7.5.1.1 缓苗后选晴天上午浇1次缓苗水，然后蹲苗；根瓜坐住后结束蹲苗，浇1次透水，以后5～10天浇1次水；结瓜盛期加强浇水。生产上应通过地面覆盖、滴灌（暗灌）、通风排湿、温度调控等措施，尽可能使土壤湿度控制在适宜范围。

4.7.5.1.2 苦瓜不耐涝，多雨季节应及时排除田内积水。

4.7.5.2 追肥

4.7.5.2.1 根据苦瓜长相和生育期长短，按照平衡施肥要求施肥，适时追施氮肥和钾肥。同时，应有针对性地喷施微量元素肥料，根据需要可喷施叶面肥防早衰。

4.7.5.2.2 在生产中不应使用未经无害化处理和重金属含量超标的城市垃圾、污泥、工业废渣和有机肥。

4.7.6 插架或吊蔓：保护地宜吊蔓栽培，露地可采用人字架或搭平棚栽培。

4.7.6.1 整枝：保护地栽培摘除侧蔓，以主蔓结瓜，露地栽培视密度大小整枝。

4.7.6.2 打底叶：及时摘除病叶和老化叶。

4.7.7 人工授粉：保护地苦瓜栽培需要进行人工授粉，下午摘取第二天开放的雄花，放于25℃左右的干爽环境中。第二天8～10时去掉花冠，将花粉轻轻涂抹于雌花柱头上，每朵雄花可用于三朵雌花的授粉。

4.7.8 采收：及时摘除畸形瓜，及早采收根瓜，以后按商品瓜标准采收上市。

4.7.9 清理田园：将苦瓜田间的残枝败叶和杂草清理干净，集中进行无害化处理，保持田间清洁。

4.7.10 病虫害防治

4.7.10.1 主要病虫害

4.7.10.1.1 主要病害包括：猝倒病、立枯病、枯萎病、白绢病、白粉病、灰霉病、病毒病，根结线虫病等。

4.7.10.1.2 主要害虫包括：美洲斑潜蝇、蚜虫、白粉虱、烟粉虱等。

4.7.10.2 防治原则：按照"预防为主，综合防治"的植保方针，坚持以"农业防治、物理防治、生物防治"为主，化学防治为辅的无害化治理原则。

4.7.10.3 农业防治

4.7.10.3.1 选用抗病品种，针对当地主要病虫控制对象，选用高抗多抗的品种。

4.7.10.3.2 严格进行种子消毒，减少种子带菌传病。

4.7.10.3.3 培育适龄壮苗，提高抗逆性。

4.7.10.3.4 创造适宜的生育环境，控制好温度和空气湿度、适宜的肥水、充足的光照和二氧化碳，通过放风和辅助加温，调节不同生育时期的适宜温度，避免低温和高温危害；深沟高畦，严防积水。

4.7.10.3.5 清洁田园，将苦瓜田间的残枝败叶和杂草清理干净，集中进行无害化处理，保持田间清洁。

4.7.10.3.6　耕作改制，与非葫芦科作物实行三年以上轮作，有条件的地区实行水旱轮作。

4.7.10.3.7　科学施肥，增施腐熟有机肥，平衡施肥。

4.7.10.4　物理防治

4.7.10.4.1　设施防护：大型设施的放风口用防虫网封闭，夏季覆盖塑料薄膜、防虫网和遮阳网，进行避雨、遮阳、防虫栽培，减轻病虫害的发生。

4.7.10.4.2　诱杀与驱避：保护地栽培运用黄板诱杀蚜虫、美洲斑潜蝇，每667平方米悬挂30~40块黄板（25厘米×40厘米）。露地栽培铺银灰地膜或悬挂银灰膜条驱避蚜虫。

4.7.10.5　生物防治

4.7.10.5.1　天敌：积极保护利用天敌，防治病虫害。

4.7.10.5.2　生物药剂：采用抗生素（农用链霉素、新植霉素）和植物源农药（印楝素、苦参碱等）防治病虫害。

4.7.10.6　药剂防治：使用药剂防治应符合 GB 4285 和 GB/T 8321（所有部分）的要求。严格控制农药使用浓度及安全间隔期。

4.7.10.7　不允许使用的剧毒高毒农药：生产上不允许使用甲胺磷、甲基对硫磷、对硫磷、久效磷、磷胺、甲拌磷、甲基异柳磷、特丁硫磷、甲基硫环磷、治螟磷、内吸磷、克百威、涕灭威、灭线磷、硫环磷、蝇毒磷、地虫硫磷、氯唑磷、苯线磷等剧毒、高毒农药。

第二十七节　平菇生产技术规程

1. 范围

本标准规定了无公害食品平菇的产地环境要求和生产管理措施。

本标准适用于开封市无公害食品平菇早秋、冬季生产。

2. 规范性引用文件

下列文件中的条款通过本标准的引用而成为本标准的条款。凡是注日期的引用文件，其随后所有的修改单（不包括勘误的内容）或修订版均不适用于本标准，然而，鼓励根据本标准达成协议的各方研究是否可使用这些文件的最新版本。凡是不注日期的引用文件，其最新版本适用于本标准。

NY/T 528—2002　　　　食用菌菌种生产技术规程

NY 5010—2002　　　　无公害食品　蔬菜产地环境条件

NY 5099—2002　　　　无公害食品　食用菌栽培基质安全技术要求

GB 4285—1989　　　　农药安全使用标准

GB/T 8321（所有部分）　农药合理使用准则

NY/T 496—2002　　　　肥料合理使用准则　通则

NY/T 5333—2006   无公害食品   食用菌生产技术规范
NY 5095—2006   无公害食品   食用菌

3. 产地环境

符合《NY 5010—2002   无公害食品   蔬菜产地环境条件》要求，地势平坦，排灌方便，地下水位较高的地块。

4. 栽培季节

4.1　早秋种植

5月上旬繁育母种，5月底至6月中旬繁育原种，6月中旬至7月底繁育栽培种，7月上旬至9月上、中旬均可连续种植，8月初至10月初均可连续采收，8月中下旬至10月中、下旬均是产量高峰期，全生育期90天左右。主要供应早秋和初冬市场（附录A）。

4.2　冬季种植

7月下旬繁育母种，8月底至11月上旬繁育原种，9月中旬至12月底繁育栽培种，10月上旬至12月上、中旬均可连续种植，11月初至翌年的3月底可连续采收，11月下旬至翌年2月中、下旬均是产量高峰期，全生育期120天左右。主要供应冬秋和翌年的早春市场。

5. 栽培品种

5.1　早秋种植品种

选择菌丝洁白、生长旺盛，出菇早、适温广、转茬快、生物学转化率高（150%以上）、抗病性好的品种（出菇温度12~30℃），如：白色品种（新菇103、新菇105、新831、208等），黑色品种（新菇106、新菇107、9745、5178等）。

5.2　冬季种植品种

选择菌丝洁白、生长旺盛、出菇整齐、适温较广、转茬快、生物学转化率高（150%以上）、抗病性好、较耐 CO_2 的品种（出菇温度3~25℃），如：黑色品种（新菇108、新菇109、黑平王等），白色品种（新菇105、高产一号、831、118等）。

6. 菌种培养

6.1　母种培养

采用普通PDA培养基+麦汁做培养基，温度在22~25℃培养6~8天。

6.2　原种培养

6.2.1　麦粒原种培养基：煮熟的麦粒+1%石膏粉

6.2.2　棉籽壳原种培养基：98%棉籽壳+1%石膏粉+1%石灰，另加入适量的微肥。

6.3　栽培种培养

98%棉籽壳+1%石膏粉+1%石灰，加入5%的麦麸，也可加入0.1%的微肥。

7　栽培料配方

7.1　棉籽壳做主料

7.1.1　配方1：97%棉籽壳、2.5%~3%石灰、0.1%克霉灵。

7.1.2　配方2：94%棉籽壳、0.1%～0.3%尿素、2%磷肥、1%石膏粉、2.5%～3%石灰、0.1%克霉灵，另加入0.2%的微肥。

7.2　玉米芯做主料

7.2.1　配方1：85%玉米芯、10%麸皮、0.3%～0.5%尿素、2%磷肥、2.5%～3%石灰、0.1%克霉灵。

7.2.2　配方2：90%玉米芯、5%麸皮、0.3%～0.5%尿素、2%磷肥、2.5%～3%石灰、0.1%克霉灵，另加入0.2%的微肥。

8. 栽培场地消毒

栽培场地的消毒要采用石灰消毒法＋化学消毒法（或高温消毒法）。

8.1　石灰消毒法

待早秋或冬季种植的平菇采收结束后，首先将种植棚上面的塑料和覆盖物去掉，通过春、夏两季风吹雨淋和太阳曝晒对种植场所消毒；其次，在种植早秋、冬季平菇前，将种植场所普撒一层约0.3厘米的生石灰。

8.2　化学消毒法

在种植早秋、冬季平菇前，将种植场所密封后喷洒场地消毒剂（300～500倍农而乐，也可用300～500倍万菌消）＋杀虫剂（800倍敌敌畏或杀灭菊酯，也可用800倍敌菇虫或菇虫一熏净熏蒸），进行杀菌、杀虫消毒。

8.3　高温消毒法

种植前，将种植场所密封后利用太阳能和加温方法，使种植场所温度达到55～60℃，持续2天，然后将温度降到50～52℃持续3天即可。

9. 栽培料处理

9.1　生料栽培

生料栽培主要应用于冬季栽培。按照培养料配方加水，将培养料水分拌匀，使含水量达65%左右。简单含水量测定法：用手紧握拌好的料，手指缝有水渗出，以不下滴为宜。

9.2　发酵料栽培

发酵料栽培既可用于早秋栽培也可用于冬季栽培。按照培养料配方加水，将培养料水分拌匀，使含水量达到65%～70%。将拌好的料，堆成高1.5米，堆宽2米左右，长度不限的梯形堆，堆好后，在堆上打孔透气并覆盖塑料薄膜保湿防雨，在气温20～25℃条件下1～2天后料温可达50℃以上。此时可揭膜翻堆，翻堆时应注意上、下、内外翻匀。当料温达到65℃时，每天翻1次，连续翻堆3～4次，当料面长满白色放线菌丝，培养料呈浅褐色，拌有香味，且料无酸、无臭、无虫，含水量合适时将料扒开降温。

10. 栽培方法

10.1　塑料袋栽培

10.1.1　早秋塑料袋栽培：选用24～26厘米×48～50厘米，厚0.015毫米的低压聚乙烯料筒，分2～3层接种，接种1天后在袋两头刺孔透气（也可接种时，在袋两头加通气塞）。

10.1.2 冬季塑料袋栽培：选用 26～28 厘米×53～55 厘米，厚 0.015 毫米的低压聚乙烯料筒分 3～4 层接种，接种 3 天后在袋两头刺孔透气（也可接种时，在袋两头加通气塞）。

10.2 平面栽培

主要应用于冬季栽培。将料铺成 80 厘米宽、12 厘米高的畦，分两层接种，第一层当料厚约 5 厘米时在边缘部分接种；第二层在料面表面接种，接种后拍实，用塑料地膜盖好。

11. 发菌管理

11.1 温度

菌丝生长温度一般在 2～33℃，最适温度 20～25℃，耐高温不超过 35℃，温度低于 18℃，菌丝生长慢，但菌丝粗壮有力，种植成功率高。

11.2 湿度

菌丝生长期间要求发菌场地空气湿度在 70%～75%。

11.3 空气

菌丝生长期间要求发菌场地空气通畅，不得有异味。

11.4 光线

菌丝生长期间要求发菌场地光线越暗越好，光线越暗菌丝生长越壮且白。

12. 出菇管理

12.1 温度

12.1.1 早秋栽培：出菇温度一般在 10～30℃，最适温度 15～25℃，昼夜温差越大（温差大于 8℃）越有利于出菇。

12.1.2 冬季栽培：出菇温度一般在 5～25℃，最适温度 8～18℃，昼夜温差越大（温差大于 8℃）越有利于出菇。

12.2 湿度

出菇期间要求出菇场地空气湿度在 85%～90%；湿度高于 95% 易引起平菇病害，湿度低于 80% 易造成减产。

12.3 空气

平菇属好氧型真菌，出菇期间要求出菇场地空气通畅，不得有异味。

12.4 光线

出菇期间要求足够的散射光，一般要求出菇场地三分阳七分阴。

13. 病虫害防治

13.1 主要病虫害

13.1.1 主要病害：主要病菌有木霉、青霉、曲霉、毛霉、根霉、链孢霉、酵母菌、细菌。

13.1.2 主要虫害：主要虫害有菌蚊、瘿蚊、菇蝇、跳虫。

13.2 防治原则

按照"预防为主、综合防治"的植保方针，坚持以"农业防治、物理防治为主，化学防治为辅"的原则，进行无公害生产。

13.2.1　农业防治

13.2.1.1　抗病品种：针对当地生产主要病害，选用高抗多抗品种。

13.2.1.2　创造适宜的生育环境条件：出菇期间注意控制好出菇场地温度、空气湿度，保证出菇场地良好的通风条件，避免高温和高湿形成病害；及时清除菇根和死菇、烂菇、病菇，避免侵染性病害发生。

13.2.1.3　耕作改制：与当地农作物进行轮茬种植，要求每3～5年轮1次茬（注：有条件的最好2～3年轮1次茬）。

13.2.2　物理防治

13.2.2.1　设施防护：在通风口用防虫网封闭，减轻病虫害的发生。

13.2.2.2　杀虫灯诱杀害虫：利用频振杀虫灯、黑光灯、高压汞灯、双波灯诱杀害虫。

13.2.3　化学防治

13.2.3.1　主要病虫害的药剂防治

13.2.3.1.1　菌丝生长期真菌性病害：木霉、青霉、曲霉、毛霉、根霉病发生后，场地喷洒1 000倍50%多菌灵，也可喷洒800倍克霉灵（二氯异氰尿酸钠）；袋内在有木霉、青霉、曲霉、毛霉、根霉污染的地方注射300～500倍万菌消（稳定性二氧化氯）。

13.2.3.1.2　锈斑病：首先立即将初感病的平菇子实体清除，并立即停止洒水，加强通风，降低菇房内空气湿度到90%以下，喷洒300倍克霉灵，也可喷洒200～300倍的万菌消（稳定性二氧化氯）。

13.2.3.1.3　细菌性腐烂病：每次洒水后注意通风，使菇房内空气湿度不超过90%，并防止将水直接洒在平菇子实体上。发生病害后，立即将初感病的平菇子实体清除，喷洒200～300倍的万菌消（稳定性二氧化氯）＋200单位/毫升的链霉素或细菌立灭（三氯异氰尿酸钠）。发病严重的要每隔2～3天进行一次场地全面消毒。

13.2.3.1.4　菌蚊：菌丝生长期间，菌袋内发生虫害，可以将有虫的菌袋集中，向袋内注射800～1 000倍的敌敌畏，也可用菇虫一熏净按照30～40立方米/30克剂量密封熏蒸；出菇前发生，场地喷洒800～1 000倍的敌敌畏；出菇后发生虫害，应在采过菇后，场地喷洒2 000～2 500倍的20%杀灭菊酯，也可喷洒800～1 000倍的敌菇虫（阿维）。

13.2.3.1.5　瘿蚊：防治方法基本同菌蚊。

13.2.3.1.6　菇蝇：防治方法基本同菌蚊。

13.2.3.1.7　跳虫：出菇前发生，用1：500倍敌敌畏喷洒或用1：1 000倍加少量蜜糖诱杀；喷洒0.1%鱼藤精或1：150～1：200倍的除虫菊酯。

13.2.3.2　化学防治安全用药标准：平菇属连续多次采收食用菌，为保证产品使用安全、无公害，在施用农药时应做到以下要求：严格按照安全间隔期、浓度、施药方法用药；要避免采收时间施药，应先采收、后施药；采收前7天严禁使用化学杀虫剂，交替轮换用药，要尽量交替使用不同类型的农药，防治病虫害。

13.2.3.3　禁止使用的剧毒、高毒农药：生产上禁止使用甲胺磷、甲基对硫磷、对硫磷、久效磷、磷胺、甲拌磷、甲基异柳磷、特丁硫磷、甲基硫环磷、治螟磷、内吸磷、克百威、涕灭威、灭线磷、硫环磷、蝇毒磷、地虫硫磷、氯唑磷、苯线磷等剧毒、高毒农药。

附录 A：（资料性附录）
平菇种植历

发育阶段	时间	技术措施	主要病虫害	主要病害防治技术
菌种培养	6 月上、中旬至 12 月上旬	1. 原种：采用麦粒菌种 2. 栽培种：棉籽壳 96%、石膏 2%、石灰 2%，另加入 0.2% 微肥		
配料发酵	7 月中、下旬至翌年 1 月上旬	1. 配料：按照培养料配方进行配料 2. 加水、建堆发酵，按照 1 : 1.4 加水，建堆发酵 6 ~ 7 天，温度达到 60 ~ 65℃，每天翻一次堆料，连续翻 4 ~ 5 次。料变成咖啡色，疏松柔软有弹性，伴有香味	霉菌 菌蝇 螨虫	1. 加入 0.1% 的多菌灵或 0.1% 的克霉灵防治霉菌 2. 喷洒 1 : 800 倍敌敌畏
装袋播种	7 月下旬至翌年 1 月上、中旬	1. 塑料袋：选用 24 ~ 26 厘米 × 48 ~ 53 厘米，厚 0.015 毫米的低压聚乙烯料筒 2. 播种：分 2 ~ 3 层接种，接种 1 ~ 3 天后在袋两头刺孔透气	霉菌 菌蝇 螨虫	1. 检查料中水分达到 65% 2. 植前检查料中是否有菌蝇和螨虫 3. 有虫类危害的一定要喷洒 1 : 800 倍敌敌畏或虫螨净
菌丝生长期	7 月下旬至翌年 2 月下旬	1. 播后 3 天及时检查定植情况 2. 料温最适 22 ~ 23℃，不超过 35℃ 3. 场地空气湿度在 70% ~75% 4. 场地空气通畅，不得有异味 5. 场地光线越暗菌丝生长越粗壮	绿霉菌 菌蝇 螨虫	1. 检查料中是否有菌蝇和螨虫，有虫类危害的一定要喷洒 1 : 1 000 倍杀灭菊酯或虫螨净 2. 检查料中是否有霉菌污染，清除污染料，喷洒万菌消后撒石灰封闭
出菇期	8 月中旬至翌年 5 月下旬	1. 菇房温度控制在 5 ~30℃，最高不超过 35℃；料温控制在 5 ~28℃，以 18 ~22℃ 左右为最佳 2. 菇房相对湿度保持在 90% 左右 3. 场地空气通畅，不得有异味 4. 场地光线：三分阳七分阴	菌蝇 菌蚊 锈斑病 褐斑病	1. 有虫类危害的一定要喷洒 1 : 1 000 倍杀灭菊酯或虫螨净 2. 锈斑病、褐斑病可喷洒 200 ~ 300 倍的万菌消 + 农用链霉素（细菌立灭）

发育阶段	时间	技术措施	主要病虫害	主要病害防治技术
采摘期	8月中、下旬至翌年5月底	1. 水分管理：平菇越多喷水越多，每潮菇在采收高峰期前喷较多的水，其后少喷水或不喷水 2. 通风、湿度管理：每潮菇前期通风量适当加大，但需保持菇房相对湿度90%左右，后期适当减少通风，但要保持有足够的湿度 3. 采收标准：平菇以7~8成熟采收，菇盖边沿不得翻卷 4. 追肥：出每茬菇时，为了增产可以喷洒微肥（磷酸二氢钾、三十烷醇）		收获前7天停止使用化学杀虫剂

第二十八节　香菇生产技术规程

1. 范围

本标准规定了无公害食品香菇生产的环境条件、工艺流程、栽培措施、采收和病虫害防治技术规程。

本标准适用于开封地区大棚无公害香菇的生产。

2. 规范性引用文件

下列文件中的条款通过本标准的引用而成为本标准的条款。凡是注日期的引用文件，其随后所有的修改单（不包括勘误的内容）或修订版均不适用于本标准，然而，鼓励根据本标准达成协议的各方研究是否可使用这些文件的最新版本。凡是不注日期的引用文件，其最新版本适用于本标准。

NY/T 528—2002　　　　食用菌菌种生产技术规范

NY 5010—2002　　　　无公害食品　蔬菜产地环境条件

NY 5099—2002　　　　无公害食品　食用菌栽培基质安全技术要求

GB 4285—1989　　　　农药安全使用标准

GB/T 8321（所有部分）　农药合理使用准则

NY/T 496—2002　　　　肥料合理使用准则　通则

GB/T 4456—1996　　　　包装用聚乙烯吹塑薄膜

NY/T 5333—2006　　　　无公害食品　食用菌生产技术规范

NY 5095—2006　　　　无公害食品　食用菌

3. 术语和定义

下列术语和定义适用于本标准。

3.1 无公害香菇

产地环境条件清洁，按照特定技术操作规程生产，限量限时使用化学合成生产资料，将有害物质控制在标准范围内，经专门机构认定并许可使用无公害香菇产品标准的安全优质产品。

3.2 栽培种

由原种移植、扩大培养而成的菌丝体纯培养物，常以玻璃瓶或塑料袋为容器，栽培种只能用于栽培，不可再次扩大繁殖菌种。

3.3 日光温室

由采光和保温维护结构组成，以塑料薄膜为透明覆盖材料，东西向延长，在寒冷的季节主要依靠获取和蓄积太阳辐射能进行秋香菇生产的单栋温室。跨度 7 ~ 9 米，脊高 2.8 ~ 3.3 米，长度 30 ~ 60 米。

3.4 塑料大棚

采用塑料薄膜覆盖的拱圆形棚，其骨架常用竹、木或复合材料制成，在夏季适当采取遮阴降温措施可用于夏香菇生产的单栋大棚。顶高 2.5 ~ 3 米，跨度 6 ~ 9 米，长度 30 ~ 60 米。

4. 栽培环境条件

4.1 栽培环境条件

应符合《NY 5010—2002 无公害食品 蔬菜产地环境条件》要求。栽培场地应选择地势较高，背风向阳，近水源，卫生条件良好的环境，禁止与化工厂、污水沟、煤矿等靠近，防止造成环境污染。

4.2 菇房

积极推广设施栽培，如：塑料温室、塑料大棚等栽培模式。

4.2.1 日光温室菇房：菇房坐北朝南稍偏东，顶高 2.8 ~ 3.3 米，宽 7.5 ~ 9.0 米，长 30 ~ 60 米，具备门、通风口等通风装置，能遮光、保湿、保温。

4.2.2 塑料大棚菇房：菇房南北走向，顶高 2.5 ~ 3 米，宽 6 ~ 9 米，长 30 ~ 60 米，具备门、通风口等通风装置，能遮光、保温、保湿。

4.3 基质

基质原料、化学添加剂种类和用量、用水质量及基质处理方法，应符合《NY 5099—2002 无公害食品 食用菌栽培基质安全技术要求》的规定。

4.3.1 杂木屑：主要采用栓皮栎、麻栎、苹果、鹅耳枥等硬杂木树种。要求木屑颗粒粗细在 5 毫米左右，新鲜、干燥，色泽正常，无霉烂、无结块、无异味、没有混入有毒有害物质。

4.3.2 麦麸、白糖、石膏：应符合《NY 5099—2002 无公害食品 食用菌栽培基质安全技术要求》的规定。

4.3.3 塑料薄膜：按《GB/T 4456—1996 包装用聚乙烯吹塑薄膜》要求。

4.3.4 气雾消毒盒：按各生产企业自定的企业标准。

4.3.5 菌种：常用品种有春香菇为 931、武香 1 号等；秋香菇为 L26，申香 8 号等。

5. 生产工艺流程

备料→配料→拌料→装袋→扎口→灭菌→冷却→接种→培养→脱袋→保湿→菌丝转白→倒伏转色→温差刺激→催蕾→通风控湿→采收→养菌→注水→温差刺激→催蕾（重复出菇和采收管理）。

5.1. 秋菇（当年8月至翌年6月）

备料（6～7月）→菇房修建和消毒（7～8月）→拌料装袋（8月10日至9月20日）→灭菌接种（8月10日至9月20日）→发菌管理（8月10日至11月10日）→转色脱袋（10月1日至11月10日）→催蕾（10月20日至翌年1月10日）→出菇管理（11月1日至翌年6月20日）→采收（11月10日开始采收，翌年6月上中旬结束）。

5.2 春菇（当年12月至翌年10月）

备料（11～12月）→菇房修建和消毒（9～10月）→拌料装袋（12月1日至翌年3月底）→灭菌接种（12月1日至翌年3月底）→发菌管理（12月1日至翌年5月1日）→转色脱袋（翌年5月1日至5月20日）→催蕾（翌年5月20日至6月10日）→出菇管理（翌年6月1日至10月1日）→采收（翌年6月10日开始采收，10月上中旬结束）。

6. 生产技术管理

6.1 菌棒制作

6.1.1 配方：木屑（栎树或果树木屑）70%～80%、棉籽壳10%～15%、麸皮10%～15%、石膏1%、白糖1%。料：水=1：（0.8～0.9）。

6.1.2 配料：上述各种原料要称量准确，反复搅拌均匀，加水量视料的质量、天气情况等适当增加或减少。如晴天风大适当多些，阴天、雨天适当少些。

6.1.2.1 干拌：将木屑、麦麸、石膏等原辅料在未加水之前均匀搅拌2～3次。

6.1.2.2 湿拌：糖先溶于水，按用水量稀释，泼入料内搅拌均匀，调节含水量在60%左右。

6.1.3 装袋：使用内袋15厘米×52厘米～55×0.05毫米、外袋17厘米×55厘米～60×0.01毫米的低压高密度聚乙烯筒袋，用装袋机装袋。要求装料紧实、均匀，两端扎口，料筒湿重1.4～1.8千克。

6.1.4 灭菌：常压灭菌炉灶内料温达100℃保持14～16小时，高压灭菌0.15个大气压，126℃，保持3～4小时。

6.1.5 冷却：消毒后在冷却室冷却至28℃以下。

6.1.6 接种：接种箱装入料段和菌种等→接种箱空间气雾消毒→料段表面酒精消毒→打孔→接种→套袋→培养室培养。

6.2 发菌管理

6.2.1 培养场所：要求干燥、洁净、通风良好，避免直射光。

6.2.2 培养条件：控制培养温度为23～25℃，适时、适量通风。

6.2.3 检查成活率与污染率：在料段接种后4～7天进行，以后结合翻堆，每周检查1次。

6.2.4　刺孔通气与翻堆：接种后第 10 ~ 15 天适时、适量刺孔通气，气温 20℃以下，堆形井字型，每层 3 ~ 4 筒；气温 25℃以上，堆形三角形，每层 3 筒。菌丝长满全段后再扎孔一次，孔数 60 ~ 80 眼，深 2.5 厘米左右。

6.3　菌段成熟标准

6.3.1　培养期：常规品种 60 ~ 80 天。

6.3.2　目测指标：菌段表面已有 70% ~ 80% 转为褐色，有黄水出现，木屑米黄色，有香菇特有气味。

6.3.3　手感：手压菌段表面具有弹性，并有瘤状物突起。

6.4　出菇管理

6.4.1　阳畦设计：阳畦宽 1.5 米，高 20 厘米，长度不限，畦与畦之间留 40 厘米距离做通道，在畦的两旁插上 50 厘米高的小木桩，地面留 30 厘米，每隔 2 米插 1 个小桩，木桩上按畦的长度固定一根小木杆，在小木杆上以间距 20 厘米放一根竹竿（或铁丝或尼龙绳）两端固定在小木杆上。

6.4.2　基本设备和用具：喷雾器，干湿温度计，注水器，储水装置，割袋刀等。

6.4.3　脱袋转色管理：脱袋→保湿→菌丝转白→倒伏转色。

6.4.4　转色标准：菌被棕褐色、均匀、有弹性。

6.4.5　水分管理：全过程保持水分干湿交替管理。脱袋模式的菌段喷水易分散出菇，浸水易成批出菇。春节前多采用喷水方法管理。春节后多用浸水方法管理。

6.4.6　通风管理：保持通风、空气新鲜。

6.4.7　光线管理：保持遮阳度 70% 左右，夏季遮阳度增加，冬季遮阳度减少。

7.　采菇

采菇时一手按住菌袋，一手捏菇柄基部，先左右摇动，再向上轻轻拔起。注意不要把菇根留在菌袋上，这样容易引起菌袋腐烂感染杂菌，也不要带起大块培养料，不然会损坏菌袋菌膜造成创伤变形，影响下茬菇蕾形成。要采大留小，不碰伤周围小菇蕾，采下的鲜菇要装在竹筐、塑料筐等硬质容器里，不要装在布袋、编织袋里，防止相互挤压损伤。分拣及切根时，手指要捏住菇柄，不要捏菇盖，否则菇盖易变色，影响菇质。

8.　病虫害防治

8.1　防治原则

坚持预防为主，重点抓好菇房消毒、培养料发酵、覆土材料和器具消毒。药剂防治贯彻执行《GB 4285—1989 农药安全使用标准》和《GB/T 8321（所有部分）农药合理使用准则》的规定。

8.2　预防措施

8.2.1　菇房清理、消毒：新建菇房或旧有菇房都必须进行一次消毒，以减少潜伏的病虫危害。消毒前将门窗、墙壁、房顶、裂缝、破洞等一切可能漏气的地方用砖石、泥浆、塑料薄膜封盖至农药不外溢。消毒时按照每 100 平方米种植面积，用 100 毫升敌敌畏和 500 克甲醛水溶液加水 5 千克，加热熏蒸进行消毒，或用甲醛 2 千克、高锰酸钾 0.5 千克，熏蒸消毒，或用 100 ~ 300 倍的农尔乐溶液喷洒消毒。密封 24 小时后打开门窗通风

3～5 小时。

8.2.2　器具消毒：菌种瓶瓶身、瓶口及接种人员的手等均应用 0.1% 高锰酸钾或 100～300 倍农尔乐液洗涤消毒。

8.3　防治方法

8.3.1　主要病虫害种类

8.3.1.1　主要病害：木霉、链孢霉、青霉、根霉、毛霉和疣孢霉等。

8.3.1.2　主要虫害：菇蚊、菇蝇和螨虫等。

8.3.2　病虫害防治

8.3.2.1　病害防治：挖除染有杂菌的培养料，再撒生石灰粉覆盖病区，挖掉的培养料要远离菇房深埋。

8.3.2.1.1　木霉防治：在菌丝培养、转色和出菇阶段均应防止高温高湿，创造通风干燥的生态环境。在非出菇时，使用高效低毒农药托布津防治，浓度为 1∶500。

8.3.2.1.2　链孢霉：培养场所温度在 23～25℃，空气相对湿度在 60%～70%。发现感染及时隔离，并用湿报纸包裹后拿出填埋处理。

8.3.2.1.3　烂筒综合防治：选择夏季最高气温不超过 30℃ 的地方为最适栽培地，具有与栽培数量相应的菌段培养场所，并有通风设备条件，及时排除黄水，防止积水造成烂筒。

8.3.2.2　虫害防治：栽培场四周用塑料网隔离，防止蚊蝇进入；用布条沾敌敌畏挂在栽培场空间驱赶，不许直接向菇体喷洒杀虫剂，农药使用按《GB 4285—1989 农药安全使用标准》执行。

8.3.2.2.1　螨类：选用 1.8% 阿维菌素或 73% 可螨特 2 000 倍液。

8.3.2.2.2　菇蚊、菇蝇：出菇间隙或菇采净后，选用 2.5% 溴氰菊酯 2 500 倍，除虫脲 2 000 倍或 90% 敌百虫 800 倍进行喷雾。

8.3.2.2.3　线虫：5% 食盐水，或 1%～2% 的石灰水喷雾，或用 1% 冰醋酸，或 25% 米醋，或 0.1%～0.2% 碘化钾喷雾。

8.3.2.2.4　蛞蝓：5% 盐水滴杀。

8.3.2.2.5　跳虫：0.4% 敌百虫，或 80% 敌敌畏 500 倍液喷雾。

第二十九节　双孢蘑菇生产技术规程

1. 范围

本标准规定了无公害食品双孢蘑菇的产地环境要求和生产管理措施。

本标准适用于开封市无公害食品双孢蘑菇早秋、冬季生产。

2. 规范性引用文件

下列文件中的条款通过本标准的引用而成为本标准的条款。凡是注日期的引用文件，其随后所有的修改单（不包括勘误的内容）或修订版均不适用于本标准，然而，鼓励根据本标准达成协议的各方研究是否可使用这些文件的最新版本。凡是不注日期的引用文件，其最新版本适用于本标准。

NY/T 528—2002　　　食用菌菌种生产技术规程
NY 5010—2002　　　无公害食品　蔬菜产地环境条件
NY 5099—2002　　　无公害食品　食用菌栽培基质安全技术要求
GB 4285—1989　　　农药安全使用标准
GB/T 8321（所有部分）农药合理使用准则
NY/T 496—2002　　　肥料合理使用准则　通则
NY/T 5333—2006　　　无公害食品　食用菌生产技术规范
NY 5095—2006　　　无公害食品　食用菌

3. 产地环境

符合《NY 5010—2002　无公害食品　蔬菜产地环境条件》要求，地势平坦，排灌方便，地下水位较高的地块。

4. 栽培季节

4.1　秋季种植

5月上旬繁育母种，5月底至6月底繁育原种，6月底至7月底繁育栽培种，8月中、下旬至9月上、中旬均可点播菌种，10月上、中旬开始采收，10月中、下旬至11月上、中旬均是产量高峰期，全生育期120天左右。主要供应早秋和翌年的初冬市场（附录B）。

4.2　春季种植

8月下旬繁育母种，9月上旬繁育原种，10月中旬至12月中旬繁育栽培种，11月下旬至翌年2月上旬均可连续点播菌种，翌年的2月下旬至6月初均可连续采收，翌年3月中、下旬至5月上旬均是产量高峰期，全生育期120天左右。主要供应冬秋和翌年的春季市场（附录A）。

5. 栽培品种

种植品种以2796、新选2796为主。

6. 菌种培养

6.1　母种培养

采用普通PDA培养基+麦汁做培养基，温度在22～23℃培养10～15天。

6.2　原种培养

以麦粒培养基为主，即麦粒+5%～8%腐熟牛粪。

6.3　栽培种培养

以麦粒培养基为主，即麦粒+5%～8%腐熟牛粪。

7. 栽培料配方

7.1　配方1

60%麦秸（稻草）、24%牛（马）粪、10%鸡粪、1.5%硫酸钙、尿素0.1%、2%～3%过磷酸钙、1.5%石膏、0.05%克霉灵、另注意加入2%石灰调节料的酸碱度。

7.2　配方 2

60% 玉米秸秆、20% 牛（马）粪、15% 鸡粪、尿素 0.1%、2% 过磷酸钙、1% 石膏、0.05% 克霉灵、另注意加入 2% 石灰调节料的酸碱度。

7.3　配方 3

90% 稻草、1% ~2% 尿素、4% 过磷酸钙、2% 硫酸铵、1% 石膏粉、2.5% ~3% 石灰、0.05% 克霉灵、另加入 0.2% 的微肥。

7.4　配方 4

90% 棉籽壳、5% 麸皮、5% 豆饼、1% 尿素、1% 硫酸铵、1% 石膏、2% 石灰、0.05% 克霉灵。

8.　栽培场地消毒

栽培场地的消毒要采用石灰消毒法 + 化学消毒法（或高温消毒法）。

8.1　石灰消毒法

待秋季或春节种植的双孢蘑菇采收结束后，首先，将种植棚上面塑料布和覆盖物去掉，通过春、夏两季风吹雨淋和太阳暴晒对种植场所消毒；其次，在种植秋季、春节双孢蘑菇前，将种植场所普撒一层约 0.3 厘米厚的生石灰。

8.2　化学消毒法

在种植秋季、春季双孢蘑菇前，将种植场所密封后喷洒场地消毒剂（300 ~500 倍农尔乐，也可用 300 ~500 倍万菌消）+ 杀虫剂（800 倍敌敌畏或杀灭菊酯，也可用 800 倍敌菇虫—熏净熏蒸），进行杀菌、杀虫消毒。

8.3　高温消毒法

种植前，将种植场所密封后利用太阳能和加温方法，使种植场所温度达到 55 ~60℃，持续 2 天，然后将温度降到 50 ~52℃持续 3 天即可。

9.　栽培料处理

9.1　一次发酵栽培

9.1.1　堆制要求：堆制顺序、时间间隔、添料顺序应遵循表 5 –9 的要求。

表 5 –9　双孢蘑菇栽培料堆制

堆制顺序	时间间隔（天）	添料程序
预堆	2	主料、粪、豆饼粉、石膏粉、石灰
建堆	6	尿素
第一次翻堆	6	碳酸铵、过磷酸钙
第二次翻堆	5	磷酸钙
第三次翻堆	4	石灰粉
第四次翻堆	3	石灰粉

9.1.2　堆料发酵

9.1.2.1　预堆：主料用清水预温，均匀撒上 1.5% 石灰，堆踏实，干粪碾碎并均匀拌入豆饼粉，加清水预湿。

9.1.2.2　建堆：底层铺 15~20 厘米厚的湿栽培料，宽度 1.6~1.8 米，交替铺上牛粪和栽培料，每层高 15 厘米左右，层数 10~12 层，一直堆到高 1.4~1.5 米，铺好栽培料和干粪必须均匀，从第二层起开始均匀加入辅料，并逐层增加水量，水分掌握在堆好后有少量水流出为准。建好堆后，上面盖塑料膜保温保湿，但注意塑料膜不要盖严，以免形成厌氧发酵。

9.1.2.3　翻堆：翻堆应上下里外，生料熟料相应调位，各种辅料按顺序均匀加入。石灰水调节水分应掌握用手捏有 5~6 滴水滴，pH 值 7.5~8.0。料堆宽度应逐次适当缩小，高度不变。第四次翻堆应使栽培料均匀混翻。按常规方法发酵约 25 天即可，这时栽培料由白或浅黄色变成咖啡色，料疏松柔软有弹性，伴有香味，即可种植。

9.2　二次发酵栽培

9.2.1　前发酵

9.2.1.1　堆制要求：堆制顺序、时间间隔、添料顺序应遵循表 5-10 的要求。

表 5-10　双孢蘑菇二次发酵栽培料堆制

堆制顺序	时间间隔（天）	添料程序
预堆	2	主料、粪、豆饼粉、石膏粉、石灰
建堆	3	尿素
第一次翻堆	3	碳酸铵、过磷酸钙
第二次翻堆	3	磷酸钙
第三次翻堆	2	石灰粉

9.2.1.2　堆料发酵

9.2.1.2.1　预堆：栽培料用清水预温，均匀撒上 1.5% 石灰，堆踏实，干粪碾碎并均匀拌入豆饼粉，加清水预湿。

9.1.2.2.2　建堆：底层铺 15~20 厘米厚的湿栽培料，宽度 1.6~1.8 米，交替铺上牛粪和栽培料，每层高 15 厘米左右，层数 10~12 层，一直堆到高 1.4~1.5 米，铺好栽培料和干粪必须均匀，从第二层起开始均匀加入辅料，并逐层增加水量，水分掌握在堆好后有少量水流出为准。

9.1.2.3　翻堆：翻堆应上下里外，生料熟料相应调位，各种辅料按顺序均匀加入。石灰水调节水分应掌握用手捏有 5~6 滴水滴，pH 值 7.5~8.0，料堆宽度应逐次适当缩小，高度不变。第三次翻堆应使栽培料均匀混翻。

9.2.2　后发酵

9.2.2.1　进料：把经前发酵的培养料迅速搬进菇房，堆放于中间三层床架上，厚度自上而下递增（30 厘米、33 厘米、36 厘米）。

9.2.2.2　后发酵：培养料进房后适当关闭门窗，让其自然升温，并加入蒸气，使室内气温达 60~62℃，料温不超过 60℃，保持 6~8 小时，进行巴氏灭菌。然后进行通风，慢慢使温度下降到 50~52℃，再养 4~6 天。

10. 栽培

10.1　菇房进料

10.1.1　防虫、杀菌处理：主要指采用一次发酵的料，首先在进菇房前进行一次杀虫、杀菌处理。即发酵好的培养料在运进菇房前一天进行翻堆，翻堆后在料堆表面喷洒 800~1 000 倍的敌敌畏，或 2 000~2 500 倍的 20% 杀灭菊酯和 800 倍克霉灵，喷洒后在盖塑料膜闷熏 24 小时。

10.1.2　床架铺料：将处理好的料堆在床架上摊开，铺成宽 80 厘米、厚度为 25~35 厘米的龟背状上长畦。

10.2　播种

10.2.1　播种量：按照 1.5~2 瓶/平方米进行播种。

10.2.2　播种方法：先在料面按"品"字形打穴，穴深 3~5 厘米，穴距 8~10 厘米，再将菌种点播到穴中（占 50% 的播量），将剩下的菌种撒播在料表面，然后再铺上一薄层料，用木板拍平。

10.2.3　及时补种：菌种播后 3 天及时检查定植情况，如有个别菌种不萌发的，要剔除不萌发菌种块并及时补种，同时，检查是否有杂菌出现，可去掉杂菌污染料，撒生石灰粉进行封闭。

11. 发菌管理

11.1　温度
菌丝生长温度一般在 10~25℃，最适温度 22~23℃，不超过 28℃。

11.2　湿度
菌丝生长期间要求发菌场地空气湿度在 70%~75%。

11.3　空气
菌丝生长期间要求发菌场地空气通畅，不得有异味。

11.4　光线
菌丝生长期间要求发菌场地光线越暗越好，光线越暗菌丝生长越白、越粗壮。

12. 覆土

12.1　土的选择
较理想的覆土是草炭土，也可选择未施过蘑菇废料的稻田、菜园底土（底土主要指 30 厘米以下的土）、河泥、塘泥。标准是有一定的黏度、团粒结构好，泥块空袭多、透气性好，有较强的持水性，含有一定的腐殖质（5%~10%）。

12.2　覆土处理
要求在夏种前取土，到夏季烈日晒白后储存，防止受潮。覆土前每立方米土用 5% 甲醛溶液 10 千克喷洒，然后用塑料薄膜密封 24 小时，最后拌入 1% 石灰粉，粒度 1.5 厘米，调湿均匀，手捏成团，掉地能散，一次性湿覆。

12.3　覆土时间
菌丝长至培养料的 2/3 厚度时即可覆土。

12.4 覆土厚度

3.5~4厘米，厚度均匀一致，平整。

13. 出菇管理

13.1 水分管理

菇房相对湿度保持在90%左右，待土缝中刚见到菇蕾钉头大小时，喷结菇水，以土层吸足水分不漏料为准，不让菌丝向土层上冒；当土缝中出现黄豆大小的菇蕾后，喷出菇水水量要适当增加。

13.2 温度管理

菇房温度控制在15~28℃，最高不超过30℃；料温控制在15~25℃，以20℃左右为最佳。

13.3 通风管理

通风管理应与水分管理配合进行，在调水期间，适当增加通风量。但当水分调足后通风量应减少，以利菌丝爬在土粒之间。在喷洁菇水的同时，通风量比平时大3~4倍，遇气温高于22℃时，适当增加通风量，通风时间安排晚间进行，并推迟喷结菇水。

14. 采收期管理

14.1 水分管理

喷水量是视菇量和气候具体掌握，一般蘑菇越多喷水越多，每潮菇在采收高峰期前喷较多的水，其后少喷水或不喷水，晴天多喷，阴天少喷，北风天多喷，南风天少喷。

14.2 通风管理

每潮菇前期通风量适当加大，但需保持菇房相对湿度90%左右，后期适当减少通风（春菇可加大通风量）。气温高于20℃时，应在早晚或夜间喷水，气温低于15℃时，应在中午通风喷水。

14.3 菇床整理和补土

采菇期间应及时补土，保持床面平整，及时清除菇脚、死菇、老根。

15. 采收要求

15.1 采收标准

当子实体长到标准大小（3.5~4厘米）未成薄菇时采收，柄细盖薄在菇盖2~3厘米时就要及时采收，菇房温度在18℃以上，出菇密度大的要提早采收。

15.2 采收方法

要避免带动周围小菇，采摘时应随采随切柄，切口平整，不带泥根杂和严防污染。

15.3 选点收购

不得用编织袋装运蘑菇，每件装量不得超过15千克，运输时，一定要用纱布等包好，严防公路灰尘污染，途中要防止挤压等机械损伤。

16 病虫害防治

16.1 主要病虫害

16.1.1　主要病害：主要病菌有木霉、青霉、曲霉、毛霉、根霉、链孢霉、酵母菌、细菌。

16.1.2 主要虫害：主要虫害有菌蚊、瘿蚊、菇蝇、跳虫。

16.2 防治原则

按照"预防为主、综合防治"的植保方针，坚持以"农业防治、物理防治为主，化学防治为辅"的原则，进行无公害生产。

16.2.1 农业防治

16.2.1.1 抗病品种：针对当地生产主要病害，选用高抗多抗品种。

16.2.1.2 创造适宜的生育环境条件：出菇期间注意控制好出菇场地温度、空气湿度，保证出菇场地良好的通风条件，避免高温和高湿形成病害，及时清理菇根和死菇、烂菇、病菇，避免侵染性病害发生。

16.2.1.3 耕作改制：与当地农作物进行轮茬种植，要求每 3~5 年轮 1 次茬（注：有条件的最好 2~3 年轮 1 次茬）。

16.2.2 物理防治

16.2.2.1 设施防护：在通风口用防虫网封闭，减轻病虫害的发生。

16.2.2.2 杀虫灯诱杀害虫：利用频振杀虫灯、黑光灯、高压汞灯、双波灯诱杀害虫。

16.2.3 化学防治

16.2.3.1 主要病虫害的药剂防治

16.2.3.1.1 菌丝生长期真菌性病害：木霉、青霉、曲霉、毛霉、根霉病发生后，场地喷洒 1 000 倍 50% 多菌灵，也可喷洒 800 倍克霉灵（二氯异氰尿酸钠）；料面有木霉、青霉、曲霉、毛霉、根霉污染的地方喷洒 300~500 倍万菌消（稳定性二氧化氯）。

16.2.3.1.2 锈斑病：首先立即将初感病的双孢蘑菇子实体清除，并立即停止洒水，加强通风，降低菇房内空气湿度到 90% 以下，喷洒 300 倍克霉灵，也可喷洒 200~300 倍的万菌消（稳定性二氧化氯）。

16.2.3.1.3 细菌性腐烂病：每次洒水后注意通风，使菇房内空气湿度不超过 90%，并防止将水直接洒在双孢蘑菇子实体上。发生病害后，立即将初感病的双孢蘑菇子实体清除，喷洒 200~300 倍的万菌消（稳定性二氧化氯）+200 单位/毫升的链霉素或细菌立灭（三氯异氰尿酸钠）。发病严重的要每隔 2~3 天进行一次场地全面消毒。

16.2.3.1.4 菌蚊：菌丝生长期间，料内发生虫害，向料面注射 800~1 000 倍的敌敌畏，也可用菇虫一熏净按照 30~40 立方米/30 克剂量密封熏蒸；出菇前发生，场地喷洒 800~1 000 倍的敌敌畏；出菇后发生虫害，应在采过菇后，场地喷洒 2 000~2 500 倍的 20% 灭菊酯，也可喷洒 800~1 000 倍的敌菇虫（阿维）。

16.2.3.1.5 瘿蚊：防治方法基本同菌蚊。

16.2.3.1.6 菇蝇：防治方法基本同菌蚊。

16.2.3.1.7 跳虫：出菇前发生，用 1:500 倍敌敌畏喷洒，或用 1:1 000 倍少量蜜糖诱杀；喷洒 0.1% 鱼藤精，或 1:150~1:200 倍的除虫菊酯。

16.2.3.2 化学防治安全用药标准：双孢蘑菇属连续多次采收食用菌，为保证产品食用安全、无公害，在施用农药时应遵循以下要求：严格按照安全间隔期、浓度、施药方法用药；要避开采收时间施药、应先采收、后施药；采收前 7 天严禁使用化学杀虫剂，交替轮换用药，要尽量交替使用不同类型的农药，防治病虫害。

16.2.3.3　禁止使用的剧毒、高毒农药：生产上禁止使用甲胺磷、甲基对磷酸、对磷酸、久效磷、磷胺、甲拌磷、甲基异柳磷、特丁硫磷、甲基硫环磷、治磷、内吸磷、克百威、涕灭威、灭线磷、硫环磷、蝇毒磷、地虫硫磷、氯唑磷、苯线磷等剧毒、高毒农药。

附录A：（资料性附录）
双孢蘑菇（春节）种植历

发育阶段	时间	技术措施	主要病虫害	主要病害防治技术
培养料发酵期	11月上、中旬至12月上旬	1. 备料建堆：按照培养料配方备料、加水、建堆、发酵 2. 要求：料发酵温度达到60～65℃，一次性发酵25天，翻堆5～6次 3. 发酵好的料标准：料由白或浅黄色变成咖啡色，料疏松柔软有弹性，伴有香味	绿霉菌菌蝇螨虫	1. 加入0.1%的多菌灵或0.05%的克霉灵防治霉菌 2. 喷洒1:800倍敌敌畏
播种期	12月上、中旬至翌年1月上旬	1. 发酵好的料铺成80厘米宽、30～35厘米厚长畦 2. 按"品"字形打穴，将菌种点播到穴中（占50%的播量），将剩下的菌种撒播在料表面	绿霉菌菌蝇螨虫	1. 种植前检查料中是否有菌蝇和螨虫 2. 有虫类危害的一定要喷洒1:800倍敌敌畏或虫螨净
菌丝生长期	12月中、下旬至翌年2月上、中旬	1. 种播后3天及时检查定植情况 2. 料温最适22～23℃，不超过28℃ 3. 场地空气湿度在70%～75% 4. 场地空气通畅，不得有异味 5. 场地光线越暗菌丝生长越粗壮	绿霉菌菌蝇螨虫	1. 检查料中是否有菌蝇和螨虫，有虫类危害的一定要喷洒1:1000倍杀灭菊酯或虫螨净 2. 检查料中是否有霉菌污染，清除污染料，喷洒万菌消后撒石灰封闭
覆土期	翌年2月中旬至2月下旬	1. 准备好的土每立方米土用5%甲醛溶液10千克喷洒，然后用塑料薄膜密闭24小时，最后拌入1%石灰粉 2. 丝长至培养料的2/3厚度覆土3.5～4厘米，厚度均匀一致	菌蝇螨虫	检查料中是否有菌蝇和螨虫，有虫类危害的一定要喷洒1:1000倍杀灭菊酯或虫螨净
出菇期	翌年3月上旬年5月底	1. 菇房温度控制在15～28℃，最高不超过30℃；料温控制在15～25℃，以20℃左右为最佳 2. 菇房相对湿度保持在90%左右，待土缝中刚见到菇蕾钉头大小时，喷结菇水 3. 场地空气通畅，不得有异味	菌蝇菌虫锈斑病褐斑病	菌蚊喷洒1:1000倍杀灭菊酯或敌菇虫、锈斑病、褐斑病可喷洒200～300倍的万菌消

发育阶段	时间	技术措施	主要病虫害	主要病害防治技术
采摘期	翌年 3 月上旬至 6 月上旬	1. 水分管理：蘑菇越多喷水越多，每潮菇在采收高峰期前期喷较多的水，其后少喷水或不喷水 2. 通风管理：每潮菇前期通风量适当加大，但需保持菇房相对湿度 90% 左右，后期适当减少通风 3. 菇床整理和补土 4. 采收标准：厚菇菇盖 3.5～4 厘米；柄细盖薄菇 2～3 厘米		收获前 7 天停止使用化学杀虫剂

附录 B：（资料性附录）
双孢蘑菇（秋季）种植历

发育阶段	时间	技术措施	主要病虫害	主要病害防治技术
培养料发酵期	7 月下旬至 9 月上旬	1. 备料建堆：按照培养料配方备料、加水、建堆、发酵 2. 要求：料发酵温度达到 60～65℃，一次性发酵 25 天，翻堆 5～6 次 3. 发酵好的料标准：料由白或浅黄色变成咖啡色，料疏松柔软有弹性，伴有香味	绿霉菌菌蝇螨虫	1. 拌入 0.1% 的多菌灵或 0.05% 的克霉灵防治霉菌 2. 喷洒 1∶800 倍敌敌畏
播种期	8 月下旬至 9 月上旬	1. 发酵好的料铺成 80 厘米宽、30～35 厘米厚长畦 2. 按"品"字形打穴，将菌种点播到穴中（占 50% 的播量），将剩下的菌种撒播在料表面	绿霉菌菌蝇螨虫	1. 种植前检查料中是否有菌蝇和螨虫 2. 有虫类危害的一定要喷洒 1∶800 倍敌敌畏或虫螨净
菌丝生长期	8 月下旬至 9 月下旬	1. 菌种播后 3 天及时检查定植情况 2. 料温最适 22～23℃，不超过 28℃ 3. 场地空气湿度在 70%～75% 4. 场地空气通畅，不得有异味 5. 场地光线越暗菌丝生长越粗壮	绿霉菌菌蝇螨虫	1. 检查料中是否有菌蝇和螨虫，有虫类危害的一定要喷洒 1∶1 000 倍杀灭菊酯或虫螨净 2. 检查料中是否有霉菌污染，清除污染料，喷洒万菌消后撒石灰封闭
覆土期	9 月中旬至 9 月下旬	1. 准备好的土每立方米土用 5% 甲醛溶液 10 千克喷洒，然后用塑料薄膜密闭 24 小时，最后拌入 1% 石灰粉 2. 丝长至培养料的 2/3 厚度覆土 3.5～4 厘米，厚度均匀一致	菌蝇螨虫	检查料中是否有菌蝇和螨虫，有虫类危害的一定要喷洒 1∶1 000 倍杀灭菊酯或虫螨净

发育阶段	时间	技术措施	主要病虫害	主要病害防治技术
出菇期	10月上旬至12月上旬	1. 菇房温度控制在 15~28℃，最高不超过 30℃；料温控制在 15~25℃，以 20℃左右为最佳 2. 菇房相对湿度保持在 90% 左右，待土缝中刚见到菇蕾钉头大小时，喷结菇水 3. 场地空气通畅，不得有异味	菌蝇菌蚊锈斑病褐斑病	菌蝇、菌蚊喷洒 1:1 000 倍杀灭菊酯或敌菇虫、锈斑病、褐斑病可喷洒 200~300 倍的万菌消
采摘期	10月上旬至12月中旬	1. 水分管理：蘑菇越多喷水越多，每潮菇在采收高峰期前喷较多的水，其后少喷水或不喷水 2. 通风管理：每潮菇前期通风量适当加大，但需保持菇房相对湿度90%左右，后期适当减少通风 3. 菇床整理和补土 4. 采收标准：厚菇菇盖 3.5~4 厘米；柄细盖薄菇 2~3 厘米		收获前 7 天停止使用化学杀虫剂
越冬期	12月底至2月下旬	1. 追肥：追施牲畜粪稀释液 2. 补水：喷洒 1% 清石灰水，使覆土层含水量在 15% 3. 保温：料温不低于 5℃		
春节管理	3月上旬至5月上旬	气温稳定达到10℃时： 1. 喷洒 2% 清石灰水，要求灌透水，恢复菌丝生长 2. 补充营养，喷洒磷酸二氢钾 3. 菌丝恢复后参照秋季管理		

第三十节　无公害西瓜生产技术规程

1. 范围

本规程规定了无公害食品西瓜的生产基地建设、栽培技术、有害生物防治技术以及采收要求。

本规程适用于无公害食品西瓜的生产。

2. 规范性引用文件

下列文件中的条款通过本标准的引用而成为本标准的条款。凡是注日期的引用文件，其随后所有的修改单（不包括勘误的内容）或修订版均不适用于本标准，然而，鼓励根据本标准达成协议的各方研究是否可使用这些文件的最新版本。凡是不注日期的引用文件，其最新版本适用于本标准。

GB 4285　　　　　　　　　农药安全使用标准
GB/T 8321（所有部分）　　农药合理使用准则
GB/T 16715.11996　　　　瓜菜作物种子瓜类
NY/T 4962002　　　　　　肥料合理使用检测通则
NY 5010　　　　　　　　　无公害食品蔬菜产地环境条件

3. 术语和定义

下列术语和定义适用于本标准。

3.1　安全间隔期
最后一次施药至西瓜收获时允许的间隔天数。

3.2　全覆盖栽培
西瓜整个生育期在覆盖保护条件下完成的栽培方式，指塑料大棚、塑料中棚栽培。

3.3　半覆盖栽培
西瓜生育期的前期在覆盖保护条件下生长，后期当外界气候条件适合西瓜生长时拆除覆盖物，在自然条件下生长的栽培方式，指小拱棚覆盖栽培。

3.4　冷床
以毛竹片或小竹竿等支撑材料做骨架，以塑料薄膜为透明覆盖材料，利用日光增温的苗床。

3.5　温床
在冷床的基础上增加人为增温措施的苗床。

3.6　有籽西瓜
果实中有种子的西瓜，此处指二倍体西瓜。不含四倍体西瓜。

3.7　无籽西瓜
果实中没有着色种子的西瓜，此处指三倍体无籽西瓜。

3.8　破壳
用牙或钳子等工具将无籽西瓜种子从脐部缝合线处磕裂一条相当于种子长度 1/3 的小缝。

3.9　缓苗期
从瓜苗定植到长出新叶的一段时期。

3.10　伸蔓期
从缓苗后至坐果节位雌花开放的一段时期。

3.11　坐果期
从坐果节位雌花开放到幼果褪毛（约鸡蛋大小）的一段时期。

3.12　果实膨大期
从幼果褪毛至果实定个的一段时期。

3.13　果实成熟期
从果实定个到果实成熟的一段时期。

4. 产地环境

无公害西瓜生产的产地环境条件应符合 NY 5010 的要求。

5. 生产管理措施

5.1 育苗

5.1.1 品种选择：选用抗病虫、易坐果、外观和内在品质好的品种。采用全覆盖栽培和半覆盖栽培时应选用耐低温、耐弱光、耐湿的品种。采用嫁接栽培时，选用对西瓜枯萎病免疫或高抗的瓠瓜、南瓜或野生西瓜品种做砧木。

5.1.2 种子质量：西瓜的种子质量标准应符合 GB/T 16715.1—1996 中杂交种二级以上指标。

5.1.3 种子处理：将种子放入 55℃ 的温水中，迅速搅拌 10 ~ 15 分钟，当水温降至 40℃ 左右时停止搅拌。有籽西瓜种子继续浸泡 4 ~ 6 小时，洗净种子表面黏液，无籽西瓜种子继续浸泡 3 ~ 4 小时，洗净种子表面黏液，擦去种子表面水分，晾到种子表面不打滑时进行破壳。作砧木用的瓠瓜种子常温浸泡 48 小时，南瓜种子常温浸泡 2 ~ 4 小时。

5.1.4 催芽：将处理好的有籽西瓜种子用拧不出水的干净湿布包好后放在 28 ~ 30℃ 的条件下催芽。将处理好的无籽西瓜种子用湿布包好后放在 33 ~ 35℃ 的条件下催芽。胚根（芽）长 0.5 厘米时播种最好。瓠瓜和南瓜种子在 25 ~ 28℃ 的温度下催穿，胚根长 0.5 厘米时播种。

5.1.5 苗床构建

5.1.5.1 苗床选择：苗床应选在距定植地较近、背风向阳、地势稍高的地方。地膜覆盖栽培时用冷床育苗，全覆盖和半覆盖栽培时用温床育苗。

5.1.5.2 营养土配制：一般用肥沃无病虫田土和腐熟的有机肥料配制而成，忌用菜园土或种过瓜类作物的土壤。按体积计算，田土和充分腐熟的厩肥或堆肥的比例为 3 : 2 或 2 : 1，若用腐熟的鸡粪或人粪干，则可按 5 : 1 的比例混合。

5.1.5.3 护根措施：为了保护西瓜幼苗的根系，须将营养土装入育苗用的塑料钵、塑料桶或纸筒等容器内。塑料钵要求规格为：钵高 8 ~ 10 厘米，上口径 8 ~ 10 厘米；塑料桶和纸筒要求高 10 ~ 12 厘米，直径 8 ~ 10 厘米。

5.1.6 播种

5.1.6.1 播种时间：10 厘米深的土壤温度稳定通过 15℃，日平均气温稳定通过 18℃ 时，为地膜覆盖栽培的直播或定植时间，育苗的播种时间从定植时间向前提早 25 ~ 30 天。单层大棚保护栽培、大棚加小拱棚双膜保护栽培、大棚加小拱棚加草苫二膜一苫保护栽培育苗的播种时间，分别比地膜覆盖栽培育苗的播种时间提早 40 天、50 天、60 天。采用嫁接栽培时，育苗时间在此基础上再提前 8 ~ 10 天。在开封地区温室西瓜育苗时间一般在 12 月上旬，大棚西瓜在 12 月下旬开始育苗，地膜西瓜在 2 月下旬至 3 月上旬育苗。

5.1.6.2 播种方法：应选晴天上午播种，播种前浇足底水，先在营养钵（筒）中间扎一个 1 厘米深的小孔，再将种子平放在营养钵（筒）上，胚根向下放在小孔内，随播种随盖营养土，盖土厚度为 1.0 ~ 1.5 厘米，播种后立即搭架盖膜，夜间加盖草苫。采用嫁接栽培时，顶插接和劈接的砧木播在苗床的营养钵（筒）中，接穗播在播种箱里。

5.1.7 嫁接：采用顶插接、劈接或靠接的方法进行嫁接。采用顶接法时，砧木种比西瓜种早播种 7 ~ 10 天，即当砧木种子出土时播西瓜种子。采用靠接法时，西瓜种子比砧木种子提早播种 5~7 天。

5.1.8　苗床管理

5.1.8.1　温度管理：出苗前苗床应密闭，温度保持 30~35℃，温度过高时覆盖草苫遮光降温，夜间覆盖草苫保温。出苗后至第一片真叶出现前，温度控制在 20~25℃，第一片真叶展开后，温度控制在 25~30℃，定植前一周温度控制在 20~25℃。嫁接苗在嫁接后的前 2 天，白天温度控制在 25~28℃，进行遮光，不宜通风；嫁接后的 3~6 天，白天温度控制在 22~28℃，夜间 18~20℃；以后按一般苗床的管理方法进行管理。

5.1.8.2　湿度管理：苗床湿度以控为主，在底水浇足的基础上尽可能不浇或少浇水，定植前 5~6 天停止浇水。采用嫁接育苗时，在嫁接后的 2~3 天苗床密闭，使苗床内的空气湿度达到饱和状态，嫁接后的 3~4 天逐渐降低湿度，可在清晨和傍晚湿度高时通风排湿，并逐渐增加通风时间和通风量，嫁接 10~12 天后按一般苗床的管理方法进行管理。

5.1.8.3　光照管理：幼苗出土后，苗床应尽可能增加光照时间。采用嫁接育苗时，在嫁接后的前 2 天，苗床应进行遮光，第 3 天在清晨和傍晚除去覆盖物接受散射光各 30 分钟，第 4 天增加到 1 小时，以后逐渐增加光照时间，1 周后只在中午前后遮光，10~12 天后按一般苗床的管理方法进行管理。

5.1.8.4　其他管理：无籽西瓜幼苗出土时，极易发生带种皮出土的现象，要及时摘除夹在子叶上的种皮。采用嫁接育苗时，应及时摘除砧木上萌发的真叶。采用靠接法嫁接的苗子在嫁接后的第 10~13 天，从接口往下 0.5~1.0 厘米处将接穗的茎剪断清除。大约在嫁接后的 10 天左右，嫁接苗成活后，应及时去掉嫁接夹或其他捆绑物。

5.2　整地

西瓜地应选择在地势高、排灌方便、土层深厚、土质疏松肥沃、通透性良好的沙质壤土上，忌用花生、豆类和蔬菜作西瓜的前茬。采用非嫁接栽培时，旱地需轮作 5~6 年，水田需轮作 3~4 年方可再种西瓜。播种前深翻土地，开挖瓜沟，施基肥后耙细作畦。

5.3　施肥

5.3.1　施肥原则

5.3.1.1　按 NY/T 496-2002 执行，根据土壤养分含量和西瓜的需肥规律进行平衡施肥，限制使用含氯化肥。

5.3.1.2　允许使用的肥料种类包括：农家肥料（饼肥、堆肥、沤肥、厩肥、沼气肥、绿肥、作物秸秆），在农业行政主管部门登记注册或免于登记注册的商品有机肥（包括腐殖酸类肥料、经过处理的人畜废弃物等）、微生物肥料（包括微生物制剂和经过微生物处理的肥料）、化肥（包括氮肥、磷肥、钾肥、钙肥、复合肥等）和叶面肥（包括大量元素、微量元素、氨基酸类、生长调节剂、海藻）。

5.3.2　基肥施用：在中等肥力土壤条件下，结合整地，每 667 平方米施用优质有机肥（以优质腐熟猪厩肥为例）4~5 方，氮肥（N）6~8 千克，磷肥（P_2O_5）3~4 千克，钾肥（K_2O）7~10 千克，有机肥一半撒施，一半施入瓜沟，化肥全部施入瓜沟，肥料深翻入土，并与土壤混匀。

5.4　定植

采用全覆盖栽培和半覆盖栽培时，当能确保棚内 10 厘米深土壤温度稳定在 15℃以上，日平均气温稳定在 18℃以上，凌晨最低气温不低于 5℃时即可定植。定植密度根据品种和整枝方式的不同而有所不同，一般早熟品种每根蔓应该保证 0.30~0.40 平方米的营养面积，中熟品种每根蔓应该保证 0.35~0.45 平方米的营养面积，无籽西瓜品种每根蔓应保证 0.40~0.50 平方米的营养面积。瓜畦上于定植前 2~3 天覆盖地膜。采用塑料大棚、中棚栽培时，定植后全园覆盖地膜，以降低棚内湿度，减少病害。定植时应保证幼苗茎叶和根系所带营养土块的完整，定植深度以营养土块的上表面与畦面齐平或稍深（不超过 2 厘米）为宜，嫁接苗定植时，嫁接口应高出畦面 1~2 厘米。无籽西瓜幼苗定植时应按无籽西瓜幼苗∶有籽西瓜幼苗 = 稀植 4∶1 或 5∶1；密植 8∶1 或 10∶1 的比例种植有籽西瓜品种作为授粉品种。

5.5 缓苗期管理

防治病虫危害，死苗后应及时补苗。采用全覆盖和半覆盖栽培时，定植后立即扣好棚膜，白天棚内气温要求控制在 30℃ 左右，夜间温度要求保持在 15℃ 左右，最低不低于 8℃。在湿度管理上，一般底墒充足，定植水足量时，在缓苗期间不需要浇水。

5.6 伸蔓期管理

5.6.1 温度管理：采用全覆盖和半覆盖栽培时，白天棚内温度控制在 25~28℃，夜间棚内温度控制在 13~20℃。

5.6.2 水肥管理：缓苗后浇 1 次缓苗水，水要浇足，以后如土壤墒情良好时开花坐果前不再浇水，如确实干旱。可在瓜蔓长 30~40 厘米时再浇 1 次小水。为促进西瓜营养面积迅速形成，在伸蔓初期结合浇缓苗水每 667 平方米追施速效氮肥（N）3~5 千克，施肥时在瓜沟一侧离瓜根 10 厘米远处开沟或挖穴施入。

5.6.3 整枝压蔓：早熟品种一般采用单蔓或双蔓整枝，中、晚熟品种一般采用双蔓或三蔓整枝，也可采用稀植多蔓整枝。第一次压蔓应在蔓长 40~50 厘米时进行。除留主蔓外，在主蔓的基部选留 1~2 个健壮侧枝，其余子蔓全部摘除。以后每间隔 4~6 节再压一次，压蔓时要使各条瓜蔓在田间均匀分布，主蔓、侧蔓都要压。坐果前要及时抹除瓜杈，除保留坐果节位瓜杈以外，其他全部抹除，坐果后应减少抹杈次数或不抹杈。

5.6.4 其他管理：采用小拱棚、大棚内加小拱棚的栽培方式时，应在瓜蔓已较长、相互缠绕前、小拱棚外面的日平均气温稳定在 18℃ 以上时将小拱棚拆除。

5.7 开花坐果期管理

5.7.1 温度管理：采用全覆盖栽培时，开花坐果期植株仍在棚内生长，白天温度要保持在 30℃ 左右，夜间不低于 15℃，否则将坐果不良。

5.7.2 水肥管理：不追肥，严格控制浇水。在土壤墒情差到影响坐果时，可浇小水。

5.7.3 人工辅助授粉：每天上午 9 时以前用雄花的花粉轻轻涂抹在雌花的柱头上进行人工辅助授粉。无籽西瓜的雌花用有籽西瓜（授粉品种）的花粉进行人工辅助授粉。

5.7.4 其他管理：待幼果生长至鸡蛋大小，开始褪毛时，进行选留果，一般选留主蔓第二或第三雌花坐果，采用单蔓、双蔓、三蔓整枝时，每株只留一个果，采用多蔓整枝时，一株可留两个或多个果。

5.8 果实膨大期和成熟期管理

5.8.1 温度管理：采用全覆盖栽培时，此时外界气温已较高，要适时放风降温，把棚内气温控制在 35℃ 以下，但夜间温度不得低于 18℃。

5.8.2 水肥管理：在幼果鸡蛋大小开始褪毛时浇第一次水，此后当土壤表面早晨潮湿、中午发干时再浇 1 次水，如此连浇 2~3 次水，每次浇水一定要浇足，采摘前一周必须停止浇水。结合浇第 1 次水追施膨瓜肥，以速效化肥为主，每 667 平方米的施肥量为磷肥（P_2O_5）2~3 千克，钾肥（K_2O）5 千克，也可每 667 平方米追施饼肥 75 千克，化肥以随浇水冲施为主，尽量避免伤及西瓜的茎叶。

5.8.3　其他管理：在幼果拳头大小时将幼果果柄顺直，然后在幼果下面垫上麦秸、稻草，或将幼果下面的土壤拍成斜坡形，把幼果摆在斜坡上。果实停止生长后要进行翻瓜，翻瓜要在下午进行，顺一个方向翻，每次的翻转角度不超过 30℃，每个瓜翻 2~3 次即可。

5.9　采收

中晚熟品种在当地销售时，应在果实完全成熟时采收，早熟品种以及中晚熟品种外销时可适当提前采收。判断西瓜是否成熟，可根据标记的天数、皮色、瓜蒂的形状、卷须的干枯节位、拍打或弹敲的声音综合分析。在一天中，10 时至 14 时为最佳采收时间。采收时用剪刀将果柄从基部剪断，每个果保留一段绿色的果柄。

5.10　病虫害防治（附录 B）

西瓜常见病害主要有猝倒病、炭疽病、枯萎病、病毒病、白粉病等；虫害以种蝇、瓜蚜、瓜叶螨为主。

5.10.1　农业防治

5.10.1.1　育苗期间尽量少浇水，加强增温保湿措施，保持苗床较低的湿度和适合的温度，可预防苗期猝倒病和炭疽病。

5.10.1.2　重茬种植时采用嫁接栽培或选用抗枯萎病品种，可有效防止枯萎病的发生。在酸性土壤中施入石灰，将 pH 值调节到 6.5 以上，可有效抑制枯萎病的发生。

5.10.1.3　春季彻底清除瓜田内和四周的紫花地丁、车前等杂草，消灭越冬虫卵，减少虫源基数，可减轻瓜蚜危害。

5.10.1.4　及时防治蚜虫，拔除并销毁田间发现的重病株，防止蚜虫和农事操作时传毒，可有效预防病毒病的发生。叶面喷施 0.2% 磷酸二氢钾溶液，可以增强植株对病毒病的抗病性。

5.10.2　物理防治

5.10.2.1　糖酒液诱杀：按糖、醋、酒、水和 90% 敌百虫晶体 3∶3∶1∶10∶0.6 比例配成药液，放置在苗床附近诱杀种蝇成虫，并可根据诱杀量及雌、雄虫的比例预测成虫发生期。

5.10.2.2　选用银灰色地膜覆盖，可收到避蚜的效果。

5.10.3　生物防治：与麦田邻作，使麦田上的七星瓢虫等天敌迁入瓜田捕食蚜虫，可降低瓜蚜的虫口密度。

5.10.4　药剂防治

5.10.4.1　禁止使用的农药品种，见附录 A。

5.10.4.2　使用化学农药时，应执行 GB 4285 和 GB/T 8321（所有部分）的相关规定，农药混剂的安全间隔期执行其中残留性最大的有效成分的安全间隔期。

5.10.4.3　合理混用、轮换交替使用不同作用机制或具有负交互抗性的药剂，克服和推迟病、虫抗药性的产生和发展。在使用过程中，必须遵循"严格、准确、适量"。

附录 A：（规范性附录）
禁用农药品种

六六六、滴滴涕、毒杀芬、二溴氯丙烷、除草醚、艾试剂、狄试剂、汞制剂、砷、铅类、敌枯双、氟乙酰胺、甘氟、毒鼠强、氟乙酸钠毒鼠硅、甲胺磷、甲基对硫磷、对硫磷、久效磷、磷胺、甲拌磷、甲基异柳磷、特丁硫磷、甲虫硫磷、氯唑磷、苯线磷、乐果、水胺硫磷。

附录 B：（资料性附录）
西瓜常见病虫害及其发生条件

病虫害名称	病原或害虫类别	传播途径	有利发生条件
猝倒病	真菌：瓜果腐霉菌	雨水、灌溉水、带菌肥料	土壤温度 10~15℃
炭疽病	真菌：瓜类炭疽病菌	雨水、灌溉水、种子	相对湿度 87%~95%，土壤温度 10~30℃
枯萎病	真菌：间镰孢菌	土壤、肥料、种子、灌溉水	连作、24~28℃、酸性土壤、湿度大、偏施氮肥
病毒病	病毒：黄瓜花叶病毒、西瓜花叶病毒 2 号、甜瓜花叶病毒等多种病毒引起	瓜蚜、桃蚜、农事操作等	高温、强光、干旱、肥水不足、蚜虫大量发生
蚜虫	同翅目，蚜科	有翅孤雌蚜迁飞	16~20℃、干旱
瓜叶螨	蛛形网，叶螨科	爬行、风、雨	温暖、干燥、少雨

第三十一节 无公害甜瓜生产技术规程

1. 范围

本标准规定了甜瓜无公害生产的基本条件、农药和肥料的使用要求以及生产栽培技术措施和病虫害防治策略及防治方法。

本标准适用于无公害蔬菜甜瓜生产。

2. 规范性引用文件

下列文件中的条款通过本标准的引用而成为本标准的条款。凡是注日期的引用文件，其随后所有的修改单（不包括勘误的内容）或修订版均不适用于本部分，然而，鼓励根据本标准达成协议的各方研究是否可使用这些文件的最新版本。凡是不注日期的引用文件，其最新版本适用于本标准。

GB/T 8321 　（所有部分）农药合理使用准则

NY/T 496 　　肥料合理使用准则通则

NY 5010 　　无公害食品 蔬菜产地环境条件

3. 术语

3.1 温室

是指日光温室。其热量来源主要是太阳辐射能，在严冬季节不加温或基本不加温的情况下，可以进行喜温蔬菜生产，通常也称为高效节能日光温室。

3.2 大棚

是指塑料大棚，多为圆拱形，在严冬季节不加温或基本不加温的情况下，不能进行喜温蔬菜生产，只能在早春和晚秋进行蔬菜和瓜类改良生产。

4. 栽培技术措施

4.1 地块选择

4.1.1 地块的大气环境、土壤、水质须符合要求。

4.1.2 地势较高、排灌方便，一年内未种过葫芦科植物。

4.2 栽培季节与方式

4.2.1 温室栽培：可根据市场情况调节种植时间。

4.2.2 大棚栽培：可根据淡季，进行春提早栽培。

4.2.3 露地栽培：常规的栽培模式，也可用地膜覆盖适当提早和延后。

4.3 品种选择

根据不同的栽培季节和模式，结合本地情况选择。

4.4 育苗

4.4.1 穴盘育苗：草炭与蛭石按体积比 2：3 混匀，每立方米加入磷酸二氢钾 500 克，蔬菜专用复合肥 500 克，50% 多菌灵粉剂 5 克掺匀，装入 72 孔育苗盘内。

4.4.2 播种期：根据不同的栽培季节与方式来确定合适的播种期。

4.4.2.1 温室栽培：根据人为上市期，确定定植期，再减去瓜秧苗龄则为适宜的播种期。

4.4.2.2 大棚栽培：春提早栽培在大棚地温 10 厘米深处稳定在 10℃ 左右时，可定植，再据此确定合适的播种期。

4.4.2.3 露地栽培：一般在 4 月上中旬直播或定植；加盖地膜，可提前到 3 月下旬。

4.4.3 播种

4.4.3.1 播种量的确定：根据栽培面积、种子质量、育苗条件和栽植密度等来确定。

4.4.3.2 穴盘量确定：每 667 平方米需 72 孔育苗盘 60 个。

4.4.3.3 浸种：待播种子可用 50～55℃ 温水浸种 15 分钟。在此过程中须不断搅拌，水温降至 30℃ 时停止，然后再浸泡 3～6 小时。

4.4.3.4 催芽：待种子充分吸足水后，捞出洗净表面黏液。再用拧不出水的干净湿纱布或毛巾包裹，在 25～28℃ 环境下放在光照培养箱内或恒温箱内催芽。在催芽时，须每天淘洗 1 次，稍晒后继续催芽。约需 2～3 天。

4.4.3.5 播种：经催芽后，露白约 60% 时即可播种。播种时，每孔放 1 粒，种子须平放，使露白部分朝下。播后在育苗盘上覆盖蛭石，覆盖厚度不超过 1 厘米，要求均匀一致。覆盖后浇透水。如果甜瓜种子包衣，即可省去 4.4.3.3 和 4.4.3.4 步骤，可直接播种育苗。在穴盘内育苗无需分苗。

4.4.4　苗床管理

4.4.4.1　播后到出苗前苗床管理：苗床温度白天应控制在 25～28℃，夜间 16～20℃，以利于尽快出苗。

4.4.4.2. 出苗到定植前管理：出苗后，要降低苗床温度，白天23℃，夜间16℃左右，以防止幼苗徒长。要增加光照，一些保温覆盖物可逐渐揭开。合理通风，适当降低苗床温度，床温以 20～25℃为宜。若出现明显干旱，适量洒水，可叶面喷施微生物有机叶面肥或 0.1%～0.2% 磷酸二氢钾，促进瓜苗健壮，增加抗病性和抗逆性。此期也应防治病虫害。

4.5　定植

4.5.1　定植时期：按不同的栽培季节和方式确定定植时期。

4.5.1.1　日光温室：按不同的上市时间确定定植时期。越冬茬一般在 9 月上旬定植。

4.5.1.2　大棚栽培：春大棚可在棚内温度稳定在 8℃左右时定植。

4.5.1.3　露地栽培：露地栽培要在终霜期过后定植。

4.5.2　整地：要深翻土地，施足基肥，每 667 平方米施腐熟有机肥 3～5 方，复合肥 30～50 千克。做好栽培畦，一般按畦宽（连沟）130～150 厘米，畦沟深 10～20 厘米。

4.5.3　定植方式：甜瓜行株距为 60 厘米×30 厘米；宜早定植，可根据情况采用铺地膜等保温措施。定植宜在晴天下午进行，要浇定植水。

4.6　田间管理

4.6.1　水肥管理

4.6.1.1　灌溉水质和肥料使用须符合要求。

4.6.1.2　定植初期：以促进缓苗为目的，浇足定植水，在此期间不用施肥。约需 3～5 天。

4.6.1.3　缓苗后至结瓜初期：以促根控秧为主要目标。水以控为主。以不旱为原则。若缺水，则应轻浇，达到蹲苗促根作用。此期可不用追肥。

4.6.1.4　结瓜初期到整个结瓜盛期：此期应掌握好营养生长和生殖生长平衡，可追施有机肥加适量化肥。每 10～15 天追 1 次肥，每 667 平方米每次各 10～15 千克化肥。也可进行叶面追肥，用微生物叶面肥或磷酸二氢钾。采瓜前 7 天不能施速效氮肥。

4.6.2　植株调整：调整好枝蔓，使互相不遮光、通风透气为原则。雄花及时除去。

4.6.3　保花保果：要采用多种措施，促进雌花的生成，可在伸蔓初期喷洒一定浓度的植物生长调节剂（如增瓜灵等）促进雌花生成。一般采用人工授粉提高坐果率。

4.7　采收

根据不同的消费习惯适时采收。甜瓜开始采收后，安全间隔期内禁止使用化学农药和化学激素。

5. 病虫

5.1　常见病虫害

5.1.1　甜瓜常见的病害有：霜霉病、枯萎病、白粉病、病毒病、炭疽病、灰霉病、疫病、细菌性角斑病等及一些生理性病害。

5.1.2　甜瓜常见的虫害有：白粉虱、瓜蚜、潜叶蝇、根节线虫等。

5.2　防治措施

5.2.1　温室大棚的整个生长期和露地的春季到夏季以防病为主，以选用抗病或耐病品种为基础，以提高植株抗性为主，结合科学利用农药防治的综合防治方法。对于真菌性病害，以农业防治为主，适期采用化学防治。

5.2.2　晚春夏初以防虫为主。掌握不同品种和不同栽培条件下害虫的发生规律，预防为主，合理用药，降低虫口基数，控制暴发危害，减少损失。防治蚜虫，掌握在每株有蚜虫3～5头时，即施药防治。早期应尽量使用生物农药。

5.3　农业防治方法

5.3.1　实行轮作，避免连作。夏茬瓜应选择避免与春茬瓜、茄子相邻的地块，防止蚜虫大量转移危害。

5.3.2　选抗病品种，加强苗床管理，培育无病苗和壮苗，增加秧苗自身抗性。定植前7天要进行炼苗。

5.3.3　选择地势较高、能排能灌、质地疏松肥沃的地块，施足基肥。

5.3.4　采用高畦深沟方式栽培，利于排水。

5.3.5　采用合理的田间管理措施，减少病虫发生发展的机会。

5.3.6　采用配方施肥技术，促进植株健壮生长，提高植株抗性。

5.3.7　早春加盖小拱棚，提高生长温度；夏季用遮阳网覆盖降低温度，又可防止蚜虫、白粉虱等为害。

5.3.8　生产中和生产后保持田园清洁，及时铲除杂草，除去蚜虫、病毒等越冬寄主，收获后及时翻耕晒畦。

5.4　病虫害农药防治方法

5.4.1　常见病害防治

5.4.1.1　苗期猝倒病、立枯病可用苗床土消毒防治，也可在苗期灌75%百菌清800倍液、或70%多菌灵800倍液，或B-903菌液20倍液，或2%农抗120水剂100倍液，或72.2%普力克800倍液等防治方法。

5.4.1.2　霜霉病、疫病可用72%霜霉疫净600～800倍液，或72.2%普力克600～800倍液等防治。

5.4.1.3　枯萎病：可用下列配制好的药液灌根7～10天1次，每株0.3～0.5千克。10%双效灵200倍液，50%多菌灵500倍液，64%菌枯净500倍液，50%甲基托布津700倍液，12.5%增效多菌灵200～300倍液。

5.4.1.4　灰霉病、菌核病可用40%灰核净800～1 200倍液，或50%速克灵2 000倍液，或50%多菌灵800倍液等防治。

5.4.1.5　防治细菌性角斑病，可用72%农用链霉素4 000倍液，或1∶2∶（300～400）波尔多液，或14%络氨铜水剂300倍液，或50%琥胶肥酸铜DT500倍液。

5.4.1.6　白粉病、锈病可用15%，粉锈宁1 500倍液，或2%农抗120水剂，或2%武夷霉素BO-10水剂100倍液。

5.4.1.7　病毒病首先要防治传毒昆虫，其次，可用40%抗毒宝600～800倍液，或20%病毒A500倍液，或1.5%植病灵乳剂800～1 000倍液减轻病情发生，增强植株抗性，起到一定防治作用。

5.4.1.8 炭疽病防治可用：2%农抗120或2%武夷霉素BO-10水剂100倍液，或70%多菌灵600倍液，或75%百菌清800倍液，或80%炭疽福美粉剂800倍液等。

5.4.2 常见虫害防治

5.4.2.1 防治蚜虫、白粉虱、蓟马等可用黄板诱杀，也可用10%吡虫啉2 000倍液，或10%扑虱灵1 000倍液，或鱼藤精400倍液，或65%蚜螨虫威600～700倍液，或2.5%保得乳油2 000倍液，或7.5%功夫乳油倍液。

5.4.2.2 潜叶蝇的防治：可采用灭蝇纸和黄板诱杀成虫，每667平方米设置15个诱杀点；在幼虫2龄前，用20%斑潜净1 000～2 000倍液，或48%乐斯本乳油800～1 000倍液杀死幼虫；在成虫羽化期用5%抑太保2 000倍液，5%卡死克乳油2 000倍液抑制成虫繁殖。

5.4.3 以上农药防治使用药剂及药量仅举例说明，相同有效成分的其他剂型及新上市的其他农药产品，需经无公害蔬菜生产管理部门同意，方可在无公害蔬菜生产基地使用，并要严格按照使用说明执行。上述药剂要交替使用。

第三十二节 无公害苹果生产技术规程

1. 范围

本标准规定了无公害食品苹果生产园地选择与规划、栽植、土肥水管理、整形修剪、花果管理、病虫害防治和果实采收等技术。

本标准适用于无公害食品苹果的生产。

2. 规范性引用文件

下列文件中的条款通过本标准的引用而成为本标准的条款。凡是注日期的引用文件，其随后所有的修改单（不包括勘误的内容）或修订版均不适用于本标准，然而，鼓励根据本标准达成协议的各方研究是否可使用这些文件的最新版本。凡是不注日期的引用文件，其最新版本适用于本标准。

GB 4285　　　　　　　农药安全使用标准

GB/T 8321（所有部分）　农药合理使用准则

NY/T 441—2001　　　　苹果生产技术规程

NY/T 496—2002　　　　肥料合理使用准则 通则

NY 5013 无公害食品　　苹果产地环境条件

3. 园地选择与规划

3.1. 园地选择

无公害苹果园地的环境条件应符合NY 5013的规定。其他按NY/T 441—2001中3.1规定执行。

3.2 园地规划

按NY/T 441—2001中3.2规定执行。

4. 品种和砧木选择

按 NY/T 441—2001 的第 4 章规定执行。

5. 栽植

按 NY/T 441—2001 的 5.1 ~ 5.6 执行。

6. 土肥水管理

6.1 土壤管理

6.1.1 深翻改土：分为扩穴深翻和全园深翻，每年秋季果实采收后结合秋施基肥进行。扩穴深翻为在定植穴（沟）外挖环状沟或放射状沟。沟宽 60 ~ 80 厘米，深 40 ~ 60 厘米。全园深翻为将栽植穴外的土壤全部深翻，深度 30 ~ 40 厘米。

6.1.2 覆草和埋草：覆草在春季施肥、灌水后进行。覆盖材料可以用麦秸、麦糠、玉米秸、稻草等。把覆盖物覆盖在树冠下，厚度 15 ~ 20 厘米，上面压少量土，连覆 3 ~ 4 年后浅翻 1 次，浅翻结合秋施基肥进行，面积不超过树盘的 1/4。也可结合深翻开大沟埋草，提高土壤肥力和蓄水能力。

6.1.3 种植绿肥和行间生草：按 NY/T 441—2001 的 6.1.2 规定执行。

6.1.4 中耕：果园生长季降雨或灌水后，及时中耕松土。保持土壤疏松无杂草，或用除草剂除草。中耕深度 5 ~ 10 厘米，以利调温保墒。

6.2 施肥

6.2.1 施肥原则：按照 NY/T 496—2002 规定的标准执行，所施用的肥料应为农业行政主管登记的肥料或免于登记的肥料，限制使用含氯化肥。

6.2.2 允许使用的肥料种类

6.2.2.1 有机肥料：包括堆肥、沤肥、厩肥、沼气肥、绿肥、作物秸秆肥、泥炭肥、饼肥、腐殖酸类肥、人畜废弃物加工而成的肥料等。

6.2.2.2 微生物肥料：包括微生物制剂和微生物处理肥料等。

6.2.2.3 化肥：包括氮肥、磷肥、钾肥、硫肥、钙肥、镁肥及复合（混）肥等。

6.2.2.4 叶面肥：包括大量元素类、微量元素类、氨基酸类、腐殖酸类肥料等。

6.2.3 施肥方法和数量

6.2.3.1 基肥：秋季果实采收后施入，以农家肥为主，混加少量铵态氮肥或尿素化肥。施肥量按每生产 1 千克苹果施 1.5 ~ 2.0 千克优质农家肥计算，施用方法以沟施为主，施肥部位在树冠投影范围内。挖放射状沟（在树冠下距树干 80 ~ 100 厘米开始向外挖至树冠外缘）或在树冠外围挖环状沟，沟深 60 ~ 80 厘米，施基肥后灌足水。

6.2.3.2 追肥

6.2.3.2.1 土壤追肥：每年 3 次。第 1 次在萌芽前后，以氮肥为主；第 2 次在花芽分化及果实膨大期，以磷钾肥为主，氮磷钾混合使用；第 3 次在果实生长后期，以钾肥为主。施肥量以当地的土壤供肥能力和目标产量确定。结果树一般按每生产 100 千克苹果需追施氮 1.0 千克、磷 0.5 千克、钾 1.0 千克计算。施肥方法是树冠下开沟，沟深 15 ~ 20 厘米。追肥后及时灌水。最后一次追肥在距果实采收期前 30 天进行。

6.2.3.2.2 叶面喷肥：全年 4～5 次，一般生长前期 2 次，以氮肥为主，后期 2～3 次，以磷、钾肥为主。可补施果树生长发育所需的微量元素。常用肥料浓度：尿素 0.3%～0.5%、磷酸二氢钾 0.2%～0.3%、硼砂 0.1%～0.3%、氨基酸类叶面肥 600～800 倍液，最后一次叶面喷肥应在距果实采收期前 20 天喷施。

6.3 水分管理

灌溉水的质量应符合 NY 5013 的要求。其他按 NY/T 441—2001 中 6.3 执行。

7. 整形修剪

按 NY/T 441—2001 中 7.1～7.2 规定执行。冬季修剪时剪除病虫枝，清除病僵果。加强苹果生长季修剪，拉枝开角，及时疏除树冠内直立旺枝、密生枝和剪锯口处的萌蘖枝等，以增加树冠内通风透光度。

8. 花果管理

按 NY/T 441—2001 的第 8 章执行。

9. 病虫害防治

9.1 防治原则

积极贯彻"预防为主，综合防治"的植保方针。以农业和物理防治为基础，提倡生物防治，按照病虫害的发生规律和经济阈值，科学使用化学防治技术，有效控制病虫危害。

9.2 农业防治

采取剪除病虫枝、清除枯枝落叶、刮除树干翘裂皮和枝干病斑，集中烧毁或深埋，加强土、肥、水管理，合理修剪、适量留果、果实套袋等措施防治病虫害。

9.3 物理防治

根据害虫生物学特性，采取糖醋液、树干缠草绳和诱虫灯等方法诱杀害虫。

9.4 生物防治

人工释放赤眼蜂，以助迁和保护瓢虫、草蛉、捕食螨等天敌。土壤施用白僵菌防治桃小食心虫，并利用昆虫性外激素诱杀或干扰成虫交配。

9.5 化学防治

9.5.1 药剂使用原则

9.5.1.1 提倡使用生物源农药、矿物源农药。

9.5.1.2 禁止使用剧毒、高毒、高残留农药和致畸、致癌、致突变农药。

9.5.1.3 使用化学农药时，按 GB 4285、GB/T 8321（所有部分）规定执行；农药的混剂执行其中残留性最大的有效成分的安全间隔期。

9.5.2 科学合理使用农药

9.5.2.1 加强病虫害的预测预报。有针对性地适时用药，未达到防治指标或益害虫比合理的情况下不用药。

9.5.2.2 根据天敌发生特点，合理选择农药种类、施用时间和施用方法，保护天敌，充分发挥天敌对害虫的自然控制作用。

9.5.2.3　注意不同作用机理农药的交替使用和合理混用，以延缓病菌和害虫产生抗药性，提高防治效果。

9.5.2.4　严格按照规定的浓度、每年使用次数和安全间隔期要求施用，喷药均匀周到。

9.6　主要病虫害

9.6.1　主要病害：包括苹果腐烂病、干腐病、轮纹病、白粉病、斑点落叶病、褐斑病和炭疽病。

9.6.2　主要害虫：包括蚜虫类、叶螨（山楂叶螨、苹果全爪螨、二斑叶螨）、卷叶虫类、桃小食心虫、金纹细蛾和苹果棉蚜。

10. 植物生长调节剂类物质的使用

10.1　使用原则

在苹果生产中应用的植物生长调节剂主要有赤霉素类、细胞分裂素类及延缓生长和促进成花类物质等。允许有限度地使用对改善树冠结构和提高果实品质及产量有显著作用的植物生长调节剂，禁止使用对环境造成污染和对人体健康有危害的植物生长调节剂。

10.2　允许使用的植物生长调节剂及技术要求

10.2.1　主要种类：苄基腺嘌呤、6-苄基腺嘌呤、赤霉素类、乙烯利、矮壮素等。

10.2.2　技术要求：严格按照规定的浓度、时期使用，每年可使用 1 次，安全间隔期在 20 天以上。

10.3　禁止使用的植物生长调节剂

比久、萘乙酸、2，4 二氯苯氧乙酸（2，4-D）等。

11. 果实采收

根据果实成熟度、用途和市场需求综合确定采收适期。成熟期不一致的品种，应分期采收。采收时，轻拿轻放。

第三十三节　无公害桃生产技术规程

1. 范围

本标准规定了无公害桃生产园地选择与规划、栽植、土肥水管理、整形修剪、花果管理、病虫害防治和果实采收等技术。

本标准适用于无公害桃的露地生产。

2. 规范性引用文件

下列文件中的条款通过本标准的引用而成为本标准的条款。凡是注日期的引用文件，其随后所有的修改单（不包括勘误的内容）或修订版均不适用于本标准，然而，鼓励根据本标准达成协议的各方研究是否可使用这些文件的最新版本。凡是不注日期的引用文件，其最新版本适用于本标准。

GB 4285 农药安全使用标准

GB/T 8321 (所有部分) 农药合理使用准则

NY/T 498 肥料合理使用准则 通则

NY 5113 无公害食品 桃产地环境条件

中华人民共和国农业部公告第 199 号 (2002 年 5 月 24 日)

3. 要求

3.1 园地选择与规划

3.1.1 园地选择

3.1.1.1 土壤条件:土壤质地以沙壤土为好,pH 值 4.5~7.5 可以种植,但以 5.5~6.5 微酸性为宜,盐分含量≤1 克/千克,有机质含量最好≥10 克/千克。不要在重茬地建园。

3.1.1.2 产地环境:无公害桃产地应选择在生态条件好,远离污染源,并具有可持续生产能力的农业生产区域。水质和大气质量按 NY 5113 执行。

3.1.2 园地规划:园地规划包括:小区划分、道路及排灌系统设置、防护林营造、分级包装车间建设等。平地及坡度在 6°以下的缓坡地,栽植行为南北向。

3.1.3 品种选择和砧木选择

3.1.3.1 品种选择:根据品种的类型、成熟期、品质、耐贮运性、抗逆性等制订品种规划方案。同时,考虑市场、交通、消费和社会经济等综合因素。目前,可选用的早熟品种有:沙红 2 号、安农水蜜、源东白桃;中熟品种有:沙红 1 号、松森;晚熟品种有:秦王、重阳红。主栽品种与授粉品种的比例一般在 5~8:1;当主栽品种的花粉不稔时,主栽品种与授粉品种的比例提高至 2~4:1。

3.1.3.2 砧木选择:以毛桃或山桃为主。

3.2 栽植

3.2.1 苗木质量:苗木的基本质量要求见表 5-11。

表 5-11 桃苗木质量要求

项目			要求		
			二年生	一年生	芽苗
品种与砧木			纯度≥95%		
根	侧根数量/条	毛桃、新疆桃	≥4	≥4	≥4
		山桃、甘肃桃	≥3	≥3	≥3
	侧根粗度/厘米		≥0.3		
	侧根长度/厘米		≥15		
	病虫害		无根癌病和根结线虫病		
苗木高度/厘米			≥80	≥70	—
苗木粗度/厘米			≥0.8	≥0.5	—
茎倾斜度/ (°)			≤15		—
枝干病虫害			无介壳虫		
整形带内饱满叶芽数/个			≥8	≥5	接芽饱满、不萌发

3.2.2　栽植

3.2.2.1　时期：秋季落叶后至翌年春季桃树萌芽前均可以栽植，以秋栽为宜；

3.2.2.2　密度：栽植密度应根据园地的立地条件（包括气候、土壤和地势等）、品种、整形修剪方式和管理水平等而定。一般株行距为1～4米×2～8米。

3.2.2.3　方法：定植穴大小宜为80厘米×80厘米×80厘米，在沙土瘠薄地可适当加大。栽植穴或栽植沟内施入的有机肥应是3.3.2.2规定的肥料。栽植前，对苗木根系用1%硫酸铜溶液浸5分钟后再放到2%石灰液中浸2分钟进行消毒。栽苗时要将根系舒展开。苗木扶正，嫁接口朝迎风方向，边填土边轻轻向上提苗、踏实，使根系与土充分密接；栽植深度以根颈部与地面相平为宜；种植完毕后，立即灌水。

3.3　土肥水管理

3.3.1　土壤管理

3.3.1.1　深翻改土：每年秋季果实采收后，结合秋施基肥深翻改土。扩穴深翻为在定植穴（沟）外挖环状沟或平行沟，沟宽50厘米，深30～45厘米。全园深翻应将栽植穴外的土壤全部深翻，深度30～40厘米。土壤回填时混入有机肥，然后充分灌水。

3.3.1.2　中耕：果园生长季降雨或灌水后及时中耕松土；中耕深度5～10厘米。

3.3.1.3　覆草和埋草：覆盖材料可以用麦秸、麦糠、玉米秸、干草等。把覆盖物覆盖在树冠下，厚度10～15厘米，上面压少量土。

3.3.1.4　种植绿肥和行间生草：提倡桃园实行生草制。种植的间作物应与桃树无共性病虫害的浅根、矮秆植物，以豆科植物和禾本科为宜，适时刈割翻埋于土壤或覆盖于树盘。

3.3.2　施肥

3.3.2.1　原则：按照NY/T 498规定执行。所施用的肥料不应对果园环境和果实品质产生不良影响，应是经过农业行政主管部门登记或免于登记的肥料。提倡根据土壤和叶片的营养分析进行平衡施肥。

3.3.2.2　允许使用的肥料种类

3.3.2.2.1　有机肥料：包括堆肥、沤肥、厩肥、沼气肥、绿肥、作物秸秆肥、泥肥、饼肥等农家肥和商品有机肥、有机复合（混）肥等；农家肥的卫生指标按照NY/T 5002—2001的附录C执行。

3.3.2.2.2　腐殖酸类肥料：包括腐殖酸类肥。

3.3.2.2.3　化肥：包括氮、磷、钾等大量元素肥料和微量元素肥料及其复合肥料等。

3.3.2.2.4　微生物肥料：包括微生物制剂及经过微生物处理的肥料。

3.3.2.3　使用肥料时应注意的事项：禁止使用未经无害化处理的城市垃圾或含有重金属、橡胶和有害物质的垃圾；控制使用含氯化肥和含氯复合肥。

3.3.2.4　施肥方法和数量

3.3.2.4.1　基肥

3.3.2.4.1.1　基肥：主要以有机肥为主，混加少量的氮、磷、钾肥，如过磷酸钙、草木灰、尿素等。

3.3.2.4.1.2　施入时间：秋季果实采收后施入。

3.3.2.4.1.3　施肥方法：在树冠外缘（吸收根的主要分布区）挖深，宽各50厘米的条状、环状沟、放射状沟，每年在行间、株间轮换施入。

3.3.2.4.1.4　肥料种类：腐熟的农家畜禽粪、人粪尿及饼肥。

3.3.2.4.1.5　施肥量：一般幼树期施 2~4 方/667 平方米。

3.3.2.4.2　追肥：追肥的次数、时间、用量等根据品种、树龄、栽培管理方式、生长发育时期以及外界条件等而有所不同。幼龄树和结果树的果实发育前期追肥以氮磷肥为主；果实发育后期以磷钾肥为主。高温干旱期应按使用范围的下限施用，距果实采收期 20 天内停止叶面追肥。

3.3.2.4.2.1　土壤追肥：在根系分区及树冠外缘挖深 15~30 厘米的坑或沟进行点施或沟施，全年 3~5 次，追肥量按每生产 100 千克果实，施纯氮 0.7~0.8 千克、五氧化二磷 0.5~0.8 千克、氧化钾 1.0~1.5 千克。

3.3.2.4.2.1.1　花前肥：春季化冻后施入，以速效氮为主，对于树势较弱、上年产量较高、树体贮藏营养不足的树必须施入。

3.3.2.4.2.1.2　花后肥：落花后施入，以速效氮为主，配以磷、钾。树势旺的可以不施，但极早熟品种必须施。

3.3.2.4.2.1.3　催果肥：在果实成熟前 15~20 天施入，以复合肥为主。

3.3.2.4.2.1.4　"谢果肥"：果实采收后施入，晚熟品种可结合施基肥一起进行。

3.3.2.4.2.2　根外追肥：在整个生长季节均可施用，以生长前期为宜，除施氮、磷、钾之外，追施含有硼、锌等微量元素的肥料更有利。生长季节根外追肥的浓度为：尿素 0.3%、硫酸钾 0.5%~1.0%、磷酸二氢钾 0.3%~0.5%、硫酸锌 0.05%~0.1%、硼砂 0.2%~0.3%。

3.3.3　水分管理

3.3.3.1　灌溉：要求灌溉水无污染，水质应符合 NY 5113 规定。芽萌动期、果实迅速膨大期和落叶后封冻前应及时灌水。一般采用树盘浸灌、滴灌、沟灌和喷灌。

3.3.3.2　排水：设置排水系统，在多雨季节通过沟渠及时排水。

3.4　整形修剪

3.4.1　主要树形

3.4.1.1　自然开心形

3.4.1.1.1　以 3~4 米×4~5 米的株行距为例，全树有 3 个约 50 度角的主枝，每个主枝上有 2~3 个约 55 度角的侧枝，干高 30~50 厘米，树高 2.5~3.5 米。

3.4.1.1.2　定干：成品苗春季发芽前在距地面 40~80 厘米的饱满芽处剪截，剪口下有约 20 厘米的整形带。

3.4.1.1.3　选留主枝：发芽后将整形带以下芽全抹掉，待新梢 30 厘米长时，选 3 个长势强健、方位适当的枝条作为主枝培养。

3.4.1.1.4　定植芽苗：待新梢长到 40~50 厘米摘心，随后从摘心后发出的副梢中选 3 个理想的枝做主枝，其他嫩梢保留 1~2 个弱梢辅养树体。

3.4.1.1.5　主侧枝培养：第一年冬对主枝在饱满芽处，剪留 50~80 厘米，并通过留下芽、侧芽或拉、撑等方法调整角度和方位。第二、三年主枝延长枝头约留 50 厘米。长势强的当年冬季即可从距主干 50~80 厘米处选出向外延伸的第一侧枝，剪留 30~40 厘米，以后再按树体要求选出第二、三个侧枝。

3.4.1.2　双主枝"V"字形：以 1～2 米×3～4 米株行距为例，干高 40～80 厘米，有两个基本对生的主枝，其夹角为 80°～90°，向两侧行间延伸，每主枝上有 2～3 个间距 70～80 厘米的侧枝。春季把选留的两个主枝以外的芽全抹掉，促主枝快长，冬剪时对主枝进行拉枝，使其与中心垂线成 45°角近直线延伸，剪留 70～80 厘米，每主枝上先后留 2～3 个侧枝，夏季疏掉背上直立旺枝，利用中等培养中小型枝组。

3.4.1.3　纺锤形：定植当年苗木干高 70～80 厘米，第一年夏剪当年新梢除顶部一个直立生长，每 30 厘米左右摘心 1 次，形成中心领导干，上着侧枝。侧枝一般不摘心，7～8 月份拿枝软化，开角 80°～90°，冬季进行长梢修剪，疏除无花枝，交叉枝，过密枝等，每株留下 15～20 个有花枝，枝长 50～80 厘米，枝粗基 0.4～0.8 厘米为宜。以后每年新梢长到 20～30 厘米时，扭梢 1 次，果实着色期摘叶转果促进果实着色，果实采收后，除顶部留 1～2 个当年新梢外，其他结果枝一律适当回缩，促发新梢形成新的树冠。

3.4.2　修剪时期

3.4.2.1　冬季修剪：从落叶后到翌年春萌芽前的修剪。

3.4.2.2　生长期修剪：从春季萌芽后到落叶前，整个生长季节内的修剪。

3.4.3　修剪方法：有短截（包括轻剪、中度剪和重剪）、疏枝、缓放、刻芽、抹芽、摘心、扭枝、拉枝开角。

3.4.4　冬剪要点

3.4.4.1　结果枝修剪：冬剪时结果枝的剪留长度是：长果枝 5～8 组花芽，中果枝 3～5 组花芽，剪口留叶芽，去直留平，长短错开，并要留预备枝；短果枝、花束状果枝一般只疏不截。冬剪后结果枝头距离保持在 10～20 厘米，徒长性果枝通过短截，结合夏剪培养成结果枝组。

3.4.4.2　结果枝组培养：对骨干枝斜侧处的旺枝剪留 5～10 节，第二年留下部 2～3 个健壮枝再短截，其余枝疏除，第三年留 3～5 个芽短截，即可培养成大型结果枝组。中小型枝组可分布在背上和大枝组空间，培养方法相似。

3.4.4.3　结果枝组修剪和更新：结果枝组修剪要掌握强枝多留、弱枝重剪，枝组衰弱时要及时回缩，重剪发育枝，多留预备枝。已衰老的枝组可疏掉，利用近旁的新枝培养代替，如枝组强旺，要及时疏除旺枝，留中庸枝组。

3.4.5　夏剪要点

3.4.5.1　抹芽：新梢生长长度达到 2～3 厘米时，及时抹掉双芽枝、多芽枝及疏枝伤口下的萌发枝。

3.4.5.2　摘心、扭梢与疏枝：桃树摘心每年摘 3～4 次，时间是 5 月中下旬、8 月上中旬、7 月上中旬及 8 月末 9 月初。结合各次摘心进行扭梢、疏枝或扭枝。夏剪主要是对背上直立壮枝进行摘心，促使这类枝由发育枝转化为结果枝。疏除密挤枝、交叉枝及重叠枝。对于背后及斜生枝适度扭枝。

3.4.5.3　拉枝开角：主侧枝的角度凡不符合整形要求，均应适度调整。时间是 8 月末 9 月初。

3.5　花果管理

3.5.1　自然虫媒授粉和人工辅助授粉：桃树坐果率极高，露地桃一般不用人工授粉，但对坐果率低和没有花粉的品种要进行人工辅助授粉。

3.5.2　疏花疏果

3.5.2.1　原则：根据品种特点和果实成熟期，通过整形修剪、疏花疏果等措施调节产量，一般每 667 平方米产量为 1 250 ~ 2 500 千克。

3.5.2.2　时期：疏花在花蕾期至初花期进行；疏果从落花后两周到硬核期前进行。疏果可分两次进行，第一次于果实豆粒大小时进行，第二次于生理落果后进行，主要疏除病残果、畸形果、双果、疏果间距 15 ~ 20 厘米/果。坐果率高、产量稳的品种要早疏，树势强，生长势旺的宜晚疏。肥水条件好的适当多留。

3.5.2.3　方法：具体步骤先里后外，先上后下；疏果首先疏除小果、双果、畸形果、病虫果；其次是朝天果；无叶果枝上的果。选留部位以果枝两侧、向下生长的果为好。大果型：长果枝留 3 ~ 4 个，中果枝留 2 ~ 3 个，短果枝留 1 ~ 2 个。中果型：长果枝留 4 ~ 8个，中果枝留 3 ~ 4 个，短果枝留 2 ~ 3 个。小果型：长果枝留 5 ~ 8 个，中果枝留 4 ~ 5个，短果枝留 2 ~ 4 个。

3.5.3　果实套袋

3.5.3.1　时期和方法：在定果后及时套袋，一般在花后 50 ~ 80 天进行。套袋前要喷一次杀菌剂和杀虫剂。套袋顺序为先早熟后晚熟，坐果率低的品种可晚套，减少空袋率。

3.5.3.2　解袋：解袋一般在果实成熟前 10 ~ 20 天进行；不易着色的品种和光照不良的地区可适当提前解袋；解袋前，单层袋先将底部打开，逐渐将袋去除；双层袋应分两次解完，先解外层，后解内层。果实成熟期雨水集中的地区、裂果严重的品种也可不解袋。

3.6　植物生长调节剂多效唑的应用

目的是抑制新梢过旺生长，促进花芽分化。使用方法有叶面喷施和土壤追施两种。叶面喷施浓度为 200 ~ 300 倍液（15% 多效唑）。土壤追施单株 0.5 克/平方米即可。

3.7　病虫害防治

3.7.1　防治原则：积极贯彻"预防为主，综合防治"的植保方针。以农业和物理防治为基础，提倡生物防治，按照病虫害的发生规律，科学使用化学防治技术，有效控制病虫害。根据防治对象的生物学特性和危害特点，提倡使用生物源农药、矿物源农药（如石硫合剂和硫悬浮剂），禁止使用剧毒、高毒、高残留和致畸、致癌、致突变农药。使用化学农药时严格按照 GB 4285、GB/T 8321（所有部分）的要求控制施药量和安全。

3.7.2　主要病虫害及防治方法

3.7.2.1　主要病害防治

3.7.2.1.1　桃细菌性穿孔病

3.7.2.1.1.1　选择适宜本地生态环境的品种，切忌地下水位高、低洼黏重土地上栽植。

3.7.2.1.1.2　冬剪时剪除病害枝烧毁，清扫落叶，减少病源。

3.7.2.1.1.3　喷药，即芽膨大期使用 5 波美度石硫合剂 1 次，展叶后每半个月使用85% 代森锰锌 500 ~ 800 倍液 1 次，或 200 倍硫酸锌石灰液（配比为硫酸锌 1 千克加石灰 2千克加水 200 千克）1 次。

3.7.2.1.2　桃炭疽病

3.7.2.1.2.1　多施磷钾肥，控制氮肥施用量，以有机肥为主，改善园内及树冠内通风透光条件，及时摘除病果。

3.7.2.1.2.2　喷药，即芽膨大期喷 5 波美度石硫合剂。展叶后喷 800 倍 80% 甲基托布津或 1 500 倍炭轮克绝，喷药间隔时间为 10 ~ 15 天 1 次。

3.7.2.1.2.3　对抗病力差的中晚熟品种实施套袋栽培。

3.7.2.1.3　桃树流胶病

3.7.2.1.3.1　冬季或早春彻底刮除胶病，刮净后在病疤上纵横刻道，深达木质部，细致涂抹 50% 退菌特 50 倍液。

3.7.2.1.3.2　增施有机肥，改善土壤理化性质，增强树势，提高抗病力。

3.7.2.1.3.3　喷药，即萌芽期喷 1 次 5 波美度石硫合剂。从 4 月下旬开始每隔 15 ~ 20 天喷 1 次波美 0.3 度石硫合剂，连喷 3 次，喷药时重点是枝干。

3.7.2.1.4　桃树根癌病

3.7.2.1.4.1　栽树和育苗忌重茬。

3.7.2.1.4.2　手术治疗　将癌瘤彻底切除，集中烧毁，用 k84 农药（即土壤杆菌 84 号）30 ~ 50 倍液浸根，涂抹患部及其附近，也可以用 DT 胶悬剂 300 倍液。

3.7.2.1.4.3　苗木消毒　将病劣苗木剔出后用 k84 生物农药 30 ~ 50 倍液浸根淹没至接口下（3 ~ 5 分钟）或 3% 次氯酸钠液浸 3 分钟，还可以用 1% 硫酸铜液浸 5 分钟再放到 2% 石灰液中浸 2 分钟。

3.7.2.2　主要虫害防治

3.7.2.2.1　桃蛀螟

3.7.2.2.1.1　结合冬剪彻底剪除枯桩干橛，挖或刮除树皮缝中的越冬幼虫，及时消灭越冬虫源。

3.7.2.2.1.2　及时摘除虫果及拣拾落果并加热处理及深埋。

3.7.2.2.1.3　设置黑光灯诱虫灯诱杀成虫。

3.7.2.2.1.4　加强虫情观测，在卵发生期及幼虫孵化期（一般 5 月下旬）喷洒菊酯类农药 1 ~ 2 次。

3.7.2.2.2　梨小食心虫

3.7.2.2.2.1　刮除老粗皮、翘皮，彻底挖除越冬幼虫，夏季及时剪除被害新梢并烧毁。

3.7.2.2.2.2　在成虫发生期，以红糖 1 份、醋 4 份、水 18 份的比例配成糖醋液放园中，每隔 30 米放一碗或一盆，也可以用梨小性诱剂诱杀成虫，每 50 米放诱芯碗 1 个。

3.7.2.2.2.3　加强虫情测报，当卵果率达到 0.5% ~1% 即可喷药，可使用 2.5% 敌杀死乳剂 3 000 倍液，20% 速灭杀丁乳剂 2 000 倍液等。

3.7.2.2.3　桃蚜（赤蚜、粉蚜及瘤芽）

3.7.2.2.3.1　开始萌芽期喷 500 倍 48% 乐斯本乳液消灭初孵化幼虫。

3.7.2.2.3.2　桃树落花后至夏季可根据虫口密度喷吡虫啉 5 000 倍液，3% 定虫脒 1 000 倍液。

3.7.2.2.4　桃潜叶蛾

3.7.2.2.4.1　秋季落叶后彻底扫除落叶，集中烧毁消灭越冬蛹。

3.7.2.2.4.2　幼虫发生期喷 1 500 倍灭幼脲 3 号或 400 倍杀虫双。

3.7.2.2.5　桑白蚧：结合冬剪，剪除越冬虫口密度大的枝条，刮除枝条上的越冬虫体。若虫出现至分散期喷药除治，可选用蚧死净 800～1 000 倍液，20% 杀灭菊酯油 3 000 倍液。

3.7.2.2.6　红蜘蛛：结合冬剪和刮树皮消灭越冬雌成虫。喷药防治，萌芽期喷 1 次 5 波美度石硫合剂，在生长季节根据虫口密度适时喷尼索朗、螨死净、阿维菌素等杀螨剂。

3.8　采收

3.8.1　依据：主要依据成熟度为准，成熟一批采摘一批。

3.8.2　标准：远距离运输贮藏采收标准：绿色大部分褪去，白肉品种底色呈浅绿色；黄肉品种呈绿色，果面已平展，局部有坑洼，毛茸稍密；彩色品种开始着色，果实硬，7 成熟。

较远距离运输贮藏采收标准：绿色基本褪去，白肉品种底色呈绿色；黄肉品种呈绿黄色，果面平展，无坑洼，毛茸稍稀，果肉仍硬，稍有弹性，8 成熟。

近距离运输贮藏采收标准：绿色全褪去，白肉品种底色呈乳白色；黄肉品种呈浅黄色，果面光洁，毛茸稀，果肉弹性大，有芳香味，果实充分着色，9 成熟。

就地供应采收标准：白肉品种果实底色呈乳白色；黄肉品种呈金黄色或深黄色，果肉柔软，果皮易剥落，芳香浓郁，10 成熟。

第三十四节　无公害梨生产技术规程

1. 范围

本标准规定了无公害食品梨生产的园地选择与规划、品种和砧木选择、栽植、土肥水管理、整形修剪、花果管理、病虫害防治和果实采收。

本标准适用于无公害食品梨的生产。

2. 规范性引用文件

下列文件中的条款通过本标准的引用而成为本标准的条款。凡是注日期的引用文件，其随后所有的修改单（不包括勘误的内容）或修订版均不适用于本标准，然而，鼓励根据本标准达成协议的各方研究是否可使用这些文件的最新版本。凡是不注日期的引用文件，其最新版本适用于本标准。

NY/T 442—2001　　　梨生产技术规程

NY/T 498—2002　　　肥料合理使用准则　通则

NY 5101　　　　　　无公害食品　梨产地环境条件

3. 园地选择与规划

3.1　园地选择

园地应选在交通方便、水源充足、土壤疏松、土层深厚、地下水位较低，排水良好的沙壤土、沙土、壤土、黏土。环境条件符合 NY 5101 的要求，其余按 NY/T 442—2001 中 3.1 规定执行。

3.2　园地规划

科学规划，集中连片建园，规划建设防护林、小区、道路、包装场，配置水利设施。其余按 NY/T 442—2001 中 3.2 规定执行。

4. 品种和砧木选择

选择黄金梨、水晶、砀山酥等品种。按 NY/T 442—2001 中第 4 章规定执行。

5. 栽植技术

5.1　前期计划密植株行距为 2 米×4 米，间伐后株行距为 4 米×4 米。

5.2　授粉树配置 20%，栽植行向为南北向。

5.3　栽植前挖宽 1 米，深 0.8 米定植沟，沟底填入秸秆、树叶、杂草，将表土与有机肥、磷肥混匀后填入中间，生土在上，灌水沉实。平均株施 50～100 千克有机肥，1 千克过磷酸钙，栽植以秋栽为主，也可春栽。按 NY/T 442—2001 中 5.1～5.8 规定执行。

6. 土肥水管理

6.1　土壤管理

6.1.1　深翻改土：分为扩穴深翻和全园深翻。扩穴深翻结合秋施基肥进行，在定植穴（沟）外挖环状沟或平行沟，沟宽 80 厘米，深 80～100 厘米。土壤回填时混以有机肥，表土放在底层，底土放在上层，然后充分灌水，使根土密接。

6.1.2　中耕：清耕制果园及生草制果园的树盘在生长季降雨或灌水后，及时中耕除草，保持土壤疏松。中耕深度 5～10 厘米，以利调温保墒。

6.1.3　树盘覆盖和埋草：覆盖材料可选用麦秸、麦糠、玉米秸、稻草及田间杂草等，覆盖厚度 10～15 厘米，上面零星压土，连覆 3～4 年后结合秋施基肥浅翻 1 次；也可结合深翻开大沟埋草，提高土壤肥力和蓄水能力。

6.1.4　种植绿肥和行间生草：按 NY/T 442—2001 中 8.1.2 规定执行。

6.2　施肥

6.2.1　施肥原则：按照 NY/T 498—2002 的规定执行。所施用的肥料不对果园环境和果实产生不良影响，是农业行政主管部门登记或免予登记的肥料。

6.2.2　允许使用的肥料种类

6.2.2.1　有机肥料：包括堆肥、沤肥、厩肥、沼气肥、绿肥、作物秸秆肥、泥炭肥、饼肥、腐殖酸类肥、人畜废弃物加工而成的肥料等。

6.2.2.2　微生物肥料：包括微生物制剂和微生物处理肥料等。

6.2.2.3　化肥：包括氮肥、磷肥、钾肥、硫肥、钙肥、镁肥及复合（混）肥等。

6.2.2.4　叶面肥：包括大量元素类、微量元素类、氨基酸类、腐殖酸类肥料。

6.2.3　施肥方法和数量

6.2.3.1　基肥：秋季施入，以农家肥为主，可混加少量氮素化肥。施肥量，初果期树按每生产 1 千克果施 1.5～2.0 千克优质农家肥计算；盛果期梨园每 667 平方米施农家肥 3 方以上。施用方法采用沟施，挖放射状沟或在树冠外围挖环状沟，沟深 40～80 厘米。

6.2.3.2 追肥

6.2.3.2.1 土壤追肥

6.2.3.2.1.1 花前肥：在萌芽前进行，以速效性氮肥为主，施用量占全年施氮量的20%，初结果和旺树此时不宜施氮肥。

6.2.3.2.1.2 膨果肥：在花芽分化及果实膨大期，以磷钾肥为主，氮磷钾混合使用。

6.2.3.2.1.3 壮果肥：在果实生长后期，如树势正常，新梢量多，负果适度，追肥应以钾肥为主。如树势体衰弱，负果量多，应以氮肥为主。采收前一个月应停止施用氮肥。其余时间根据具体情况进行施肥。

施肥量以当地的土壤条件和施肥特点确定。施肥方法是树冠下开环状沟或放射状沟，沟深15~20厘米，追肥后及时灌水。

6.2.3.2.2 叶面喷肥：全年4~5次，一般生长前期2次，如4~5月份梨树由储藏养分转变到当年同化养分的转变时期，以氮肥为主；后期2~3次，以磷、钾肥为主，也可根据树体情况喷施果树生长发育所需的微量元素。常用肥料浓度为尿素0.2%~0.3%，磷酸二氢钾0.2%~0.3%，硼砂0.1%~0.3%。叶面喷肥宜避开高温时间。

6.3 水分管理

6.3.1 灌水时期：花前、花后、果实膨大期、采果后和封冻前灌水，可根据降雨情况决定。灌溉水的质量应符合 NY 5101 中的规定。其余按 NY/T 442—2001 中 8.3 规定执行。

6.3.2 需水量和灌水量：需水量为每形成 1 克干物质所蒸腾的水量。

灌水量＝灌溉面积×土壤浸湿深度×土壤容重×（田间持水量－灌前土壤湿度）。

6.3.3 灌水方法：在水源不足地区可采用沟灌和穴灌，资金条件较好的地区可采用喷灌和滴灌。

7. 整形修剪

按 NY/T 442—2001 中 7.17.2 规定执行。加强生长季修剪，及时拉枝开角等，以增加树冠内通风透光度。剪除病虫枝，清除病僵果。

7.1 整形

7.1.1 Y形（倒人字形）：适宜株行距为 1 米×（3.5~4）米的高密度园。干高40~50厘米，树高2米，冠径2.5米，树形长方形。主枝两个，主枝间夹角70°左右，主枝与地面夹角50°~80°，主枝上均匀分布结果枝组。

7.1.2 多主枝开心形：适宜株行距为 2 米×（3.5~4）米的中密度园，干高50厘米，树冠为半圆形，主干以上30厘米范围内向四周均匀分布4个主枝，向外斜生。主枝与地面夹角40°，其上均匀分布枝组。

7.2 修剪

7.2.1 幼树期：以冬剪为辅，夏剪为主，促进树体成形和花芽形成。夏季采用拉枝等方法开张角度促花，也可在5月底和8月底初环割两次促花，深达木质部，两次环割间隔7~10天，间距3~4厘米。

7.2.2 成年树：修剪主要是稳定树势，控制树体高度，克服上强下弱，防止结果部位外移。疏除过密大枝、徒长旺枝，保持通风透光，进行结果枝组更新复壮修复，调节生长和结果关系，使花、果、枝每年各占1/3。

8. 花果管理

8.1 花粉采集

采集花粉一般结合疏花进行，当授粉品种的花处于初花期时采集花朵，将采集来的花取下花药，可用两手各持一花，将两花相互摩擦，花药即可脱落。将花药置于 20 ~ 25℃室温下晾干，勿日晒火烤，干后贮存。

8.2 授粉方法

8.2.1　果园放蜂：此方法是授粉的一种好方法，一般一只蜜蜂可携带花粉 5 000 ~ 10 000 粒，每箱蜂可保证 10 亩（15 亩等于 1 公顷）梨园授粉。

8.2.2　人工授粉

8.2.2.1　喷粉或液体授粉：大面积梨园为提高工效，可用小型喷粉机或喷雾器授粉，喷粉时每份花粉可加 20 ~ 30 份干淀粉，立即使用；液体授粉可配制成花粉悬浮液，其配制方法是：水 5 千克、花粉 10 克、砂糖 250 克、硼砂 15 克和尿素 15 克，混合过滤喷施，随配随用。

8.2.2.2　机械授粉：喷粉前在花粉中加入 50 ~ 250 倍填充剂，如石松子粉，用喷粉器喷粉，要在 4 小时内喷完。

8.2.2.3　人工点粉：授粉时将花粉装入小瓶内，用授粉器蘸花粉，轻轻在花柱头点授。

8.2.2.4　鸡毛掸子授粉：在有授粉树的梨园盛花期，将鸡毛掸子绑到竹竿上，先在授粉树上滚动沾上花粉，再在被授粉品种树上轻轻滚动，上下内外反复 1 ~ 2 次。此方法不适于在风大或阴雨天进行。

8.3 疏花疏果

8.3.1　留果量的确定：根据枝果比、叶果比或果间距定果，砀山酥梨枝果比 3.5：1，叶果比为（25 ~ 30）：1，果间距为 20 厘米左右留一单果。

8.3.2　方法：疏蕾、花、果均疏中心蕾、花、果，留边蕾、花、果。

8.3.2.1　疏蕾：梨树显蕾后，按枝果比把需要留的花蕾留下，其余一次在蕾期疏除。

8.3.2.2　疏花：疏花一般在花序后至开花前进行，每花序留 2 ~ 3 朵边花，疏掉其余花。

8.3.2.3　疏果：疏果于落花后 10 ~ 20 天内完成，每花序一般留单果，疏去病虫果、畸形果、小果，并间隔 20 厘米左右，过稀的地方可留双果，杜绝多果。在幼果膨大后定果。一般在 5 月 20 日前定完果。小年树可留双果。

8.4 果实套袋

定果后及时喷药，在 5 月底以前进行果实套袋。

其余按 NY/T 442—2001 中第八章规定执行。

9. 病虫害防治

9.1 防治原则

以农业防治和物理防治为基础，提倡生物防治，按照病虫害的发生规律和经济阈值，科学使用化学防治技术，有效控制病虫危害。

9.2 农业防治

栽植优质无病毒苗木；通过加强肥水管理、合理控制负载等措施保持树势健壮，提高抗病力；合理修剪，保证树体通风透光，恶化病虫生长环境；清除枯枝落叶，刮除树干老翘裂皮，翻树盘，剪除病虫枝果，减少病虫源，降低病虫基数；不与苹果、桃等其他果树混栽；梨园周围5千米范围内不栽植桧柏，以防止锈病流行等。

9.3 物理防治

根据害虫生物学特性，采取糖醋液、树干缠草绳和诱虫灯等方法诱杀害虫。

9.4 生物防治

人工释放赤眼蜂。助迁和保护瓢虫、草蛉、捕食螨等昆虫天敌。应用有益微生物及其代谢产物防治病虫。利用昆虫性外激素诱杀或干扰成虫交配。

9.5 化学防治

9.5.1 药剂使用原则

9.5.1.1 禁止使用剧毒、高毒、高残留农药和致畸、致癌、致突变农药（附录A）。

9.5.1.2 提倡使用生物源农药和矿物源农药。

9.5.1.3 提倡使用新型高效、低毒、低残留农药。

9.5.2 科学合理使用农药

9.5.2.1 加强病虫害的预测预报，有针对性地适时用药，未达到防治指标或益虫与害虫比例合理的情况下不使用农药。

9.5.2.2 根据天敌发生特点，合理选择农药种类、施用时间和施用方法，保护天敌。

9.5.2.3 注意不同作用机理农药的交替使用和合理混用，以延缓病菌和害虫产生抗药性，提高防治效果。

9.5.2.4 严格按照规定的浓度、每年使用次数和安全间隔期要求施用，施药均匀周到。

9.5.2.5 推荐使用附录B中列出的化学农药。

9.6 主要病虫害

9.6.1 主要病害

包括梨黑星病、腐烂病、干腐病、轮纹病、黑斑病、锈病和褐斑病。

9.6.2 主要害虫

包括梨木虱、蚜虫类、叶螨、食心虫类、卷叶虫类和蝽象。

9.7 防治规程

参见附录C。

10. 果实采收

根据果实成熟度、用途和市场需求综合确定采收适期。成熟期不一致的品种，应分期采收。采收时注意轻拿轻放，避免机械损伤。

附录A：（规范性附录）
禁止使用的农药

包括滴滴涕、六六六、杀虫脒、甲胺磷、对硫磷、甲基对硫磷、久效磷、磷胺、甲拌磷、氧乐果、水胺硫磷、特丁硫磷、甲基硫环磷、治螟磷、甲基异柳磷、内吸磷、克百威、涕灭威、灭多威、汞制剂、砷类等。其他国家规定禁止使用的农药，从其规定。

附录 B：（规范性附录）
推荐使用的化学药剂及使用准则

B.1. 杀虫杀螨剂使用准则

表 B.1 杀虫杀螨剂

农药名称	每年最多使用次数	安全间隔期/天
吡虫啉	—	—
毒死蜱	—	—
氯氟氰菊酯	2	21
氯氰菊酯	3	21
甲氰菊酯	3	30
氰戊菊酯	3	14
辛硫磷	4	7
双甲磷	3	20

注：所有农药的施用方法及使用浓度均按国家规定执行

B.2. 杀菌剂使用准则

表 B.2 杀菌剂

农药名称	每年最多使用次数	安全间隔期/天
烯唑醇	3	21
氯苯嘧啶醇	3	14
氟硅唑	2	21
亚胺唑	3	28
代森锰锌·乙磷铝	3	10
代森锌	—	—

注：所有农药的施用方法及使用浓度均按国家规定执行

附录 C：（资料性附录）
病虫害防治规程

C.1. 落叶至萌芽前

C.1.1. 重点防治腐烂病、干腐病、枝干轮纹病和叶螨。

C.1.2. 清除枯枝落叶。结合冬剪，剪除病虫枝梢、病僵果，翻树盘及刮除老粗翘皮、病瘤、病斑等，集中深埋或烧毁。

C.1.3. 树体喷布 1 次 3~5 波美度石硫合剂。

C.2. 萌芽至开花前

C.2.1. 重点防治黑星病、腐烂病、枝干轮纹病、黑斑病、梨木虱、叶螨和蚜虫类。

C.2.2. 刮除病斑和病瘤。

C.2.3. 喷布氟硅唑混加吡虫啉。

C.3. 落花后至幼果套袋前

C.3.1. 重点防治黑星病、果实轮纹病、锈病、黑斑病、梨木虱、叶螨和蚜虫类。

C.3.2. 喷施烯唑醇，或氟硅唑，或亚胺唑，或代森锰锌，防治锈病、黑星病和果实轮纹病。

C.3.3. 梨木虱第一代若虫发生期，尚未分泌黏液前，喷施阿维菌素、吡虫啉或甲氰菊酯，混加多菌灵防治梨黑斑病。

C.3.4. 蚜虫和叶螨的防治可喷施吡虫啉。

C.4. 果实膨大期

C.4.1. 重点防治黑星病、轮纹病、黑斑病、梨木虱和食心虫。

C.4.2. 防治黑星病和轮纹病使用的药剂同 C.3.2。

C.4.3. 混合使用拟除虫菊酯类农药和有机磷类农药防治食心虫和梨木虱，以扩大防治对象，提高防治效果。

C.4.4. 进入雨季，交替使用倍量式波尔多液（1∶2∶200）或内吸性杀菌剂，防治果实和叶片病害，15 天左右喷 1 次。

C.5. 果实采收前后

C.5.1. 重点防治轮纹病、炭疽病、黑星病和食心虫。

C.5.2. 喷施氟硅唑或多菌灵，混加拟除虫菊酯类农药。

C.5.3. 采收前 20 天喷布 1 次代森锰锌，防治果实病害。

C.5.4. 落叶后，清扫落叶，病虫果，集中烧毁或深埋。

第三十五节　无公害小杂果生产技术规程

1. 范围

本规程规定了无公害小杂果生产园地选择与规划、栽植、土肥水管理、整形修剪、花果管理、病虫害防治和果实采收等技术。

本规程适用于无公害小杂果的露地生产。

2. 规范性引用文件

下列文件中的条款通过本规程的引用而成为本规程的条款。凡是注日期的引用文件，其随后所有的修改单（不包括勘误的内容）或修订版均不适用于本规程，然而，鼓励根据本规程达成协议的各方研究是否可使用这些文件的最新版本。凡是不注日期的引用文件，其最新版本适用于本规程。

GB 4285　　　　　　农药安全使用标准

GB/T 8321　　　　　（所有部分）农药合理使用准则

NY/T 496　　　　　　肥料合理使用准则　通则

NY 5113　　　　　　无公害食品小杂果产地环境条件

NY 5114—2002　　　无公害食品小杂果生产技术规程

中华人民共和国农业部公告第 199 号（2002 年 5 月 24 日）

3. 要求

3.1 园地选择与规划

3.1.1　园地选择

3.1.1.1　气象条件

适宜的年平均气温为 8～14℃，绝对最低温度 ≥ －23℃，休眠期≤7.2℃的低温积累 600 小时以上；年日照时数≥1 200 小时。

3.1.1.2　土壤条件：土壤质地以土质轻松、排水畅通的沙质壤土为好，pH 值 5.0～8.2 可以种植，但以 5.5～6.5 微酸性为宜，盐分含量≤1 克/千克，有机质含量最好≥10 克/千克，地下水位在 1.0 米以下。注意不要在重茬地建园。

3.1.1.3　产地环境：水质和大气质量按 NY 5113 执行。

3.1.2　园地规划：园地规划包括：小区划分、道路及排灌系统设置、防护林营造、分级包装车间及库房建设等。

平地及坡度在 6°以下的缓坡地，栽植行向为南北向，坡度在 6°～20°的山地、丘陵地，栽植行沿等高线延长。

3.1.3　品种选择：根据气候，结合品种的类型、成熟期、品质、耐贮运性、抗逆性等制订品种规划方案；同时考虑市场、交通、消费和社会经济等综合因素选择品种。目前，建议选择的品种：早凤王、冠华1号、红丰、金奥特、春艳、九月青、安农水蜜、新川中岛、华光、曙光、艳光、寒露蜜、美香等。主栽品种与授粉品种的比例一般在（5～8）∶1；当主栽品种的花粉不稔时，主栽品种与授粉品种的比例提高至（2～4）∶1。

3.2 栽植

3.2.1　时期：秋季落叶后至翌年春季果树萌芽前均可以栽植。

3.2.2　密度：每 667 平方米栽植 80 棵。

3.2.3　方法：嫁接口朝风方向，边添土边轻轻向上提苗、踏实，使根系与土充分密接；栽植深度以根茎部与地面相平为宜，栽植完毕后，立即灌透水。定植穴大小宜为 2 米×4 米，在沙土脊薄地可适当加大。

3.3 土肥水管理

3.3.1　土壤管理

3.3.1.1　深翻改土：每年秋季果实采收后结合秋施基肥深翻改土。扩穴深翻为在定植穴（构）外挖环状沟或平行沟，沟宽 50 厘米，深 30～45 厘米，全园深翻应将栽植穴外的土壤全部深翻，深度 30～40 厘米。土壤回填时混入有机肥，然后充分灌水。

3.3.1.2 中耕：实施清耕制的果园，生长季降雨或灌水后，及时中耕松土；中耕深度 5～10 厘米。

3.3.1.3 覆草和埋草

覆草材料可用麦秸、麦糠、玉米秸及其他杂草等。把覆盖物覆盖在树冠下，厚度 20～25 厘米，上面压少量土。实施覆草制的果园树盘应抬高 10～20 厘米，且树干周围 30 厘米内不覆草，以防雨后积水。

3.3.1.4 行间生草：提倡果园实行生草制，种植的间作物应与果树无共性病虫害的浅根、矮秆植物，以豆科植物为宜。推广应用白三叶草，生长季节适时收割覆盖于树盘。

3.3.2 施肥

3.3.2.1 原则：按照 NY/T 496 规定执行。所使用的肥料不应对果园环境和果实品质产生不良影响，应是经过农业行政主管部门登记或免予登记的肥料，提倡根据土壤和叶片的营养分析进行配方施肥和平衡施肥。

3.3.2.2 允许使用的肥料种类

3.3.2.2.1 有机肥料：包括堆肥、沤肥、厩肥、沼气肥、绿肥、作物秸秆肥、泥肥、饼肥等农家肥和商品有机肥、有机复合（混）肥等。

农家肥的卫生标准，高温堆肥：最高堆温达 60～66℃，持续 6～7 天，蛔虫卵死亡率 96%～100%，粪大肠菌值 10^{-2}～10^{-1}，有效地控制苍蝇孳生，肥堆周围没有活的蛆、蛹或新羽化的成蝇；沼气发酵肥：密封储存期 30 天以上，高温沼气发酵温度（63 ± 2）℃持续 2 天，寄生虫卵沉降率 96% 以上，在使用粪液中不得检出活的血吸虫卵和钩虫卵，粪大肠菌值普通沼气发酵 10^{-4}，高温沼气发酵 10^{-2}～10^{-1}，有效地控制蚊蝇孳生，粪液中无孑孓，池的周围无活的蛆蛹或新羽化的成蝇，沼气池残渣经无害化处理后方可用作农肥。

3.3.2.2.2 腐殖酸类肥料：包括腐殖酸类肥。

3.3.2.2.3 化肥：包括氮、磷、钾等大量元素肥料和微量元素肥料及其复合肥等。

3.3.2.2.4 微生物肥料：包括微生物制剂及经过微生物处理的肥料。

3.3.2.2.5 使用的肥料中应注意的事项：禁止使用未经无害化处理的城市垃圾或含有重金属、橡胶和有害物质的垃圾；控制使用含有氯化肥和含氯复合肥。

3.3.2.3 施肥方法和数量

3.3.2.3.1 基肥：秋季果实采收后施入，以农家肥为主，一般每 667 平方米施 3～4 方优质有机肥，混加少量化肥。时间在 9 月中下旬，施用方法以沟施为主，施肥部位在树冠投影范围内。施肥方法为挖放射状沟、环状沟或平行沟，沟深 30～45 厘米，以达到根系主要分布层为宜。

3.3.2.3.2 追肥：追肥的次数、时间、用量等根据品种、树龄、栽培管理方式、生长发育时期以及外界条件等而有所不同。幼龄树和结果树的果实发育前期，追肥以氮磷肥为主；果实发育后期以磷钾肥为主。高温干旱期应按使用范围的下限施用。全年追肥 2～3 次，前期多追肥，后期少追肥。按氮:磷:钾 = 1:0.4:1.2 的比例进行追肥。

3.3.2.3.3 根外追肥：每年根外施肥 5～6 次。萌芽前喷 4%～5% 硫酸锌；花前或盛花期喷 0.1%～0.3% 硼砂；麦收前 1～2 次，麦收后 2～3 次，主要以光合微肥、磷酸二氢钾为主，距果实采收期 20 天内停止叶面追肥。

3.3.3 水分管理

3.3.3.1 灌溉：芽萌动前、果实迅速膨大期和落叶后封冻前应及时灌水。要求灌溉水无污染，水质应符合 NY 5113 规定。

3.3.3.1.1 排水：设置排水系统，在多雨季节通过沟渠能及时排水。

3.4 整形修剪

3.4.1 主要树形

3.4.1.1 三主枝开心形：干高 40～50 厘米，选留 3 个主枝，主枝在主干上分布错落有致，主枝方向不要正南；主枝分枝角度在 40°～70°；每个主枝配置 2～3 个侧枝。呈顺向排列，侧枝开张度 70°左右。

3.4.1.2 两主枝开心形：干高 40～50 厘米，2 个主枝角度 60°～90°，主枝上直接培养结果枝组。

3.4.1.3 多主枝自然开心形：干高 40～50 厘米，选留 4～5 个主枝，在主干上分布错落有致，主枝方向不要正南；主枝分枝角度在 40°～70°；每个主枝配置 2～3 个侧枝。呈顺向排列，侧枝开张角度 70°左右。

3.4.2 修剪要点

3.4.2.1 幼树期及结果初期：幼树生长旺盛，应重视夏季修剪。主要以整形为主，尽快扩大树冠，培养牢固的骨架；对骨干枝、延长枝适度短截，对非骨干枝轻剪长放，提早结果，逐渐培养各类结果枝组。

3.4.2.2 盛果期：修剪的主要任务是前期保持树势平衡，培养各种类型的结果枝组。中期后要抑前促后，回缩更新，培养新的枝组，防止早衰和结果部位外移。结果枝组要不断更新。应重视夏季修剪。

3.5 花果管理

3.5.1 疏花疏果

3.5.1.1 原则：根据品种特点、管理水平和树势强弱，调节产量，一般每 667 平方米在 1 250～2 500 千克。

3.5.1.2 时期：疏花芽可结合冬剪和花前复剪进行，疏花在大蕾期进行；疏果从落花后两周到硬核期前进行。

3.5.1.3 方法：具体步骤先里后外，先上后下；疏花要疏除瘦、弱的花芽和背上朝天的花芽；疏果首先疏除小果、双果、畸形果、病虫果，其次，是朝天果、无叶果枝上的果。选留部位以果枝两侧、向下生长的果为好。长果枝留 3～4 个，中果枝留 2～3 个，短果枝、花束状结果枝留 1 个或不留。

3.5.2 果实套袋

3.5.2.1 套袋时间和方法：在定果后及时套袋，套袋前要喷一次杀菌剂和杀虫剂。套袋顺序为先早熟品种后晚熟品种，坐果率低的品种可晚套，以减少空袋率。

3.5.2.1.1 解袋：解袋一般在果实成熟前 10～20 天进行；不易着色的品种和光照不良的地区可适当提前解袋；解袋前，单层袋先将底部打开，逐渐将袋去除；双层袋应分两次解完，先解外层，后解内层。果实成熟期雨水集中地区、裂果严重的品种也可不解袋。

4. 病虫害防治

4.1 主要病虫害

有细菌性穿孔病、疮痂病、缩叶病；叶螨、潜叶蛾、蚧类害虫、小食心虫。

4.2 防治原则

积极贯彻"预防为主，综合防治"的植保方针。以农业和物理防治为基础，提倡生物防治，按照病虫害的发病规律和经济阈值，科学使用化学防治技术，有效控制病虫害。

4.3 农业防治

合理修剪，使树冠通风透光良好；合理负载，保持树体健壮；在果树休眠期间采取剪除病虫枝、人工捕捉、清除枯枝落叶、翻树盘（休眠后期）、地面覆盖秸秆，刮除老翘皮、腐烂病斑，并涂治 3 ~ 5 波美度石硫合剂，促进伤口愈合，避免流胶，科学施肥等措施抑制或减少病虫害发生。

4.3.1 物理防治：根据病虫生物学特性，在果树 4 ~ 5 月份采取糖醋液诱杀害虫，5月份以后采取黑光灯诱杀害虫，还可以采用频振式杀虫灯、树干缠草把、沾着剂和防虫网等方法诱杀害虫。

4.4 生物防治

通过保护瓢虫、小花蝽、草蛉、食蚜蝇、捕食螨等天敌，控制蚜虫、叶螨、潜叶蛾等自然天敌；或利用有益微生物及其代谢物防治害虫，如利用昆虫性外激素诱杀害虫。

4.5 化学防治

4.5.1 禁止使用的农药包括六六六、滴滴涕、毒杀芬、甲拌磷、对硫磷、甲基对硫磷、甲胺磷、甲基异柳磷、氧化乐果、克百威、涕灭威、灭多威、杀虫脒、二溴氯丙烷、久效磷、磷铵、特丁硫磷、甲基硫环磷、治螟磷、内吸磷、灭线磷、硫环磷、蝇毒磷、地虫硫磷、氯唑磷、苯线磷、水胺硫磷、福美胂等胂制剂，以及国家规定禁止使用的剧毒、高毒、高残留农药和致畸、致癌、致突变农药。

4.5.2 使用化学药品时，按 GB 4285、GB/T 8321（所有部分）规定执行。

5. 果实采收

根据果实成熟度、用途和市场需求综合确定采收适期。成熟期不一致的品种应该分期采收。采收时，轻拿轻放。

第三十六节 无公害草莓生产技术规程

1. 范围

本标准规定了无公害食品草莓的生产技术。
本标准适用于无公害食品草莓的生产。

2. 规范性引用文件

下列文件中的条款通过本标准的引用而成为本标准的条款。凡是注日期的引用文件，其随后所有的修改单（不包括勘误的内容）或修订版均不适用于本标准，然而，鼓励根据本标准达成协议的各方研究是否可使用这些文件的最新版本。凡是不注日期的引用文件，其最新版本适用于本标准。

GB 4285 农药安全使用标准

GB/T 8321（所有部分）农药合理使用　准则

NY/T 444—2001 草莓

NY/T 496—2002 肥料合理使用准则通则

NY 5104 无公害食品草莓产地环境条件

中华人民共和国农业部公告第 194 号（2002 年月 22 日）

中华人民共和国农业部公告第 199 号（2002 年 5 月 24 日）

3. 要求

3.1　产地环境

3.1.1　产地环境质量：无公害草莓生产的产地环境条件应符合 NY 5104 的规定。

3.1.2　土壤条件：土层较深厚，质地为壤质，结构疏松，微酸性或中性土壤，有机质含量在 15 克/千克以上，排灌方便。

3.2　施肥原则及允许使用的肥料

3.2.1　施肥原则：按照 NY/T 496—2002 规定执行。使用的肥料应是在农业行政主管部门已经登记或免于登记的肥料。限制使用含氯复合肥。

3.2.2　允许使用的肥料种类

3.2.2.1　有机肥料：包括堆肥、沤肥、厩肥、沼气肥、绿肥、作物秸秆肥、泥炭肥、饼肥、腐殖酸类肥、人畜废弃物加工而成的肥料等。

3.2.2.2　微生物肥料：包括微生物制剂和微生物处理肥料等。

3.2.2.3　化肥：包括氮肥、磷肥、钾肥、硫肥、钙肥、镁肥及复合（混）肥。

3.2.2.4　叶面肥：包括大量元素类、微量元素类、氨基酸类、腐殖酸类肥料。

3.3　栽培方式

草莓栽培分为设施栽培和露地栽培两大类。我国草莓设施栽培的主要类型有：日光温室促成栽培、塑料大棚促成栽培、日光温室半促成栽培、塑料大棚半促成栽培及塑料拱棚早熟栽培。

3.4　品种选择

促成栽培选择休眠浅的品种，半促成栽培选择休眠较深或休眠深的品种。

露地栽培选择休眠深或较深的品种，品种选择时还应考虑品种的抗性、品质等性状。

3.5　育苗

3.5.1　母株选择：选择品种纯正、健壮、无病虫害的植株作为繁殖生产用苗的母株，建议使用脱毒苗。

3.5.2　母株定植

3.5.2.1　定植时间：春季日平均气温达到 10℃以上时定植母株。

3.5.2.2　苗床准备：每 667 平方米施腐熟有机肥 5 000 千克，耕匀耙细后做成宽 1.2～1.5 米的平畦或高畦。

3.5.2.3 定植方式：将母株单行定植在畦中间，株距 50~80 厘米。植株栽植的合理深度是苗心茎部与地面平齐。做到深不埋心，浅不露根。

3.5.3 苗期管理：定植后要保证充足的水分供应。为促使早抽生、多抽生葡匐茎，在母株成活后可喷施一次赤霉素（GA3 浓度为 50 毫克/升）。葡匐茎发生后，将葡匐茎在母株四周均匀摆布，并在生苗的节位上培土压蔓，促进子苗生根。整个生长期要及时人工除草，见到花序立即去除。

3.5.4 假植育苗

3.5.4.1 假植育苗方式：草莓假植育苗有营养钵假植和苗床假植两种方式。在促进花芽提早分化方面，营养钵假植育苗优于苗床假植育苗。建议促成栽培和半促成栽培采用假植育苗方式。

3.5.4.2 营养钵假植育苗

3.5.4.2.1 营养钵假植：在 6 月中旬至 7 月中下旬，选取二叶一心以上的葡匐茎子苗，栽入直径 10 厘米或 12 厘米的塑料营养钵中。育苗土为无病虫害的肥沃表土，加入一定比例的有机物料，以保持土质疏松。适宜的有机物料主要有草炭、炭化稻壳、腐叶、腐熟秸秆等。可因地制宜，取其中之一。另外，每平方米育苗土中加入优质腐熟农家肥 20 千克。将栽好苗的营养钵排列在架子上或苗床上。株距 15 厘米。

3.5.4.2.2 假植苗管理：栽植后浇透水，第 1 周必须遮阴，定时喷水以保持湿润。栽植 10 天后叶面喷施 1 次 0.2% 尿素，每隔 10 天喷施 1 次磷钾肥。及时摘除抽生的葡匐茎和枯叶、病叶，并进行病虫害综合防治后期。苗床上的营养钵苗要通过转钵断根。

3.5.4.3 苗床假植育苗

3.5.4.3.1 苗床假植：苗床宽 1.2 米，每 667 平方米施腐熟有机肥 3 000 千克，并加入一定比例的有机物料。在 6 月下旬至 7 月中下旬选择具有 3 片展开叶的葡匐茎苗进行栽植。株行距 15 厘米 ×15 厘米。

3.5.4.3.2 假植苗管理：适当遮阳。栽后立即浇透水，并在 3 天内每天喷 2 次水，以后见干浇水以保持土壤湿润。栽植 10 天后叶面喷施 1 次 0.2% 尿素，每隔 10 天喷施 1 次磷钾肥。及时摘除抽生的葡匐茎和枯叶、病叶，并进行病虫害综合防治。8 月下旬至 9 月初进行断根处理。

3.5.5 壮苗标准：具有 4 片以上展开叶，根茎粗度 1.2 厘米以上。根系发达，苗重 20 克以上，顶花芽分化完成，无病虫害。

3.5.6 生产苗定植

3.6 土壤消毒

采用太阳热消毒的方式。具体的操作方法：将基肥中的农家肥施入土壤。深翻，灌透水，土壤表面覆盖地膜或旧棚膜。为了提高消毒效果，建议棚室土壤消毒在覆盖地膜或旧棚膜的同时扣棚膜，密封棚室。土壤太阳热消毒在 7、8 月份进行，时间至少为 40 天。

3.6.1 定植时期：假植苗在顶花芽分化后定植。通常是在 9 月 20 日前后定植。对于非假植苗，棚室栽培在 8 月下旬至 9 月初定植，露地栽培在 8 月上中旬定植，四季品种在 8 月上中旬定植。

3.6.2 栽植方式：采用大垄双行的栽植方式。一般垄台高 30~40 厘米，上宽 50~60 厘米，下宽 70~80 厘米，垄沟宽 20 厘米。株距 15~18 厘米，小行距 25~35 厘米。棚室栽培每 667 平方米定植 7 000～9 000株，露地栽培每 667 平方米定植 8 000～10 000株。

3.7　栽培管理

3.7.1　促成栽培管理技术

3.7.1.1　保温

3.7.1.1.1　棚膜覆盖：日光温室覆盖棚膜是在外界最低气温降到 8～10℃ 的时候，温度低时在大棚内搭小拱棚保温。

3.7.1.1.2　地膜覆盖：顶花芽显蕾时覆盖黑色地膜，盖膜后，立即破膜提苗。

3.7.1.2　棚室内温湿度调节

3.7.1.2.1　温度调节：显蕾前：白天 26～28℃，夜间 15～18℃。显蕾期：白天 25～28℃，夜间 8～12℃。花期：白天 22～25℃，夜间 8～10℃。果实膨大期和成熟期：白天 20～25℃，夜间 5～10℃。

3.7.1.2.2　湿度调节：整个生长期都要尽可能降低棚室内的湿度。开花期白天的相对湿度保持在 50%～60%。

3.7.1.3　水肥管理

3.7.1.3.1　灌溉：采用膜下灌溉方式。最好采用膜下滴灌，定植时浇透水，一周内要勤浇水，覆盖地膜后以"湿而不涝，干而不旱"为原则。

3.7.1.3.2　施肥：基肥每 667 平方米施农家肥 5 方及氮磷钾复合肥 50 千克，氮磷钾的比例以 1.5：1.5：1.0 为宜。第一次追肥，顶花序显蕾时；第二次追肥，顶花序果开始膨大时；第三次追肥，顶花序果采收前期；第四次追肥，顶花序果采收后期；以后每隔 15～20 天追肥一次。追肥与灌水结合进行。肥料中氮磷钾配合，液肥浓度以 0.2%～0.4% 为宜。

3.7.1.4　赤霉素处理：对于休眠深草莓品种，为了防止植株休眠，在保温一周后往苗心处喷 GA_3，浓度为 5～10 毫克/升，每株喷约 5 毫升。

3.7.1.5　植株管理：摘叶和除匍匐茎，在整个发育过程中，应及时摘除匍匐茎和黄叶、枯叶、病叶。掰芽：在顶花序抽出后，选留 1～2 个方位好而壮的腋芽保留，其余掰掉。掰花茎，结果后的花序要及时去掉。疏花疏果，花序上高级次的无效花、无效果要及早疏除。每个花序保留 7～12 个果实。

3.7.1.6　放养蜜蜂：花前一周在棚室中放入 1～2 箱蜜蜂，蜜蜂数量以 1 株草莓 1 只蜜蜂为宜。

3.7.1.7　二氧化碳气体施肥：二氧化碳气体施肥在冬季晴天的午前进行，施放时间 2～3 小时，浓度 700～1 000毫克/升。

3.7.1.8　电灯补光：为了延长日照时数，维持草莓植株的生长势，建议采用电灯补光。每 667 平方米安装 100W 白炽灯泡 40～50 个，12 月上旬至 1 月下旬期间，每天在日落后补光 3～4 小时。

3.7.2　日光温室半促成栽培管理技术

3.7.2.1　保温：日光温室促成栽培在 12 月中旬至 1 月上旬开始保温。

3.7.2.2　棚室内温湿度调节：同 3.7.1.2。

3.7.2.3　水肥管理

3.7.2.3.1　灌溉：日光温室半促成栽培，定植后及时灌水，上冻前灌封冻水。保温后的灌水总体上做到"湿而不涝，干而不旱"。

3.7.2.3.2 施肥：基肥每 667 平方米施农家肥 5 方及氮磷钾复合肥 50 千克，氮磷钾的比例以 1.5：1.5：1.0 为宜。

第一次追肥，顶花序显蕾时；第二次追肥，顶花序果开始膨大时；第三次追肥，顶花序果采收后期；第四次追肥，第一腋花序果开始膨大时。追肥与灌水结合进行，肥料中氮磷钾配合，液肥浓度以 0.2%～0.4% 为宜。

3.7.2.4 赤霉素（GA₃）处理：为了促进草莓植株结束休眠，可以在保温后植株开始生长时往苗心处喷 GA_3，浓度为 5～10 毫克/升，每株喷约 5 毫升。

3.7.2.4.1 植株管理：同 3.7.1.5。

3.7.2.4.2 放养蜜蜂：同 3.7.1.6。

3.7.3 塑料拱棚早熟栽培管理技术

3.7.3.1 越冬防寒：拱棚早熟栽培在土壤封冻前扣棚膜，土壤完全封冻时在草莓植株上面覆盖地膜并在地膜上覆盖 10 厘米厚的稻草。

3.7.3.2 保温：拱棚栽培在 3 月上中旬开始保温，植株开始生长后破膜提苗。

3.7.3.3 水肥管理

3.7.3.3.1 灌溉：定植后及时灌水，上冻前灌封冻水，保温后植株开始发新叶时灌 1 次水。开花前，控制灌水，开花后，通过小水勤浇，保持土壤湿润。

3.7.3.3.2 施肥：每 667 平方米施农家肥 3～5 方及氮磷钾复合肥 50 千克，氮磷钾的比例以 1.5：1.5：1.0 为宜。追肥：第一次追肥，顶花序显蕾时；第二次追肥，顶花序果开始膨大时。追肥与灌水结合进行，肥料中氮磷钾配合，液肥浓度以 0.2%～0.4% 为宜。

3.7.3.4 植株管理：同 3.7.1.5。

3.7.4 露地栽培管理技术

3.7.4.1 越冬防寒：在温度降到 -5℃前浇 1 次防冻水，1 周后往草莓植株上覆盖一层塑料地膜，地膜上再压上稻草、秸秆或草等覆盖物，厚度 10～12 厘米。

3.7.4.2 去除防寒物：当春季平均气温稳定在 0℃左右时，分批去除已经解冻的覆盖物。当地温稳定在 2℃以上时，去除其他所有的防寒物。

3.7.4.3 植株管理：春季草莓植株萌发后，破膜提苗。及时摘除病叶、植株下部呈水平状态的老叶、黄化叶及匍匐茎。开花坐果期摘除偏弱的花序，保留 2～3 个健壮的花序。花序上高级次的无效花、无效果要及早疏除，每个花序保留 7～12 个果实。

3.7.4.4 水肥管理

3.7.4.4.1 灌溉：除了结合施肥灌溉外，在植株旺盛生长期、果实膨大期等重要生育期都需要进行灌溉，建议采用微喷设施。

3.7.4.4.2 施肥：基肥，每 667 平方米施农家肥 3～5 方及氮磷钾复合肥 50 千克，氮磷钾的比例以 1.5：1.5：1.0 为宜。追肥：开花前追施尿素 10～15 千克/667 平方米，花后追施磷钾复合肥，果实膨大期追施磷钾复合肥 20 千克/667 平方米。

3.8 病虫害防治

3.8.1 主要病虫害

3.8.1.1 主要病害包括白粉病、灰霉病、病毒病、芽枯病、炭疽病、根腐病和芽线虫。

3.8.1.2 主要虫害包括螨类、蚜虫、白粉虱。

3.8.2 防治原则：应以农业防治、物理防治、生物防治和生态防治为主，科学使用化学防治技术。

3.8.3 农业防治

3.8.3.1 选用抗病虫品种：选用抗病虫性强的品种是经济、有效的防治病虫害的措施。

3.8.3.2 使用脱毒种苗：使用脱毒种苗是防治草莓病毒病的基础。此外，使用脱毒原种苗可以有效防止线虫危害发生。

3.8.3.3 栽培管理及生态措施：发现病株、叶、果，及时清除烧毁或深埋；收获后深耕40厘米，借助自然条件，如低温、太阳紫外线等，杀死一部分土传病菌；深耕后利用太阳热进行土壤消毒；合理轮作。

3.8.4 物理防治

3.8.4.1 黄板诱杀白粉虱和蚜虫：在100厘米×20厘米的纸板上涂黄漆，上涂一层机油，每667平方米挂30～40块，挂在行间。当板上粘满白粉虱和蚜虫时，再涂一层机油。

3.8.4.2 阻隔防蚜：在棚室放风口处设防止蚜虫进入的防虫网。

3.8.4.3 驱避蚜虫：在棚室放风口处挂银灰色地膜条驱避蚜虫。

3.8.5 生物防治：扣棚后当白粉虱成虫在0.2头/株以下时，每5天释放丽蚜小蜂成虫3头/株，共释放3次丽蚜小蜂，可有效控制白粉虱危害。

3.8.6 生态防治：开花和果实生长期，加大放风量，将棚内湿度降至50%以下。将棚室温度提高到35℃，闷棚2小时，然后放风降温，连续闷棚2～3次，可防治灰霉病。

3.8.7 药剂防治：禁止使用高毒、高残留农药，有限度地使用部分有机合成农药。禁止使用农药的种类见附录A，所有使用的农药均应在农业部注册登记。农药安全使用标准和农药合理使用准则参照GB 4285和GB/T 8321（所有部分）执行。保护地优先采用烟熏法、粉尘法，在干燥晴朗天气可喷雾防治，如果是在采果期，应先采果后喷药，同时，注意交替用药，合理混用。

3.9 果实采收

3.9.1 果实采收标准：果实表面着色达到70%以上。

3.9.2 采收前准备：果实采收前要做好采收、包装准备。采收用的容器要浅，底部要平，内壁光滑，内垫海绵或其他软的衬垫物。

3.9.3 采收时间：根据草莓果实的成熟期决定采收时间。采收在清晨露水已干至中午或傍晚转凉后进行。

3.9.4 采收操作技术：采收时用拇指和食指掐断果柄，将果实按大小分级摆放于容器内，采摘的果实要求果柄短，不损伤花萼。无机械损伤，无病虫危害。果实分级按NY/T 444—2001中5.1所述的草莓感官品质标准执行。

附录 A：（规范性附录）
无公害草毒生产禁止使用的农药

六六六、滴滴涕、毒杀芬、二溴氯丙烷、杀虫脒、二溴乙烷、除草醚、艾氏剂、狄氏剂、汞制剂、砷、铅类、敌枯双、氟乙酰胺、甘氟、毒鼠强、氟乙酸钠、毒鼠硅、甲胺磷、甲基对硫磷、对硫磷、久效磷、磷胺、甲拌磷、甲基异硫磷、特丁硫磷、甲基硫环磷、治螟磷、内吸磷、克百威、涕灭威、灭线磷、硫环磷、蝇毒磷、地虫硫磷、氯唑磷、苯线磷、氧化乐果、水胺硫磷、灭多威等其他高毒、高残留农药。

第三十七节　无公害葡萄生产技术规程

1. 范围

本标准规定了无公害食品鲜食葡萄生产应采用的生产管理技术。
本标准适用于露地鲜食葡萄生产。

2. 规范性引用文件

下列文件中的条款通过本标准的引用而成为本标准的条款。凡是注日期的引用文件，其随后所有的修改单（不包括勘误的内容）或修订版均不适用于本标准，然而，鼓励根据本标准达成协议的各方研究是否可使用这些文件的最新版本。凡是不注日期的引用文件，其最新版本适用于本标准。

NY/T 369 葡萄苗木
NY/T 470 鲜食葡萄
NY/T 496—2002 肥料合理使用准则通则
NY 5086 无公害食品鲜食葡萄
NY 5087 无公害食品鲜食葡萄产地环境条件
中华人民共和国农业部公告第 199 号（2002 年 5 月 22 日）

3. 要求

3.1 园地选择与规划

3.1.1 园地选择

3.1.1.1 环境条件：按照 NY 5087 的规定执行。要求生态条件良好，远离污染源，土壤质地良好，肥力高，排灌方便。

3.1.2 园地规划设计：葡萄园应根据面积、自然条件和架式等进行规划。规划的内容包括：作业区、品种选择与配置、道路、防护林、土壤改良措施、水土保持措施、排灌系统等。葡萄园建设应以南北行向为宜；园内打农用机井，开挖排水沟；用地养地相结合。

3.1.3 品种选择：结合土壤特点和品种特性（成熟期、抗逆性和采收时能达到的品质等），同时，考虑市场、交通和社会经济等综合因素制订品种选择方案。

3.1.4　架式选择：选择棚架、小棚架、自由扇形篱架、单干双臂篱架和"高宽垂" T 型架等。

3.2　建园

3.2.1　苗木质量：苗木质量按 NY/T 369 的规定执行。建议采用脱毒苗木。

3.2.2　定植时间：从葡萄落叶后至翌年萌芽前均可栽植，但以上冻前定植（秋栽）为好。

3.2.3　定植密度：单位面积上的定植株数依据品种、砧木、土壤和架式等而定。常用的栽培模式、密度可参考表 5－12。适当稀植是无公害鲜食葡萄的发展方向。

表 5－12　栽培方式及定植株数

方式	株行距/米	定植株数/667 平方米
小棚架	0.5～1.0×3.0～4.0	166～444
自由扇形	1.0～2.0×2.0～2.5	333～134
单干双臂	1.0～2.0×2.0～2.5	333～134
高宽垂	1.0～2.5×2.5～3.5	76～267

注：1 亩等于 667 平方米

3.2.4　定植

3.2.4.1　苗木消毒：定植前对苗木消毒，常用的消毒液有 3～5 度石硫合剂或 1% 硫酸铜。

3.2.4.2　挖定植坑（沟）：挖 0.8～1.0 米宽，0.8～1.0 米深的定植坑或定植沟改土定植。

3.3　土、肥、水管理

3.3.1　土壤管理：以下几种葡萄土壤管理方法应根据品种、土质条件等因地制宜、灵活运用。

3.3.1.1　生草或覆盖：提倡葡萄园种植绿肥或以作物秸秆覆盖，提高土壤有机质含量。

3.3.1.2　深耕翻：一般在新梢停止生长、果实采收后，结合秋季施肥进行深耕，深耕 20～30 厘米。秋季深耕施肥后及时灌水；春季深耕较秋季深耕深度浅，春耕在土壤化冻后及早进行。

3.3.1.3　清耕：在葡萄行和株间进行多次中耕除草，经常保持土壤疏松和无杂草状态，园内清洁，病虫害少。

3.3.2　施肥

3.3.2.1　施肥的原则：按照 NY/T 496—2002 规定执行。原则上以有机肥为主、化肥为辅。根据葡萄的施肥规律进行平衡施肥或配方施肥。使用的商品肥料应是在农业行政主管部门登记或免于登记的肥料。

3.3.2.2　肥料的种类

3.3.2.2.1　允许施用的肥料种类

3.3.2.2.1.1　有机肥料：包括堆肥、沤肥、厩肥、沼气肥、绿肥、作物秸秆肥、泥炭肥、饼肥、腐殖酸类肥、人畜废弃物加工而成的肥料等。

3.3.2.2.1.2　微生物肥料：包括微生物制剂和微生物处理肥料等。

3.3.2.2.1.3　化肥：包括氮肥、磷肥、钾肥、硫肥、钙肥、镁肥及复合（混）肥等。

3.3.2.2.1.4　叶面肥：包括大量元素类、微量元素类、氨基酸类、腐殖酸类肥料。

3.3.2.2.2　限制施用的肥料：限量使用氮肥、含氯复合肥。

3.3.2.3　施肥的时期和方法：葡萄一年需要多次供肥。一般于果实采收后秋施基肥，以有机肥为主，并与磷钾肥混合施用，采用深40～60厘米的沟施方法。萌芽前追肥以氮、磷为主，果实膨大期和转色期追肥以磷、钾为主。微量元素缺乏的，依据缺素的症状增加追肥的种类或根外追肥。最后一次叶面施肥应距采收期20天以上。

3.3.2.4　施肥量：依据地力、树势和产量的不同，参考每产100千克浆果一年需施纯氮（N）0.25～0.75千克、磷（P_2O_5）0.25～0.75千克、钾（K_2O）0.35～1.1千克的标准测定，进行平衡施肥。

3.3.3　水分管理：萌芽期、浆果膨大期和入冬前需要良好的水分供应。土壤水分保持在田间最大持水量的60%～70%为宜，视降雨情况适当补充水分，每次灌水要求水分能浸透到主要根系分布60～80厘米深处。成熟期应控制灌水。在雨季容易积水，需要有排水条件。

3.4　整形修剪

3.4.1　冬季修剪：根据品种特性、架式特点、树龄、产量等确定结果母枝的剪留强度及更新方式。结果母枝的剪留量为：篱架架面8个/平方米左右，棚架架面6个/平方米左右。冬剪时根据计划产量确定留芽量，具体的计算公式：留芽量＝计划产量/（平均果穗重×萌芽率×果枝率×结实系数×成枝率）。

3.4.2　夏季修剪：在葡萄生长季的树体管理中，采用抹芽、定枝、新梢摘心、处理副梢等夏季修剪措施对树体进行控制。抹芽分两次进行：第一次在展叶初期，主要抹除双生芽、三生芽中的副芽，保留主芽。10天后进行第二次抹芽。在果穗前留6～8片成叶摘心，营养枝留10～12片叶摘心。

3.5　花果管理

3.5.1　调节产量：通过花序整形、疏花序，疏果粒等办法调节产量。建议成龄园每667平方米的产量控制在1 500千克以内。当有5%的花蕾开放时，除去副枝和岐肩并掐去穗尖的1/5～1/4，使果穗呈倒梯形或圆锥形。

3.5.2　果实套袋：疏果后及早进行套袋，但需要避开雨后的高温天气，套袋时间不宜过晚。套袋前全园喷洒一遍杀菌剂，待药液干后即可进行。红色葡萄品种采收前10～20天要摘袋。对容易着色和无色品种可以不摘袋，带袋采收。为了避免高温伤害，摘袋时不要将纸袋一次性摘除，先把袋底打开，逐渐将袋去除。

3.6　病虫害防治

3.6.1　病虫害防治原则：贯彻"预防为主，综合防治"的植保方针。以农业防治为基础，提倡生物防治，按照病虫害的发生规律科学使用化学防治技术。

化学防治应做到对症下药，适时用药；注重药剂的轮换使用和合理混用；按照规定的浓度、每年的使用次数和安全间隔期（最后一次用药距离果实采收的时间）要求使用。

对化学农药的使用情况进行严格、准确的记录。

3.6.2　植物检疫：按照国家规定的有关植物检疫制度执行。

3.6.3　农业防治：秋冬季和初春，及时清理果园中病僵果、病虫枝条、病叶等病组织，减少果园初侵染菌源和虫源。采用果实套袋措施。合理间作，适当稀植。采用滴灌、树下铺膜等技术。加强夏季管理，避免树冠郁蔽。

3.6.4　药剂使用准则

3.6.4.1　禁止使用剧毒、高毒、高残留、有"三致"（致畸、致癌、致突变）作用和无"三证"（农药登记证、生产许可证、生产批号）的农药。禁止使用的常见农药见附录A。

3.6.4.2　提倡使用矿物源农药、微生物和植物源农药。常用的矿物源药剂有（预制或现配）波尔多液、氢氧化铜、松脂酸铜等。

3.7　植物生长调节剂使用准则

允许赤霉素在诱导无核果、促进无核葡萄果粒膨大、拉长果穗等方面的应用。

3.8　除草剂的使用准则

禁止使用苯氧乙酸类（2，4—D、MCPA 和它们的酯类、盐类）、二苯醚类（除草醚、草枯醚）、取代苯类除草剂（五氯酚钠）；允许使用莠去津或在葡萄上登记过的其他除草剂。

3.9　采收

葡萄果实的采收按 NY/T 470 的有关规定执行。

附录 A：（规范性附录）
禁止使用的农药

六六六、滴滴涕、杀毒芬、二溴氯丙烷、杀虫脒、二溴乙烷、艾氏剂、狄氏剂、汞制剂、砷、铅类、敌枯双、氟乙酰胺、甘氟、毒鼠强、氟乙酸钠、毒鼠硅、甲胺磷、甲基对硫磷、对硫磷、久效磷、磷胺、甲拌磷、甲基异硫磷、特丁硫磷、甲基硫环磷、治螟磷、内吸磷、克百威、涕灭威、灭线磷、蝇毒磷、地虫磷、氯唑磷、苯线磷。

注：资料来源于 2002 年中华人民共和国农业部公告第 199 号。

第三十八节　鲫鱼养殖技术规程

1. 范围

本标准规定了无公害食品鲫鱼养殖的环境条件、苗种培育、食用鱼饲养、饲料与投饲及病害防治技术。

本标准适用于开封市行政区域内，无公害鲫鱼的池塘主养和网箱养殖。

2. 规范性引用文件

下列文件的条款通过本标准的引用而成为本标准的条款。凡是注日期的引用文件，其随后所有的修改单（不包括勘误的内容）或修订版均不适用于本标准，然而，鼓励根据本标准达成协议的各方研究是否可使用这些文件的最新版本。凡是不注日期的引用文件，其最新版本适用于本标准。

GB 11607—1989　渔业水质标准

GB/T 18407.4—2001　农产品安全质量　无公害水产品产地环境要求

NY 5051—2001 无公害食品　淡水养殖用水水质

NY 5071—2002 无公害食品　渔用药物使用准则

NY 5072—2002 无公害食品　渔用配合饲料安全限量

NY/T 5293—2004 无公害食品　鲫鱼养殖技术规范

NY 5053—2005 无公害食品　普通淡水鱼

SC/T 1006—1992 淡水网箱养鱼　通用技术要求

SC/T 1007—1992 淡水网箱养鱼　操作技术规程

SC/T 1008—1994 池塘常规培育鱼苗鱼种技术规范

SC/T 1016.2—1995　中国池塘养鱼技术规范　华北地区食用鱼饲养技术

《水产养殖质量安全管理规定》中华人民共和国农业部令（2003）第（31）号

3. 养殖条件

3.1　产地要求

养殖场地的环境应符合《GB/T 18407.4—2001　农产品安全质量　无公害水产品产地环境要求》的规定。

3.2　养殖用水

3.2.1　水源水质：水源水质应符合《GB 11607—1989 渔业水质标准》（附录 A）的规定。

3.2.2　养殖池水水质：溶解氧应大于 4 毫克/升，pH 值 7.0～8.5，鱼苗池池水透明度为 25～30 厘米，鱼种池及食用鱼池池水透明度为 30～40 厘米，符合《NY 5051—2001 无公害食品　淡水养殖用水水质》（附录 B）的规定。

3.3　池塘和网箱条件

3.3.1　池塘条件：池塘以条件符合表 5-13 条件为宜。

表 5-13　池塘条件

鱼池类别	面积（m²）	水深（m）	淤泥厚度（m）	其他要求	清池消毒
鱼苗池	600～2 500	0.6～1.0		池塘以东西向长方形较为适宜。池底平坦，底面向出水口倾斜，堤埂坚实，不渗漏。注排水方便、通水、通路、通电（三相电）。在池塘长边处设置投饵台	鲫鱼苗种入池前 15 天左右进行。池水深 10～15 厘米时，用生石灰 50～75 千克/667 平方米，化成浆全池泼洒
鱼种池	1 300～3 400	1.0～1.5	≤0.2		
食用鱼饲养池	2 000～6 670	1.5～2.0			
每 2 000～4 000m² 水面配备 3kW 的增氧机 1 台					

3.3.2　网箱条件：网箱选择和设置应符合《SC/T 1006—1992 淡水网箱养鱼　通用技术要求》的规定。

4. 苗种培育

4.1 鱼苗培育

4.1.1 鱼苗来源：来源于持有苗种生产许可证的良种场。外购鱼苗经检疫合格，不得带有传染性疾病和寄生虫。不得从水生动物疫病区进苗。

4.1.2 鱼苗质量：外观：鱼体透明不呈黑色，鱼苗集群游动，行动活泼，在容器中轻搅水体，90%以上的鱼苗有逆水游动能力。可数指标：畸形率小于3%，伤病率小于1%。

4.1.3 池塘清整：鱼苗放养前应干塘晾晒10天以上，并平整池底修整池埂，鱼苗放养前10～15天加水10厘米，下生石灰50～75千克/667平方米，化浆后全池泼洒。也可以采用带水清塘，池塘水深1米，生石灰150～200千克/667平方米，化浆后全池泼洒，7～10天后药效消失，可以投养鱼种。

4.1.4 鱼苗下塘时注意事项：鱼苗下塘时水温差应控制在3℃以内；应选择在晴天进行，下塘地点选择在池塘的上风处。

4.1.5 鱼苗放养

4.1.5.1 基础饵料的培养：施用经过发酵和消毒处理的有机肥200千克/667平方米，7～8天后水中浮游生物大量繁殖，池水透明度30～35厘米，水色呈黄绿色。

4.1.5.2 试水：池塘消毒后15天，鱼苗投放前3天，池塘加水（使用地表水，应用密眼网过滤），保持水深0.6～0.8米，就可以投放鱼苗。放鱼前1日，将少量鱼苗放入池内的网箱中，经12～24小时观察鱼的动态，检查池水药物毒性是否消失。同时，须用密网在池中拉网1～2次，若发现野鱼或敌害生物须重新清池。

4.1.5.3 鱼苗放养密度：鱼苗培养应采取池塘单养方式，放养时要准确计数，一次放足，放养密度为10万～30万尾/667平方米。鱼苗下池时，水温相差不能超过3℃。鱼苗下池后，即开始投喂豆浆。

池塘消毒后15天，鱼苗投放前3天，池塘加水（使用地表水，应用密眼网过滤），保持水深0.6～0.8米，就可以投放鱼苗。鱼苗培育应采取池塘单养方式。放养密度为10万～30万尾/667平方米，一次放足。

4.1.6 养殖管理

4.1.6.1 饲料投喂：鱼苗培育阶段饲料的蛋白含量37%～45%。鱼苗初下池几天，用黄豆3～4千克/667平方米，磨浆后每天投喂2次（上午8～9时，下午1～2时），全池均匀泼洒。10余天后，增加投喂约2.5千克/667平方米的豆饼糊或饲料沫，分小堆投放于池坡浅水处。

4.1.6.2 水质管理：在整个饲养过程中注意调水，每3～5天注水1次，每次注水10～15厘米。保持水质清新，池水透明度为25～30厘米，pH值7.0～8.5，溶解氧含量4毫克/升以上。

4.1.6.3 巡塘管理：每天坚持早晚巡塘，随时清除池边杂草，捞掉蛙卵、蝌蚪。观察鱼苗生长情况和水色变化，及时调整饲料投喂量，适时加注新水，防治鱼病。

4.1.6.4 拉网锻炼：鱼苗下塘经10余天的饲养，需进行拉网锻炼，鱼苗饲养阶段进行2～3次锻炼。

4.1.6.5 饲喂方法：采取豆浆饲养法，用水浸泡过的黄豆，磨成豆浆，滤去豆渣全池泼洒。

4.1.6.6 投喂：鱼苗下池后，即开始投喂豆浆。

4.1.6.6.1 方法：投喂时将豆浆全池均匀泼洒。

4.1.6.6.2 次数：一般每天投喂2次。

4.1.6.6.3 投喂量：前几天，黄豆用量为2～4千克/667平方米，以后根据水色浓淡和鱼苗的生长快慢而增减。

4.1.6.6.4 增料：10余天后，鱼苗池需增加投喂豆饼糊或饲料沫，2.5千克/667平方米，分小堆投放于池坡浅水处。

4.1.6.7 水质调节：在整个饲养过程中根据水色变化加注新水，每次注水10～15厘米。使池水透明度为25～30厘米，pH值7.0～8.5，溶解氧含量4毫克/升以上。

4.1.6.8 巡塘：每天坚持巡塘，及时清除池边杂草，捞除蛙卵、蝌蚪。观察鱼苗生长情况和水色变化，及时调整饲料投喂量，适时加注新水，防治鱼病。

4.2 鱼种培育

这个阶段主要采取主养，再搭配少量滤食性鱼类（如鲢、鳙鱼）。

4.2.1 夏花鱼种来源：自育鱼种或从良（原）种场直接引进夏花鱼种应符合4.1要求。外购鱼种应经检疫合格，不得带有传染性疾病和寄生虫。

4.2.2 夏花鱼种质量：外观：体形正常、鳍条、鳞片完整，体表光滑有黏液，色泽正常，体质健壮，无伤无寄生虫，游动活泼集群，逆水游泳力强。可数指标：畸形率和伤病率小于1%，规格整齐。

4.2.3 检疫：对外购的苗种放养检疫合格，不得带有传染性疾病和寄生虫。

4.2.4 夏花鱼种消毒：鱼种放养前应进行消毒处理，常用消毒方法有：1%食盐加1%小苏打水溶液或3%食盐水溶液，浸浴5～8分钟；20～30毫克/升聚维酮碘（含有效碘1%），浸浴10～20分钟；5～10毫克/升高锰酸钾，浸浴5～10分钟。

三者可任选一种使用，同时剔除病鱼、伤残鱼。操作时水温温差应控制在3℃以内。夏花鱼种放养的消毒，按照食用鱼饲养5.1.3.3方法进行。

4.2.5 池塘清整：池塘清整按照4.1.4方法进行。池塘清整见表5-13，也可以采用带水清塘；池塘水深1米，生石灰150～200千克/667平方米，化浆后全池泼洒，7～10天后药效消失，可以投养鱼种。

4.2.6 夏花鱼种放养

4.2.6.1 基础饵料的培养：池塘清整后6～7天施腐熟有机肥200千克/667平方米，然后加水，保持水深0.5米。池水色呈黄绿色，可以投放夏花鱼苗。

4.2.6.2 放养：操作时夏花鱼种水温与池塘水温温差应控制在3℃以内。池塘培育鱼种，主养鲫鱼放养密度为10 000～15 000尾/667平方米。以主养方式培育鲫鱼种不应搭配摄食能力强的草鱼和鲤鱼，而应选择滤食性的鲢鱼和鳙鱼作为搭配品种，数量占鲫鱼的10%～15%，鳙鱼数量则占鲢鱼的10%左右。搭配品种的放养时间不宜过早，应在鲫鱼种驯食后再投放。

4.2.7 养殖管理

4.2.7.1 饲料与投饲

4.2.7.1.1 饲料要求：以投饲沉性配合颗粒饲料为主，不使用饲料原料直接投喂。

所投配合饲料粗蛋白质含量在 34%～40%。不得使用受潮、发霉、生虫、腐败变质及受到石油、农药、重金属等污染的原料。皮革粉应经过脱铬、脱毒处理。大豆原料应经过破坏蛋白酶抑制因子的处理。渔用配合饲料安全限量符合表 5-14 要求。

表 5-14　渔用配合饲料安全限量

项目	限量	适用范围
铅（以 Pb 计）/（mg/kg）	≤7.5	各类渔用配合饲料
汞（以 Hg 计）/（mg/kg）	≤0.5	各类渔用配合饲料
无机砷（以 As 计）/（mg/kg）	≤7.5	各类渔用配合饲料
镉（以 Cd 计）/（mg/kg）	≤3	海水鱼类、虾类配合饲料
	≤0.5	其他渔用配合饲料
铬（以 Cr 计）/（mg/kg）	≤10	各类渔用配合饲料
游离棉酚/（mg/kg）	≤300	温水杂食性鱼类、虾类配合饲料
	≤150	冷水性鱼类、海水鱼类配合饲料
氰化物/（mg/kg）	≤50	各类渔用配合饲料
多氯联苯/（mg/kg）	≤0.3	各类渔用配合饲料
异硫氰酸酯/（mg/kg）	≤500	各类渔用配合饲料
噁唑烷硫酮/（mg/kg）	≤500	各类渔用配合饲料
油脂酸价（KOH）/（mg/g）	≤2	渔用育成配合饲料
	≤6	渔用育苗配合饲料
	≤3	鳗鲡育苗配合饲料
黄曲霉毒素 B1/（mg/kg）	≤0.01	各类渔用配合饲料
六六六/（mg/kg）	≤0.3	各类渔用配合饲料
滴滴涕/（mg/kg）	≤0.2	各类渔用配合饲料
沙门氏菌/（cfu/25g）	不得检出	各类渔用配合饲料
霉菌（不含酵母菌）/（cfu/g）	≤3×104	各类渔用配合饲料

4.2.7.1.2　驯食：每次投喂前先用固定器皿敲击形成一种特定声响，再向投料台前投饵，以形成条件反射，日投喂 3～4 次，每次 30 分钟，经 7 天左右驯食，使鱼形成在水面聚群抢食习性后转入正常投喂。驯化期水深控制在 1 米左右。

4.2.7.1.3　配合饲料的粒径：按照适口原则，根据鱼苗生长情况调整饲料粒径。先投喂破碎料，当鱼种长到 5 厘米以上时，投喂粒径 1.5 毫米颗粒饲料，当鱼种长到 10 厘米以上时，则换投粒径 2 毫米的颗粒饲料，直到鱼种培育结束。

4.2.7.1.4　投喂方法：撒投饲料的速度应根据鱼的抢食情况而确定，如摄食激烈，应加大投喂面积，且加快速度，按"慢—快—慢"的节律，每次投喂 30～40 分钟。使用投饵机的快、慢挡或强、弱挡调整投喂量和投喂面积。

4.2.7.1.5　日投饵次数：根据鱼苗摄食情况，每天投饵 3～4 次。在养殖末期，由于日照缩短，投饵次数可调整为 2～3 次。

4.2.7.1.6　日投饵量：投饵量的多少应根据季节、天气、水质和鱼的摄食强度进行调整。日投饵量一般为鱼体重的 3%～6%。

4.2.7.2 水质调节：池水透明度为 30 ～ 40 厘米，pH 值 7.0 ～ 8.5 左右，溶解氧含量 4 毫克/升以上，定期加注新水，每隔 15 天泼洒 20 ～ 25 千克/677 平方米的生石灰 1 次。在 7 ～ 9 月高温季节，晴天下午 2 ～ 3 时及后半夜各开增氧机 1 次，每次 2 ～ 3 小时，闷热及雷暴雨天气，要提早开机并适当延长开机时间，鱼浮头应及时开机，中途切不可停机，傍晚不宜开机。

4.2.7.3 日常管理

4.2.7.3.1 巡塘：鱼种投放后，坚持早晚各巡塘 1 次，观察水质变化、鱼的活动、摄食情况和天气状况，及时调整饲料投喂量。清除池内杂物，保持池内清洁卫生。观察有无缺氧造成的浮头情况。发现问题迅速采取加注新水和启用增氧机等措施加以解决。建立池塘日志，按附录 E 的要求填写生产记录。

4.2.7.3.2 疾病预防：鲫鱼的发病，很多情况是养殖水体环境不良、饲养管理不善而造成病原体的侵袭所致。因此要采取综合防治措施，以预防为主。定期消毒池水、一般每半月 1 次，常用池水消毒药物及方法见表 5 - 15。

表 5 - 15　常用池水消毒药物及方法

药物名称	用法用量（mg/L）	休药期（d）	注意事项
氧化钙（生石灰）	全池泼洒：20 ～ 25		不能与漂白粉、有机氯、重金属盐、有机络合物混用
漂白粉（有效氯 25%）	全池泼洒：1.0 ～ 1.5	≥5	1. 勿用金属容器盛装 2. 勿与酸、铵盐、生石灰混用
二氯异氰尿酸钠	全池泼洒：0.3 ～ 0.6	≥10	勿用金属容器盛装
三氯异氰尿酸	全池泼洒：0.2 ～ 0.5	≥10	勿用金属容器盛装
二氧化氯	全池泼洒：0.1 ～ 0.2	≥10	1. 勿用金属容器盛装 2. 勿与其他消毒剂混用
二溴海因	全池泼洒：0.2 ～ 0.3		
聚维酮碘（有效碘 1.0%）	全池泼洒：1.0 ～ 2.0		1. 勿与金属物品接触 2. 勿与季铵盐类消毒剂直接混合使用
90% 晶体敌百虫	全池泼洒：0.2 ～ 0.5	≥28	1. 勿用金属容器盛装 2. 勿与生石灰同时使用

5. 食用鱼饲养

5.1 池塘养殖

5.1.1 鱼种来源：来源于自育或持有种苗生产许可证的良（原）种场或原产地天然水域捕捞的鱼种。

5.1.2 鱼种质量：符合鱼种培育 4.2.2 和 4.2.3，且符合鲫鱼的形态特征。

5.1.3 鱼种放养

5.1.3.1 放养时间：水温稳定在 10℃ 以上时放养鲫鱼鱼种，驯食成功后再放养鲢、鳙鱼种。

5.1.3.2 放养量：放养规格及密度见表 5 - 16。

表 5 - 16　池塘主养鲫鱼放养规格及密度

品种	规格（克/尾）	密度	
		数量（尾/667 平方米）	重量（千克/667 平方米）
鲫鱼	40 ~ 60	2 000 ~ 2 500	80 ~ 150
	>60	1 500 ~ 2 000	>100
鲢、鳙	20 ~ 60	150 ~ 200	3 ~ 12

注：1 亩等于 667 平方米

5.1.3.3　鱼种消毒：按照 4.2.3 的方法鱼种放养前应进行消毒处理，常用消毒方法有：1%食盐加 1%小苏打水溶液或 3%食盐水溶液，浸浴 5 ~ 8 分钟；20 ~ 30 毫克/升聚维酮碘（含有效碘 1%），浸浴 10 ~ 20 分钟；5 ~ 10 毫克/升高锰酸钾，浸浴 5 ~ 10 分钟。三者可任选一种使用，同时剔除病鱼、伤残鱼。操作时水温温差应控制在 3℃以内。

5.1.4　饲料及投喂

5.1.4.1　饲料要求：配合饲料粗蛋白质含量在 32%以上，配合饲料其他要求符合鱼种培育 4.2.6.1.1。

5.1.4.2　驯食：鱼种放养后即开始驯食，驯食方法参照鱼种培育 4.2.6.1.2 进行。

5.1.4.3　投饲量：根据天气、水温和鱼摄食情况合理调节投饲量及投喂次数。水温低于 18℃时，日投饲量为鱼体重的 1% ~ 3%，日投喂 2 次，水温 18℃以上时，日投饲量为鱼体重的 3% ~ 5%，日投喂 3 ~ 4 次。

5.1.4.4　投喂方法：按照鱼种培育 4.2.6.1.4 的要求投喂。

5.1.5　日常管理

5.1.5.1　巡塘：参照 4.2.6.3.1 方法鱼种投放后，坚持早晚巡塘，观察水质变化、鱼的活动、摄食情况和天气状况，及时调整饲料投喂量。清除池内杂物，保持池内清洁卫生。观察有无缺氧造成的浮头情况。发现问题迅速采取加注新水和启用增氧机等措施加以解决。建立池塘日志，按附录 E 的要求填写生产记录。

5.1.5.2　水质管理：随季节和水温不同加注新水调节水位，一般每半月 1 次，高温季节每周一次，每次加水 15 ~ 30 厘米。高温季节晴天午后开增氧机 1 ~ 2 小时（可按照鱼种培育 4.2.6.2 的要求进行水质管理）。

5.1.5.3　疾病预防：参照 4.2.6.3.2 的方法定期消毒池水一般每半月 1 次，常用池水消毒药物及方法见表 5 - 17。

表 5 - 17　常用池水消毒药物及方法

药物名称	用法用量（mg/L）	休药期（d）	注意事项
氧化钙（生石灰）	全池泼洒：20 ~ 25		不能与漂白粉、有机氯、重金属盐、有机络合物混用
漂白粉（有效氯 25%）	全池泼洒：1.0 ~ 1.5	≥5	1. 勿用金属容器盛装 2. 勿与酸、铵盐、生石灰混用
二氯异氰尿酸钠	全池泼洒：0.3 ~ 0.6	≥10	勿用金属容器盛装
三氯异氰尿酸	全池泼洒：0.2 ~ 0.5	≥10	勿用金属容器盛装

续表

药物名称	用法用量（mg/L）	休药期（d）	注意事项
二氧化氯	全池泼洒：0.1 ~ 0.2	≥10	1. 勿用金属容器盛装 2. 勿与其他消毒剂混用
二溴海因	全池泼洒：0.2 ~ 0.3		
聚维酮碘（有效碘 1.0%）	全池泼洒：1.0 ~ 2.0		1. 勿与金属物品接触 2. 勿与季铵盐类消毒剂直接混合使用
90% 晶体敌百虫	全池泼洒：0.2 ~ 0.5	≥28	1. 勿用金属容器盛装 2. 勿与生石灰同时使用

5.2 网箱饲养

5.2.1 网箱规格：网箱规格见表 5 - 18。乙纶渔网线材料网箱、网目大小与网箱种类的关系见表 5 - 19。

表 5 - 18 网箱规格

单个网箱面积（m²）	系列尺寸	高（m）
	长×宽（m）	
<30	3×3 4×3 5×3 4×4 5×5 7×4	
30 ~ 60	8×4 7×5 6×6 8×5 8×6 9×5 10×6 12×5	2 ~ 3
>60	9×9 12×8 14×8	

表 5 - 19 乙纶渔网线材料网箱、网目大小与网箱种类关系

网箱种类	网目大小（cm）	网线规格
培育鱼种网箱	1 ~ 1.3	36 tex1×3
	1 ~ 1.5	36 tex2×2
	1.6 ~ 2.5	36 tex2×3
	2 ~ 3	36 tex2×3
	2.4 ~ 3	36 tex3×3
饲养食用鱼网箱	5	36 tex4×3
	6	36 tex5×3

5.2.2 网箱设置

5.2.2.1 设置在交通方便，不受洪水直接冲击，避风向阳，水面宽阔，水体交换好且向阳的地方。

5.2.2.2 设置处水深应大于 4 米，网箱底部与水底的距离大于 1.5 米。

5.2.2.3 设置密度：在静水水域中，网箱总面积应少于水域面积的 0.25%。

5.2.2.4 设置形式：设置形式见表 5 - 20。

表5-20 网箱设置形式

排列方式	网箱间距（m）	网箱组间距（m）	适宜网箱
品字形	3～5	≥50	大、中型箱
倒"八"字形或串联式	1～2	≥30	中、小型箱
菱形或"田"字形	1～2	≥15	小型箱

5.2.3 鱼种放养

5.2.3.1 鱼种质量：进箱饲养的鱼种质量应符合鱼种培育4.2.2，且符合鲫鱼的形态特征。

5.2.3.2 放养时间：冬、春季水温10℃以上时放养，鱼种一次放足。

5.2.3.3 放养规格及密度：见表5-21。

表5-21 鱼种放养规格及密度

鱼种规格（克/尾）	50～100
放养密度（千克/平方米）	25

5.2.3.4 鱼种消毒：鱼种放养前的消毒按4.2.3的要求进行。

5.2.4 饲料及投喂：鱼种进箱后1～2天开始投饵，初期投饵量少次多，7～10天后正常投饵，符合5.1.4。

5.2.5 日常管理：及时刷洗箱体，检查箱体破损情况，捞出网箱内的病鱼、死鱼和网箱周围的污物。每天观察鱼的活动、摄食、病害及死亡情况，并按附录E的要求填写生产记录。定期消毒防病，消毒方法有药物挂袋、浸泡和全箱泼洒，药物用量可参照表5-17。

6. 病害防治

6.1 预防

6.1.1 生产操作：要细心，避免鱼体受伤。

6.1.2 鱼苗、鱼种入池（网箱）前严格消毒：常用鱼体消毒药物和方法有：食盐1%～3%，浸浴5～20分钟；高锰酸钾10～20毫克/升，浸浴15～30分钟；聚维酮碘30毫克/升，浸浴15～20分钟。使用时以上三种药物可任选一种。

6.1.3 定期对池水消毒，消毒方法见表5-15。

6.1.4 及时捞出死鱼，深埋。

6.1.5 使用过的渔具应浸洗消毒，消毒方法同6.1.2。

6.2 治疗

治疗鱼病使用的渔药应以不危害人类健康和不破坏水域生态环境为基本原则，尽量使用生物渔药和生物制品，提倡使用中草药。渔药的使用必须严格按照《无公害食品渔用药物使用准则（NY 5071—2002）》的规定，严禁使用未经取得生产许可证、批准文号、没有产品执行标准的渔药。

表 5 – 22 鲫鱼常见病及其治疗方法

病名	发病季节	症状	治疗方法
出血病（细菌性败血症）	水温 15 ~ 35℃发病 22 ~ 32℃发病高峰	口腔、鳃盖及鳍条均充血，鳃丝灰白，肌肉微红，肠充血、肛门红肿，腹部膨胀，轻压腹部即有淡黄色积水流出	全池泼洒三氯异氰尿酸 0.3 ~ 0.5mg/L，隔天用药 1 次，连用 3 次，每千克体重口服磺胺间甲氧嘧啶（与甲氧苄氨嘧啶（TMP）以 4 : 1 比例同用）50 毫克，首次药量加倍，连用 5 ~ 7 天
腐皮病	常年	鱼体表局部充血发炎，病灶鳞片脱落，背鳍、尾鳍不同程度的蛀蚀	全池泼洒漂白粉 1.5mg/L，或在病灶处涂抹高锰酸钾
烂鳃病	4 ~ 10 月	鳃丝腐烂带有污泥，鳃盖骨内表皮充血，严重时鳃盖骨中央腐蚀呈透明小窗	全池泼洒漂白粉 1.5mg/L，或五倍子 2 ~ 4mg/L，口服大黄、黄芩、黄柏（三者比例为 5 : 2 : 3），每千克重 5 ~ 10 克，连用 4 ~ 6 天
水霉病	春、秋季水温在 18℃左右	被寄生的鱼卵菌丝呈放射状；菌丝向鱼体外生长似灰白色棉毛，患处肌肉腐烂，病鱼焦躁不安	食盐水 1% ~ 3% 浸浴 20 分钟，或 400mg/L 的食盐加 100mg/L 的小苏打长期浸浴
竖鳞病	4 ~ 7 月	病鱼体表粗糙，鳞片向外张开竖起，鳞囊内积聚半透明或带血的渗出液	外用食盐 3% 加小苏打 3% 浸浴 10 ~ 15 分钟，或每千克体重口服土霉素 50 毫克，连用 4 ~ 6 天
锚头鳋病	水温 12 ~ 33℃	肉眼可见针状虫体寄生于体表、鳍及眼上，寄生部位有充血红斑，病灶鳞片松动或脱落，黏液增多，有的形成明显溃疡	全池泼洒敌百虫 0.3 ~ 0.5mg/L，隔周 1 次，连用 2 次，或高锰酸钾 20mg/L 浸浴 15 ~ 30 分钟
车轮虫病	4 ~ 7 月	鱼体发黑，体表或鳃黏液增多，严重时鳍、头部和体表出现一层白翳，病鱼成群沿池边狂游，鱼体消瘦	全池泼洒硫酸铜 0.5mg/L 加硫酸亚铁 0.2mg/L

6.3 渔用药物使用方法

渔用药物使用方法见附录 C。

6.4 填写药物记录

用药记录填写要求见附录 F。

6.5 禁用渔药

禁用渔药见附录 D。

附录 A：（规范性附录）
渔业水质标准

序号	项目	标准值
1	色、臭、味	不得使鱼虾贝藻类带有异色、异臭、异味
2	漂浮物质	水面不得出现明显油膜或浮沫
3	悬浮物质	人为增加的量不得超过 10，而且悬浮物质沉积于底部后，不得对鱼虾贝类产生有害的影响
4	pH 值	淡水 6.5～8.5，海水 7.0～8.5
5	溶解氧	连续 24 小时中，16 小时以上必须大于 5，其余任何时候不得低于 3，对于鲑科鱼类栖息水域冰封其余任何时候不得低于 4mg/L
6	生化需氧量（5d，20℃）	不得超过 5，冰封期不超过 3
7	总大肠菌群	不超过 5 000 个/L（贝类养殖水质不超过 500 个/L）
8	汞	≤0.000 5
9	镉	≤0.005
10	铅	≤0.05
11	铬	≤0.1
12	铜	≤0.01
13	锌	≤0.1
14	镍	≤0.05
15	砷	≤0.05
16	氰化物	≤0.005
17	硫化物	≤0.2
18	氟化物（以 F 计）	≤1
19	非离子氨	≤0.02
20	凯氏氮	≤0.05
21	挥发性酚	≤0.005
22	黄磷	≤0.001
23	石油类	≤0.05
24	丙烯腈	≤0.5
25	丙烯醛	≤0.02
26	六六六（丙体）	≤0.002
27	滴滴涕	≤0.001
28	马拉硫磷	≤0.005
29	五氯酚钠	≤0.01
30	乐果	≤0.1
31	甲胺磷	≤1
32	甲基对硫磷	≤0.000 5
33	呋喃丹	≤0.01

附录 B：（规范性附录）
淡水养殖用水水质要求

序号	项目	标准值
1	色、臭、味	不得使养殖水体带有异色、异臭、异味
2	总大肠菌群，个/L	≤5 000
3	汞，mg/L	≤0.000 5
4	镉，mg/L	≤0.005
5	铅，mg/L	≤0.05
6	铬，mg/L	≤0.1
7	铜，mg/L	≤0.01
8	锌，mg/L	≤0.1
9	砷，mg/L	≤0.05
10	氟化物，mg/L	≤1
11	石油类，mg/L	≤0.05
12	挥发性酚，mg/L	≤0.005
13	甲基对硫磷，mg/L	≤0.000 5
14	马拉硫磷，mg/L	≤0.005
15	乐果，mg/L	≤0.1
16	六六六（丙体），mg/L	≤0.002
17	DDT，mg/L	0.001

附录 C：（规范性附录）
渔用药物使用方法

渔药名称	用途	用法与用量	休药期天	注意事项
氧化钙（生石灰）calcii oxydum	用于改善池塘环境，清除敌害生物及预防部分细菌性鱼病	带水清塘：200～250mg/L（虾类：350～400mg/L）；全池泼洒：20～25mg/L（虾类：15～30mg/L）	—	不能与漂白粉、有机氯、重金属盐、有机络合物混用
漂白粉 bleaching powder	用于清塘、改善池塘环境及防治细菌性皮肤病、烂鳃病、出血病	带水清塘：20mg/L 全池泼洒：1.0～1.5mg/L	≥5	1.勿用金属容器盛装 2.勿与酸、铵盐、生石灰混用
二氯异氰尿酸钠 sodium diuhloroisocyanurate	用于清塘及防治细菌性皮肤溃疡病、烂鳃病、出血病	全池泼洒：0.3～0.6mg/L	≥10	勿用金属容器盛装

续附录 C

渔药名称	用途	用法与用量	休药期天	注意事项
三氯异氰尿酸 trichlorosisocyanuric acid	用于清塘及防治细菌性皮肤溃疡病、烂鳃病、出血病	全池泼洒：0.2～0.5mg/L	≥10	1. 勿用金属容器盛装 2. 针对不同的鱼类和水体的 pH 值，使用量应适当增减
二氧化氯 chlorine dioxide	用于防治细菌性皮肤病、烂鳃病、出血病	浸浴：20～40mg/L，5～10min；全池泼洒：0.1～0.2mg/L，严重时 0.3～0.6mg/L	≥10	1. 勿用金属容器盛装 2. 勿与其他消毒剂混用
二溴海因	用于防治细菌性和病毒性疾病	全池泼洒：0.2～0.3mg/L	—	—
氯化钠（食盐） sodium choiride	用于防治细菌、真菌或寄生虫疾病	浸浴：1%～3%，5～20min；	—	—
硫酸铜（蓝矾、胆矾、石胆） copper sulfate	用于治疗纤毛虫、鞭毛虫等寄生性原虫病	浸浴：8mg/L（海水鱼类：8～10mg/L），15～30min 全池泼洒：0.5～0.7mg/L，（海水鱼类：0.7～1.0mg/L）	—	1. 常与硫磷亚铁合用 2. 广东鲂慎用 3. 勿用金属容器盛装 4. 使用后注意池塘增氧 5. 不宜用于治疗小瓜虫病
硫酸亚铁（硫酸低铁、绿矾、青矾） ferrous sulphate	用于治疗纤毛虫、鞭毛虫等寄生性原虫病	全池喷洒：0.2mg/L（与硫酸铜合用）	—	1. 治疗寄生性原虫病时需与硫酸铜合用 2. 乌鳢慎用
高锰酸钾（锰酸钾、灰锰氧、锰强灰） potassium permanganate	用于杀灭锚头鳋	浸浴：10～20mg/L，15～30min 全池泼洒：4～7mg/L	—	1. 水中有机物含量高时药效降低 2. 不宜在强烈阳光下使用
四烷基季铵盐络合碘（季铵盐含量为50%）	对病毒、细菌、纤毛虫、藻类有杀灭作用	全池泼洒：0.3mg/L（虾类相同）	—	1. 勿与碱性物质同时使用 2. 勿与阴性离子表面活性剂混用 3. 使用后注意池塘增氧 4. 勿用金属容器盛装
大蒜 crow's treacle, garlic	用于防治细菌性肠炎	拌饵投喂：10～30g/kg 体重，连用4～6天（海水鱼类相同）	—	
大蒜素粉（含大蒜素10%）	用于防治细菌性肠炎	0.2g/kg 体重，连用4～6天（海水鱼类相同）	—	
大黄 medicinal rhubarb	用于防治细菌性肠炎、烂鳃	全池泼洒：2.5～4.0mg/L（海水鱼类相同）拌饵投喂：5～10g/kg 体重，连用4～6天（海水鱼类相同）	—	投喂时常与黄芩、黄柏合用（三者比例5：2：3）

渔药名称	用途	用法与用量	休药期天	注意事项
黄芩 raikai skullcap	用于防治细菌性肠炎、烂鳃、赤皮、出血病	拌饵投喂：2～4g/kg 体重，连用 4～6 天（海水鱼类相同）	—	投喂时常与大黄、黄柏合用（三者比例 2∶5∶3）
黄柏 amur corktree	用于防治细菌肠炎、出血	拌饵投喂：3～6mg/kg 体重，连用 4～6 天（海水鱼类相同）	—	投喂时常与大黄、黄芩合用（三者比例 3∶5∶2）
五倍子 chinese sumac	用于防治细菌性烂鳃、赤皮、白皮、疖疮	全池泼洒：2～4mg/L（海水鱼类相同）	—	—
穿心莲 common andrographis	用于防止细菌性肠炎、烂鳃、赤皮	全池泼洒：15～20mg/L；拌饵投喂：10～20g/kg 体重，连用 4～6 天	—	—
苦参 lightyellow sophora	用于防止细菌性肠炎、竖鳞	全池泼洒：1.0～1.5mg/L；拌饵投喂：1～2g/kg 体重，连用 4～6 天	—	—
土霉素 oxytetracycline	用于治疗肠炎病、弧菌病	拌饵投喂：50～80mg/kg 体重，连用 4～6d（海水鱼类相同，虾类：50～80mg/kg 体重，连用 5～10 天）	≥30（鳗鲡） ≥21（鲶鱼）	勿与铝、镁离子及卤素，碳酸氢钠，凝胶合用
噁喹酸 oxolinic acid	用于治疗细菌性肠炎病、赤鳍病、香鱼、对虾弧菌病、鲈鱼结节病，鲕鱼疖疮病	拌饵投喂：10～30mg/kg 体重，连用 5～7 天（海水鱼类 1～20mg/kg 体重；对虾 6～60mg/kg 体重，连用 5 天）	≥25（鳗鲡） ≥21（鲤鱼香鱼） ≥16（其他鱼类）	用药量视不同的疾病有所增减
胺嘧啶（磺胺哒嗪） sulfadiazine	用于治疗鲤科鱼类的赤皮病、肠炎病，海水鱼类链球菌病	拌饵投喂：100mg/kg 体重，连用 5 天（海水鱼类相同）	—	1. 与甲氧苄氨嘧啶（TMP）同用，可产生增效作用 2. 第一天药量加倍
磺胺甲噁唑（新诺明、新明磺） sulfamethoxazole	用于治疗鲤科鱼类的肠炎病	拌饵投喂：100mg/kg 体重，连用 5～7 天	≥30	1. 不能与酸性药物同用 2. 与甲氧苄氨嘧啶（TMP）同用，可产生增效作用 3. 第一天药量加倍
磺胺间甲氧嘧啶（制菌磺、磺胺-6-甲氧嘧啶） sulfamonoethoxine	用于治疗鲤科鱼类的竖鳞病、赤皮病及弧菌病	拌饵投喂：50～100mg/kg 体重，连用 4～6 天	≥37（鳗鲡）	1. 与甲氧苄啶（TMP）同用，可产生增效作用 2. 第一天药量加倍
氟苯尼考 florfenicol	用于治疗鳗鲡爱德华氏病、赤鳍病	拌饵投喂：10.0mg/d·kg 体重，连用 4～6 天	≥7（鳗鲡）	—

续附录 C

渔药名称	用途	用法与用量	休药期天	注意事项
聚维酮碘 （聚乙烯吡咯烷酮碘、皮维碘、PVP—1，付碘） （有效碘 1.0%） povidone_ iodine	用于防止细菌性烂鳃病、弧菌病、鳗鲡红头病。并可用于预防病毒病：如草鱼出血病、传染性胰腺坏死病、传染性造血组织坏死病、病毒性出血败血症	1. 全池泼洒 海、淡水幼鱼、幼虾 0.2～0.5mg/L；海、淡水成鱼、成虾 12～20mg/L，鳗鲡 2～4mg/L 2. 浸浴：草鱼种 30mg/L，15～20min 鱼卵 30～50mg/L（海水鱼卵 25～30mg/L），5～15min	—	1. 勿与金属物品接触 2. 勿与季铵盐类消毒剂直接混合使用

注 1：用法与用药量栏未标明海水鱼类与虾类的均适用于淡水鱼类
注 2：休药期强制性

附录 D：（规范性附录）
禁用渔药

药物名称	化学名称（组成）	别名
地虫硫酸 fonofos	o-2 基-S 苯基二硫代硫酸乙酯	大风雷
六六六 BHC（HCH）benzem，bexachloridge	1，2，3，4，5，6-六氯环己烷	—
林丹 lindane，gammaxare，gamma-BHCgamma-HCH	r-1，2，3，4，5，6-六氯环己烷	丙体六六六
毒杀芬 camphechlor（ISO）	八氯莰烯	氯化莰烯
滴滴涕 DDT	2，2-双（对氯苯基）-1，1，1-三氯乙烷	—
甘汞 calomel	二氯化汞	—
硝酸亚汞 mercurous itrate	硝酸亚汞	—
醋酸汞 mercuric acetate	醋酸汞	—
呋喃丹 carbofuran	2，3-二氢-2，2-二甲基-7-苯并呋喃基-甲基氨基甲酸酯	克百威、大扶农
杀虫脒 chlordimeform	N-（2-甲基-4-氯苯基）N'，N'-二甲基甲脒盐酸盐	克死螨
双甲脒 anitraz	1.5-双-（2，4-二甲基苯基）-3-甲基-1，3，5-三氮戊二烯	二甲苯胺脒
氟氯氰菊酯 cyfluthrin	a-氰基-3-苯氧基-4-氟苄基（1R，3R）-3-（2，2-二氯乙烯基）-2，2-二甲环丙烷羧酸酯	百树菊酯、百树得
氟氰戊菊酯 flucythrinate	（R，S）-a-氰基-3-苯氧苄基-（R，S）-2-（4-二氟甲氧基）-3-甲基丁酸酯	保好江乌、氟氰菊酯

药物名称	化学名称（组成）	别名
五氯酚钠 PCP-Na	五氯酚钠	—
孔雀石绿 malachite green	$C_{23}H_{25}CIN_2$	碱性绿、盐基块绿、孔雀绿
锥虫肿胺 tryparsamide	—	—
酒石酸锑钾 antimonyl potassium tatrate	酒石酸锑钾	—
磺胺噻唑 sulfathiazolumST, norsultazo	2-（对氨基苯磺酰胺）-噻唑	消治龙
磺胺脒 sulfaguanidine	N1-脒基磺胺	磺胺胍
呋喃西林 furacillinum，nitrofurazone	5-硝基呋喃醛缩氨基脲	呋喃新
呋喃唑酮 furazolidonum，nifulidone	3-（5-硝基糠叉胺基）2-2 噁唑烷酮	痢特灵
呋喃那斯 furanace，nifurpirinol	6-甲基-2-［-（5-硝基-2-呋喃基乙烯基）］吡啶	P-7138（实验名）
氯霉素（包括其盐、酯及制剂）chloramphennicol	由季内瑞拉链霉素产生或合成法制成	—
红霉素 erythromycin	属微生物合成，是 Streptomyces eyythreus 产生的抗生素	—
杆菌肽锌 zinc bacitracin Premin	由枯草杆菌 Bacillus subtilis 或 B. leicheniformis 所产生的抗生素，为一含有噻唑环的多肽化合物	枯草菌肽
泰乐菌素 tylosin	S. fradiae 所产生的抗生素	—
环丙沙星 ciprofloxacin（CIPRO）	为合成的第三代喹诺酮类抗菌药，常用盐酸盐水合物	环丙氟哌酸
阿付帕星 avoparcin	—	阿付霉素
喹乙醇 olaquindox	喹乙醇	喹酰胺醇羟乙喹氧
速达肥 fenbendazole	5-苯硫基-2-苯并咪唑	苯硫哒唑氨甲基甲酯
己烯雌酚（包括雌二醇等其他类似合成等雌性激素）diethylstilbestrol，stilbestrol	人工合成的非甾体雌激素	乙烯雌酚、人造求偶素
甲基睾丸酮（包括丙酸睾丸素、去氢甲睾酮以及同化物等雄性激素）methyltestosterone，metandren	睾丸素 C_{17} 的甲基衍生物	甲睾酮甲基睾酮

附录E：（资料性附录）
水产养殖生产记录

养殖场名称：　养殖证编号：（　）养证［　］第　号
养殖场场长：　养殖技术负责人：　养殖人员：
池塘号：　面积：　平方米　养殖种类：

饲料来源		检测单位	
饲料品牌			
苗种来源		是否检疫	
投放时间		检疫单位	

时间	体长	体重	投饵量	水温	溶氧	pH 值	氨氮

附录F：（资料性附录）
水产养殖用药记录

养殖场名称：　养殖证编号：（　）养证［　］第　号
养殖场场长：　养殖技术负责人：　养殖人员：

序号			
时间			
池号			

序号			
用药名称			
用量/浓度			
平均体重/总重量			
病害发生情况			
主要症状			
处方			
处方人			
施药人员			
备注			

第三十九节 鲤鱼养殖技术规程

1. 范围

本标准规定了无公害食品鲤鱼养殖的环境条件、苗种培育、食用鱼饲养、饲料与投饲和病害防治技术。

本标准适用于开封市行政区域内，无公害鲤鱼的池塘主养和网箱养殖。

2. 规范性引用文件

下列文件的条款通过本标准的引用而成为本标准的条款。凡是注日期的引用文件，其随后所有的修改单（不包括勘误的内容）或修订版均不适用于本标准，然而，鼓励根据标准达成协议的各方研究是否可使用这些文件的最新版本。凡是不注日期的引用文件，其最新版本适用于本标准。

GB 11607—1989 渔业水质标准

GB/T 18407.4—2001 农产品安全质量 无公害水产品产地环境要求

NY 5051—2001 无公害食品 淡水养殖用水水质

NY 5071—2002 无公害食品 渔用药物使用准则

NY 5072—2002 无公害食品 渔用配合饲料安全限量

NY/T 5281—2004 无公害食品 鲤鱼养殖技术规范

NY 5053—2005 无公害食品 普通淡水鱼

SC/T 1006—1992 淡水网箱养鱼 通用技术要求

SC/T 1007—1992 淡水网箱养鱼 操作技术规范

SC/T 1008—1994 池塘常规培育鱼苗鱼种技术规范

SC/T 1016.2—1995 中国池塘养鱼技术规范 华北地区食用鱼饲养技术

SC/T 1026—2002 鲤鱼配合饲料

SC/T 1048.4—2001 鲤鱼养殖技术规范 苗种培育技术

《水产养殖质量安全管理规定》中华人民共和国农业部令（2003）第［31］号

3. 养殖条件

3.1 产地要求

养殖场地的环境应符合《GB/T 18407.4—2001 农产品安全质量 无公害水产品产地环境要求》的规定。

3.2 养殖用水

3.2.1 养殖水源：养殖水源符合《GB 11607—1989 渔业水质标准》（附录 A）的规定。

3.2.2 养殖池水水质：溶解氧应在 3 毫克/升以上，pH 值 7.0 ~ 8.5，鱼苗池池水透明度为 25 ~ 30 厘米，鱼种池及食用鱼池池水透明度为 30 ~ 40 厘米，应符合《NY 5051—2001 无公害食品淡水养殖用水水质》（附录 B）的规定。

3.3 池塘和网箱条件

池塘和网箱条件应符合表 5 - 23、表 5 - 24 条件。

表 5 - 23 池塘条件

池塘类别	面积（m²）	水深（m）	底质	池水透明度（cm）	淤泥厚度（cm）
鱼苗培育池	500 ~ 2 500	0.5 ~ 1.0	池底平坦、壤土、黏土或沙壤土	25 ~ 30	10 ~ 20
鱼种培育池	1 300 ~ 5 500	1.0 ~ 1.5		30 ~ 35	
食用鱼饲养池	1 000 ~ 10 000	2.0 ~ 2.5		30 ~ 40	15 ~ 25

注：池塘以长方形、东西走向为宜，每 2 000 ~ 4 000 平方米配备 3 千瓦增氧机 1 台

表 5 - 24 网箱条件

单个网箱面积（m²）	系列尺寸（m） 长（m）×宽（m）	高（m）
<30	3×3 4×3 5×3 4×4 5×5 7×4	
30 ~ 60	8×4 7×5 6×6 8×5 8×6 9×5 10×6 12×5	2 ~ 3
>60	9×9 12×8 14×8	

4. 苗种培育

4.1 鱼苗培育

4.1.1 鱼苗来源：来源于持有苗种生产许可证的良种场或原种场。外购鱼苗经检疫合格，不得带有传染性疾病和寄生虫。不得从水生动物疫病区进苗。

4.1.2 鱼苗质量：外观：肉眼观察 95% 以上的鱼苗卵黄囊基本消失，鳔充气，能平游，有逆水游动能力；鱼体透明不呈黑色，鱼苗集群游动，行动活泼，在容器中轻搅水体，90% 以上的鱼苗有逆水游动能力。可数指标：畸形率小于 3%，伤病率小于 1%。

4.1.3　清塘消毒：排干池水，曝晒池底10天，清除杂草与少量淤泥，修整池埂。干法清塘：池塘6~10厘米的水，在池底的各处挖几个小坑，小坑的多少与间距，以能泼洒全池为宜。再将生石灰放入小坑中，待生石灰吸水溶化，不等冷却即向全池泼洒，包括池中、池壁、池角。生石灰的用量为50~75千克/667平方米。带水清塘：池水水深1米时，生石灰的用量为125~150千克/667平方米溶化后趁热全池泼洒。

4.1.4　鱼苗下塘时注意事项：鱼苗卵黄囊消失，鳔充气，能平游后方可下塘；鱼苗下塘时温差应控制在3℃以内；应选择在晴天进行，下塘地点选择在池塘的上风处。

4.1.5　鱼苗放养

4.1.5.1　基础饵料的培养：施用经过发酵和消毒处理的有机肥200千克/667平方米，7~8天后水中浮游生物大量繁殖，池水透明度30~35厘米，水色呈黄绿色。

4.1.5.2　试水：放鱼前一日，将少量鱼苗放入池内的网箱中，经12~24小时观察鱼的动态，检查池水药物毒性是否消失。同时，须用密网在池中拉网1~2次，若发现野鱼或敌害生物须重新清池。

4.1.5.3　鱼苗放养密度：鱼苗培养应采取池塘单养方式，放养时要准确计数，一次放足，放养密度为8万~30万尾/667平方米。鱼苗下池时，水温相差不能超过3℃。鱼苗下池后，即开始投喂豆浆。

4.1.6　养殖管理

4.1.6.1　饲料投喂：鱼苗培育阶段饲料的蛋白含量37%~45%。鱼苗初下池几天，用黄豆3~4千克/667平方米，磨浆后每天投喂2次（上午8~9时，下午1~2时），全池均匀泼洒。10余天后，增加投喂约2.5千克/667平方米的豆饼糊或饲料末，分小堆投放于池坡浅水处。

4.1.6.2　水质管理：在整个饲养过程中注意调水，每3~5天注水1次，每次注水10~15厘米。保持水质清新，池水透明度为25~30厘米，pH值7.0~8.5，溶解氧含量4毫克/升以上。

4.1.6.3　巡塘管理：每天坚持早晚巡塘，随时清除池边杂草，捞掉蛙卵、蝌蚪。观察鱼苗生长情况和水色变化，及时调整饲料投喂量，适时加注新水，防治鱼病。

4.1.6.4　拉网锻炼：鱼苗下塘经10余天的饲养，需进行拉网锻炼，鱼苗饲养阶段进行2~3次锻炼。

4.2　鱼种培育

这个阶段主要采取主养，再搭配少量滤食性鱼类（如鲢、鳙鱼）。

4.2.1　夏花鱼种来源：自育鱼种或从良（原）种场直接引进夏花鱼种应符合4.1要求。外购鱼种应经检疫合格。

4.2.2　夏花鱼种质量：外观：体形正常，鳍条、鳞片完整，体表光滑，体质健壮，无伤无寄生虫，游动活泼集群，逆水游泳力强。可数指标：畸形率和伤病率小于1%，规格整齐。

4.2.3　夏花鱼种消毒：夏花鱼种一般不进行消毒，如需消毒，常用消毒方法有：1%食盐加1%小苏打水溶液或3%食盐水溶液，浸浴5~8分钟；20~30毫克/升聚维酮碘（含有效碘1%），浸浴10~20分钟；5~10毫克/升高锰酸钾，浸浴5~10分钟。三者可任选一种使用，同时剔除病鱼、伤残鱼。

4.2.4　夏花鱼种放养

4.2.4.1　清塘消毒同 4.1.3。

4.2.4.2　基础饵料的培养同 4.1.5.1。

4.2.4.3　试水同 4.1.5.2。

4.2.4.4　投放：鱼种培育可采取池塘培育，投放夏花鱼种操作时水温温差应控制在 3℃以内。池塘鱼种培育所用的夏花鱼种规格宜为 25～30 毫米/尾，主养鲤鱼种放养密度为 10 000～15 000 尾/667 平方米。培育鲤鱼种不要搭配摄食能力强的草鱼，而应选择滤食性的鲢鱼和鳙鱼作为搭配品种，应占主养鲤鱼的 20% 左右，鳙鱼则占鲢鱼的 10% 左右。搭配品种的放养时间不宜过早，应在鲤鱼种驯食后再投入鲢、鳙鱼种。

4.2.5　鱼种放养

4.2.5.1　清塘消毒同 4.1.3。

4.2.5.2　基础饵料的培养同 4.1.5.1。

4.2.5.3　试水同 4.1.5.2。

4.2.6　养殖管理

4.2.6.1　驯食：每次投喂前先用木棒敲击形成一种特定声响，再向饲料台前投食，以形成条件反射。日投喂 3～4 次，每次 30 分钟，经 7 天左右驯食，使鱼形成在水面聚群抢食习性。驯食阶段不宜采用投饵机投喂。

4.2.6.2　饲料投喂：全程投喂鲤鱼专用沉性配合饲料。饲料不得使用受潮、发霉、生虫、腐败变质及受到石油、农药、重金属等污染的原料。使用渔用饲料应符合《NY 5072—2002　无公害食品　渔用配合饲料安全限量》（附录 C）的规定，鱼种养殖阶段饲料蛋白质含量为 31%～39%，饲料投喂由专人负责，遵照"四定"原则，日投喂量根据鱼体重而定，且每月调整 1 次，配合饲料的粒径必须符合鲤鱼的适口性，随着鱼体体长的变化适时调整。具体的投喂量应结合天气、鱼体摄食情况而定，以"八分饱"为宜。日投喂次数 3～4 次，饲料的撒投速度按"慢、快、慢"的节律进行。鱼种培育阶段各月的投食率见表 5－25。

表 5－25　鱼种培育阶段各月的投食率

月份	6 月	7 月	8 月	9 月	10 月	11 月
投食率	2%～3%	4%	4%	3%	2%	1.5%

4.2.6.3　水质管理

每隔 10 天左右抽出池塘老水 20 厘米，加入新水 20～30 厘米，并每隔 15 天泼洒 20～25 千克/667 平方米的生石灰 1 次。

4.2.6.4　日常管理

每天坚持早、中、晚巡塘 3 次，发现问题应及时解决，每隔 15 天进行 1 次体重监测，以作为调整日投喂量的依据。每天观察鱼的活动、摄食、病害与死亡情况，定期消毒防病。消毒方法有药物挂袋、浸泡和全箱泼洒。并按要求（附录 D）填写生产记录。

5. 食用鱼饲养

5.1　池塘养殖

5.1.1　鱼种来源：自育鱼种或从持有种苗生产许可证的良（原）种场引进的鱼种都

应符合4.2的要求。外购鱼种应经检疫合格。

5.1.2 鱼种质量同4.2.2。

5.1.3 鱼种消毒同4.2.3。

5.1.4 鱼种放养

5.1.4.1 放养密度

池塘养殖可采用套养、主养两种放养类型，鱼种放养规格50~150克/尾为宜。池塘套养放养密度为100~200尾/677平方米；池塘主养放养密度为1 000~2 000尾/677平方米。另搭配滤食性鱼类鲢、鳙鱼200~250尾/677平方米。

5.1.4.2 放养时间

池塘放养时间为当水温达到5℃时，水面不结冰即可放养，一般在4月30日前结束。

5.1.5 养殖管理

5.1.5.1 饲料投喂

食用鱼养殖阶段饲料蛋白质含量为27%~35%。饲料投喂同4.2.5.2。

5.1.5.2 水质管理

同4.2.5.3 鱼池缺氧或水质过肥时可加大换水量。养殖期间利用机械调节水质，注意适时开启增氧机，一般晴天中午开而傍晚不开、阴天清晨开而白天不开、连绵阴雨天半夜开，雷暴雨天气，可延长夜间开机时间。

5.1.5.3 日常管理同4.2.5.4。

每天坚持早、中、晚巡塘3次，发现问题应及时解决，每隔15天进行1次体重监测，以作为调整日投喂量的依据。每天观察鱼的活动、摄食、病害与死亡情况，定期消毒防病。消毒方法有药物挂袋、浸泡和全塘泼洒。并按要求（附录D）填写生产记录。

5.2 网箱养殖

5.2.1 网箱条件

5.2.1.1 设置条件：网箱应设置在交通方便，不受洪水直接冲击，避大风向阳，水面宽阔，水体交换好，水深大于4米的地方。在净水水域中，网箱总面积应少于水域面积的0.25%。网箱的设置形式以利于水体交换和操作为宜。

5.2.1.2 网箱材料：箱体常用材料为合成纤维网片、金属网片。沉子与浮子以等距离分别安装在网箱的上钢和下钢，所有扎结应牢固，不得松脱。箱体采用正方体浮动式网箱，双层网片，不得有破洞。

5.2.2 鱼种来源同4.1.1。

5.2.3 鱼种质量同4.2.2。

5.2.4 鱼种消毒同4.2.3。

5.2.5 网箱鱼种放养

5.2.5.1 放养密度：网箱养殖的放养密度为200~400尾/平方米，规格50~150克/尾，一次放足。

5.2.5.2 放养时间：网箱鱼种放养一般在冬季或初春进箱。

5.2.6 养殖管理

5.2.6.1 饲料投喂：网箱养殖饲料投喂应在鱼种进箱后1~2天开始投喂，初期投喂量少次多，约7~10天后再正常。投喂次数3~6次，持续时间在20~40分钟。网箱养殖各月投食率见表 5 – 26。

表 5 – 26　网箱养殖各月投食率

月份	4 月	5 月	6 月	7 月	8 月	9 月	10 月	11 月
投食率	2% ~3%	3% ~4%	3% ~4%	3% ~5%	3% ~5%	2% ~3%	1% ~2%	1%

5.2.6.2　日常管理：根据水温和网目堵塞情况，及时刷洗箱体。7 天检查 1 次箱体破损情况，捞出箱内的病鱼、死鱼和网箱周围的污物，并按（附表 D）要求填写生产记录。

6. 病害防治

6.1　病害预防

6.1.1　生产操作要细心，避免鱼体受伤。

6.1.2　鱼苗、鱼种入池（网箱）前严格消毒。方法同 4.2.3。

6.1.3　定期对池水和食台药物挂袋消毒。挂袋的用药量为全池泼洒量的 20% ~ 30%。常用池水消毒药物及方法见表 5 – 26。

6.1.4　及时捞出死鱼，深埋。

6.1.5　使用过的渔具应浸洗消毒，消毒方法同 4.2.3。

坚持预防为主、防治结合的原则。一般措施为：操作仔细，尽量避免鱼体受伤。

生产工具使用前或使用后进行消毒或曝晒。用于消毒的药物有：高锰酸钾 100 毫克/升，浸洗 30 分钟；食盐 5%，浸洗 30 分钟；漂白粉 5%，浸洗 20 分钟。发病池的用具应单独使用，或经严格消毒后再使用。

鱼苗、鱼种下池（网箱）前按 4.2.3 进行消毒。

定期对池水和食台药物挂袋消毒。挂袋的用药量为全池泼洒量的 20% ~30%。常用池水消毒药物及方法见表 5 – 27。及时捞出死鱼，深埋。

表 5 – 27　常用池水消毒药物及方法

药物名称	用法用量（mg/L）	休药期（d）	注意事项
氧化钙（生石灰）	全池泼洒：20 ~ 25	—	不能与漂白粉、有机氯、重金属盐、有机络合物混用
漂白粉（有效氯25%）	全池泼洒：1.0 ~ 1.5	≥5	1. 勿用金属容器盛装 2. 勿与酸、铵盐、生石灰混用
二氯异氰尿酸钠	全池泼洒：0.3 ~ 0.6	≥10	勿用金属容器盛装
三氯异氰尿酸	全池泼洒：0.2 ~ 0.5	≥10	勿用金属容器盛装
二氧化氯	全池泼洒：0.1 ~ 0.2	≥10	1. 勿用金属容器盛装 2. 勿与其他消毒剂混用
二溴海因	全池泼洒：0.2 ~ 0.3	—	—
聚维酮碘（有效碘1.0%）	全池泼洒：1.0 ~ 2.0	—	1. 勿与金属物品接触 2. 勿与季铵盐类消毒剂直接混合使用

6.2　鲤鱼常见鱼病及其药物治疗

治疗鱼病使用的渔药应以不危害人类健康和不破坏水域生态环境为基本原则，尽量使用生物渔药和生物制品，提倡使用中草药。渔药的使用必须严格按照《无公害食品渔用药物使用准则（NY 5071—2002）》的规定（附录 E），严禁使用未经取得生产许可证、批准文号和没有产品执行标准的渔药。

鲤鱼常见鱼病及其药物治疗见表 5 – 28。渔用药物使用方法应符合《NY 5071—2002 无公害食品 渔用药物实用准则》（附录 E）的规定。

表 5 – 28　鲤鱼常见鱼病及其药物治疗

鱼病名称	主要症状	治疗方法	休药期（d）	注意事项
细菌性败血症	病鱼厌食、停食，在水中不动或阵发性狂游；上下颌、开腔、鳃盖、眼睛、鳍基及皮肤充血、出血，眼球突出，鳃丝肿胀出血，腹部膨大，剖开后可见腹水、肝脏、脾脏、肾脏肿大，肠系膜，肠壁充血、出血	1. 全池泼洒二氧化氯 0.3～0.5mg/L，每天一次，连用 3～6 天 2. 每千克体重口服磺胺间甲氧嘧啶（与甲氧苄氨嘧啶以 4：1 比例同用）50mg/kg 体重，每天一次（首次药量加倍），连用 4～6 天每千克体重口服维生素 K 5～8mg	二氧化氯≥10，磺胺间甲氧嘧啶≥30	二氧化氯勿用金属容器盛装；勿与其他消毒剂混用
烂鳃病	病鱼体色发黑，厌食，鳃丝红肿或腐烂、缺损，鳃表面有较多的黏液粘附和白色增生物	1. 全池泼洒含氯制剂，用法用量按 NY 5071—2002 的规定执行 2. 每千克体重口服土霉素 50～100mg，每天一次，连用 4～6 天	土霉素≥30	土霉素勿与铝、镁离子及卤素、碳酸氢钠、凝胶合用
细菌性肠炎	病鱼离群独游，厌食，停食；体色发黑，肛门红肿，腹部膨大；剖开鱼腹、肠，可见腹腔中有腹水、肠壁充血发炎、肠内无食物而有大量的黏液，肠壁弹性差	1. 全池泼洒聚维酮碘（有效碘 1.0%）0.2～2mg/L，每天一次，连用 3～5 天 2. 每千克体重口服大蒜素 0.1～0.2mg，每天一次，连用 4～6 天	—	聚维酮碘勿与金属物品接触；勿与季铵盐类消毒剂直接混合使用
赤皮病	鳞片脱落，体表出血并发炎，伴有鳍基充血，鳍条腐烂	1. 全池泼洒二溴海因 0.2～0.3mg/L，每天一次，连用 3～4 天 2. 每千克体重口服磺胺嘧啶（与甲氧苄氨嘧啶以 4：1 比例同用）50～100mg，每天一次（首次药量加倍），连用 4～5 天；每千克体重口服维生素 B₁₂～40mg，每天一次，连用 4～5 天	磺胺嘧啶≥20	—
鲤春病毒病	眼球突出，腹部膨胀，肛门发红、肿胀；鳃、皮肤、肌肉、心脏、肝、肾、肠等组织器官出血；肠、腹膜等发炎，高度贫血	采取隔离措施，及时捞出病鱼、死鱼后深埋	—	—
水霉病	初期病灶不明显，数天后病灶部位长出棉絮状菌丝，在体表迅速繁殖扩散，形成肉眼可见的白毛	1. 用食盐 10～30g/L 浸浴 5～10min 2. 全池泼洒食盐 400mg/L 加 400mg/L 小苏打	—	—
小瓜虫	病鱼体表、鳍条上有白色点状胞囊；鳃丝贫血呈白色，黏液多，鳃瓣上有白色的胞囊，部分鳃丝末端腐烂	1. 用食盐 10～30g/L 浸浴 5～10min 2. 0.4mg/L 干辣椒粉与 0.15mg/L 生姜片混合加水煮沸后全池泼洒	—	—

6.3 水产养殖用药记录填写

水产养殖用药记录填写参照附录 F。

6.4 禁用渔药

水产养殖禁用渔药见附录 G。

附录 A：（规范性附录）
渔业水质标准

序号	项目	标准值
1	色、臭、味	不得使鱼虾贝藻类带有异色、异臭、异味
2	漂浮物质	水面不得出现明显油膜或浮沫
3	悬浮物质	人为增加的量不得超过 10，而且悬浮物质沉积于底部后，不得对鱼虾贝类产生有害的影响
4	pH 值	淡水 6.5~8.5，海水 7.0~8.5
5	溶解氧	连续 24 小时中，16 小时以上必须大于 5，其余任何时候不得低于 3，对于鲑科鱼类栖息水域冰封其余任何时候不得低于 4mg/L
6	生化需氧量（5d，20℃）	不得超过 5，冰封期不超过 3
7	总大肠菌群	不超过 5 000 个/L（贝类养殖水质不超过 500 个/L）
8	汞	≤0.000 5
9	镉	≤0.005
10	铅	≤0.05
11	铬	≤0.1
12	铜	≤0.01
13	锌	≤0.1
14	镍	≤0.05
15	砷	≤0.05
16	氰化物	≤0.005
17	硫化物	≤0.2
18	氟化物（以 F 计）	≤1
19	非离子氨	≤0.02
20	凯氏氮	≤0.05
21	挥发性酚	≤0.005
22	黄磷	≤0.001
23	石油类	≤0.05

序号	项目	标准值
24	丙烯腈	≤0.5
25	丙烯醛	≤0.02
26	六六六（丙体）	≤0.002
27	滴滴涕	≤0.001
28	马拉硫磷	≤0.005
29	五氯酚钠	≤0.01
30	乐果	≤0.1
31	甲胺磷	≤1
32	甲基对硫磷	≤0.000 5
33	呋喃丹	≤0.01

附录 B：（规范性附录）
淡水养殖用水水质要求

序号	项目	标准值
1	色、臭、味	不得使养殖水体带有异色、异臭、异味
2	总大肠菌群，个/L	≤5 000
3	汞，mg/L	≤0.000 5
4	镉，mg/L	≤0.005
5	铅，mg/L	≤0.05
6	铬，mg/L	≤0.1
7	铜，mg/L	≤0.01
8	锌，mg/L	≤0.1
9	砷，mg/L	≤0.05
10	氟化物，mg/L	≤1
11	石油类，mg/L	≤0.05
12	挥发性酚，mg/L	≤0.005
13	甲基对硫磷，mg/L	≤0.000 5
14	马拉硫磷，mg/L	≤0.005
15	乐果，mg/L	≤0.1
16	六六六（丙体），mg/L	≤0.002
17	DDT，mg/L	0.001

附录 C：（规范性附录）
渔用配合饲料安全限量

项目	限量	适用范围
铅（以 Pb 计）/（mg/kg）	≤7.5	各类渔用配合饲料
汞（以 Hg 计）/（mg/kg）	≤0.5	各类渔用配合饲料
无机砷（以 As 计）/（mg/kg）	≤7.5	各类渔用配合饲料
镉（以 Cd 计）/（mg/kg）	≤3	海水鱼类、虾类配合饲料
	≤0.5	其他渔用配合饲料
铬（以 Cr 计）/（mg/kg）	≤10	各类渔用配合饲料
游离棉酚/（mg/kg）	≤300	温水杂食性鱼类、虾类配合饲料
	≤150	冷水性鱼类、海水鱼类配合饲料
氰化物/（mg/kg）	≤50	各类渔用配合饲料
多氯联苯/（mg/kg）	≤0.3	各类渔用配合饲料
异硫氰酸酯/（mg/kg）	≤500	各类渔用配合饲料
噁唑烷硫酮/（mg/kg）	≤500	各类渔用配合饲料
油脂酸价（KOH）/（mg/kg）	≤2	渔用育成配合饲料
	≤6	渔用育苗配合饲料
	≤3	鳗鲡育苗配合饲料
黄曲霉毒素 B_1/（mg/kg）	≤0.01	各类渔用配合饲料
六六六/（mg/kg）	≤0.3	各类渔用配合饲料
滴滴涕/（mg/kg）	≤0.2	各类渔用配合饲料
沙门氏菌/（cfu/25g）	不得检出	各类渔用配合饲料
霉菌（不含酵母菌）/（cfu/g）	≤3×10⁴	各类渔用配合饲料

附录 D：（资料性附录）
水产养殖生产记录

养殖场名称： 养殖证编号：（ ）养证 [ ] 第 号

养殖场场长： 养殖技术负责人： 养殖人员：

池塘号： 面积： 平方米 养殖种类：

饲料来源				检测单位			
饲料品牌							
苗种来源				是否检疫			
投放时间				检疫单位			
时间	体长	体重	投饵量	水温	溶氧	pH 值	氨氮

附录 E：（规范性附录）
渔用药物使用方法

渔药名称	用途	用法与用量	休药期天	注意事项
氧化钙（生石灰）calcii oxydum	用于改善池塘环境，清除敌害生物及预防部分细菌性鱼病	带水清塘：200 ~ 250mg/L（虾类：350~400mg/L）；全池泼洒：20 ~ 25mg/L（虾类：15~30mg/L）	—	不能与漂白粉、有机氯、重金属盐、有机络合物混用
漂白粉 bleaching powder	用于清塘、改善池塘环境及防治细菌性皮肤病、烂鳃病、出血病	带水清塘：20mg/L 全池泼洒：1.0 ~ 1.5mg/L	≥5	1. 勿用金属容器盛装 2. 勿与酸、铵盐、生石灰混用
二氯异氰尿酸钠 sodium dichloroisocyanurate	用于清塘及防止细菌性皮肤溃疡病、烂鳃病、出血病	全池泼洒：0.3 ~ 0.6mg/L	≥10	勿用金属容器盛装

续附录 E

渔药名称	用途	用法与用量	休药期天	注意事项
三氯异氰尿酸 trichlorosisocyanuric acid	用于清塘及防止细菌性皮肤溃疡病、烂鳃病、出血病	全池泼洒：0.2～0.5mg/L	≥10	1. 勿用金属容器盛装 2. 针对不同的鱼类和水体的 pH 值，使用量应适当增减
二氧化氯 chlorine dioxide	用于防止细菌性皮肤病、烂鳃病、出血病	浸浴：20～40mg/L，5～10分钟；全池泼洒：0.1～0.2mg/L，严重时 0.3～0.6mg/L	≥10	1. 勿用金属容器盛装 2. 勿与其他消毒剂混用
二溴海因	用于防止细菌性和病毒性疾病	全池泼洒：0.2～0.3mg/L	—	—
氯化钠（食盐） sodium choiride	用于防止细菌、真菌或寄生虫疾病	浸浴：1%～3%，5～20分钟	—	—
硫酸铜（蓝矾、胆矾、石胆） copper sulfate	用于治疗纤毛虫、鞭毛虫等寄生性原虫病	浸浴：8mg/L（海水鱼类：8～10mg/L），15～30分钟；全池泼洒：0.5～0.7mg/L，（海水鱼类：0.7～1.0mg/L）	—	1. 常与硫酸亚铁合用 2. 广东鲂慎用 3. 勿用金属容器盛装 4. 使用后注意池塘增氧 5. 不宜用于治疗小瓜虫病
硫酸亚铁（硫酸低铁、绿矾、青矾） ferrous sulphate	用于治疗纤毛虫、鞭毛虫等寄生性原虫病	全池喷洒：0.2mg/L（与硫酸铜合用）	—	1. 治疗寄生性原虫病时需与硫酸铜合用 2. 乌鳢慎用
高锰酸钾（锰酸钾、灰锰氧、锰强灰） potassium permanganate	用于杀灭锚头鳋	浸浴：10～20mg/L，15～30分钟 全池泼洒：4～7mg/L	—	1. 水中有机物含量高时药效降低 2. 不宜在强烈阳光下使用
四烷基季铵盐络合碘（季铵盐含量为50%）	对病毒、细菌、纤毛虫、藻类有杀灭作用	全池泼洒：0.3mg/L（虾类相同）	—	1. 勿与碱性物质同时使用 2. 勿与阴性离子表面活性剂混用 3. 使用后注意池塘增氧 4. 勿用金属容器盛装
大蒜 crow's treacle garlic	用于防治细菌性肠炎	拌饵投喂：10～30g/kg 体重，连用4～6天（海水鱼类相同）	—	—
大蒜素粉（含大蒜素10%）	用于防治细菌性肠炎	0.2g/kg 体重，连用4～6天（海水鱼类相同）	—	—
大黄 medicinal rhubarb	用于防治细菌性肠炎、烂鳃	全池泼洒：2.5～4.0mg/L（海水鱼类相同）拌饵投喂：5～10g/kg 体重，连用4～6天（海水鱼类相同）	—	投喂时常与黄芩、黄柏合用（三者比例5:2:3）

渔药名称	用途	用法与用量	休药期天	注意事项
黄芩 raikai skullcap	用于防治细菌性肠炎、烂鳃、赤皮、出血病	拌饵投喂：2～4g/kg 体重，连用 4～6 天（海水鱼类相同）	—	投喂时常与大黄、黄柏合用（三者比例 2：5：3）
黄柏 amur corktree	用于防治细菌肠炎、出血	拌饵投喂：3～6g/kg 体重，连用 4～6 天（海水鱼类相同）	—	投喂时常与大黄、黄柏合用（三者比例 3：5：2）
五倍子 chinese sumac	用于防治细菌性烂鳃、赤皮、白皮、疖疮	全池泼洒：2～4mg/L（海水鱼类相同）	—	
穿心莲 common andrographis	用于防治巡均性肠炎、烂鳃、赤皮	全池泼洒：15～20mg/L，拌饵投喂：10～20g/kg 体重，连用 4～6 天	—	
苦参 lightyellow sophora	用于防治细菌性肠炎、竖鳞	全池泼洒：1.0～1.5mg/L，拌饵投喂：1～2g/kg 体重，连用 4～6 天	—	
土霉素 oxytetracycline	用于治疗肠炎病、弧菌病	拌饵投喂：50～80mg/kg 体重，连用 4～6 天（海水鱼类相同，虾类 50～80mg/kg 体重，连用 5～10 天）	≥30（鳗鲡）≥21（鲶鱼）	勿与铝、镁离子及卤素，碳酸氢钠，凝胶合用
噁喹酸 oxolinic acid	用于治疗细菌肠炎病、赤病、香鱼、对虾弧菌病、鲈鱼结节病，鲕鱼疖疮病	拌饵投喂：10～30mg/kg 体重，连用 5～7 天（海水鱼类 1～20mg/kg 体重；对虾 6～60mg/kg 体重，连用 5 天）	≥25（鳗鲡）≥21（鲤鱼、香鱼）≥16（其他鱼类）	用药量视不同的疾病有所增减
胺嘧啶（磺胺哒嗪）sulfadiazine	用于治疗鲤科鱼类的赤皮病、肠炎病，海水鱼类链球菌病	拌饵投喂：100mg/kg 体重，连用 5 天（海水鱼类相同）	—	1. 与甲氧苄啶（TMP）同用，可产生增效作用 2. 第一天药量加倍
磺胺甲噁唑（新诺明、新明磺）sulfaethoxazole	用于治疗鲤科鱼类的肠炎病	拌饵投喂：100mg/kg 体重，连用 5～7 天	≥30	1. 不能与酸性药物同用 2. 与甲氧苄啶（TMP）同用，可产生增效作用 3. 第一天药量加倍
磺胺间甲氧嘧啶（制菌磺、磺胺-6-甲氧嘧啶）sulfamonoethoxine	用于治疗鲤科鱼类的竖鳞病、赤皮病及弧菌病	拌饵投喂：50～100mg/kg 体重，连用 4～6 天	≥37（鳗鲡）	1. 与甲氧苄啶（TMP）同用，可产生增效作用 2. 第一天药量加倍
氟苯尼考 florfenicol	用于治疗鳗鲡爱德华氏病、赤鳍病	拌饵投喂：10.0mg/d·kg 体重，连用 4～6 天	≥7（鳗鲡）	—

续附录 E

渔药名称	用途	用法与用量	休药期天	注意事项
聚维酮碘 （聚乙烯吡咯烷酮碘、皮维碘、PVP—1，付碘） （有效碘 1.0%） povidoneiodine	用于防止细菌性烂鳃病、弧菌病、鳗鲡红头病并可用于预防病毒病：如草鱼出血病、传染性胰腺坏死病、传染性造血组织坏死病、病毒性出血败血症	1. 全池泼洒：海、淡水幼鱼、幼虾：0.2～0.5mg/L；海、淡水成鱼、成虾：12～20mg/L，鳗鲡：2～4mg/L 2. 浸浴草鱼种：30mg/L，15～20 分钟 鱼卵：30～50mg/L（海水鱼卵 25～30mg/L），5～15 分钟	—	1. 勿与金属物品接触 2. 勿与季铵盐类消毒剂直接混合使用

注 1：用法与用药量栏未标明海水鱼类与虾类的均适用于淡水鱼类

注 2：休药期强制性

附录 F：（资料性附录）
水产养殖用药记录

养殖场名称：　　养殖证编号：（ ）养证［ ］第　号

养殖场场长：　　养殖技术负责人：　　养殖人员：

序号				
时间				
池号				
用药名称				
用量/浓度				
平均体重/总重量				
病害发生情况				
主要症状				
处方				
处方人				
施药人员				
备注				

附录 G：（规范性附录）
禁用渔药

药物名称	化学名称（组成）	别名
地虫硫酸 fonofos	O-2 基-S 苯基二硫代硫酸乙酯	大风雷
六六六 BHC（HCH）benzem，bex-achloridge	1，2，3，4，5，6-六氯环己烷	—
林丹 lindane，gammaxare，gamma-BHCgamma-HCH	r-1，2，3，4，5，6-六氯环己烷	丙体六六六
毒杀芬 camphechlor（ISO）	八氯莰烯	氯化莰烯
滴滴涕 DDT	2，2-双（对氯苯基）-1，1，1-三氯乙烷	—
甘汞 calomel	二氯化汞	—
硝酸亚汞 mercurous itrate	硝酸亚汞	—
醋酸汞 mercuric acetate	醋酸汞	—
呋喃丹 carbofuran	2，3-二氢-2，2-二甲基-7-苯并呋喃基甲基氨基甲酸酯	克百威、大扶农
杀虫脒 chlordimeform	N-（2-甲基-4-氯苯基）N'，N'-二甲基甲脒盐酸盐	克死螨
双甲脒 anitraz	1.5-双-（2，4-二甲苯基）-3-甲基-1，3，5-三氮戊二烯	二甲苯胺脒
氟氯氰菊酯 cyfluthrin	α-氰基-3-苯氧基-4-氟苄基（1R，3R）-3-（2，2-二氯乙烯基）-2，2-二甲环丙烷酸羧酯	百树菊酯、百树得
氟氰戊菊酯 flucythrinate	（R，S）-α-氰基-3-苯氧苄基-（R，S）-2-（4-二氟甲氧基）-3-甲基丁酸酯	保好江乌，氟氰菊酯
五氯酚钠 PCP-Na	五氯酚钠	—
孔雀石绿（malachite green）	$C_{23}H_{25}CIN_2$	碱性绿、盐基块绿、孔雀绿
锥虫胂胺 tryparsamide	—	—
酒石酸锑钾 antimonyl potassium tatrate	酒石酸锑钾	—
磺胺噻唑 sulfathiazolumST norsultazo	2-（对氨基苯磺酰胺）-噻唑	消治龙
磺胺脒 sulfaguanidine	N1 脒基磺胺	磺胺胍
呋喃西林 furacillinum，nitrofurazone	5-硝基呋喃醛缩氨基脲	呋喃新
呋喃唑酮 furazolidonum，nifulidone	3-（5-硝基糠叉胺基）2-2 噁唑烷酮	痢特灵
呋喃那斯 furanace，nifurpirinol	6-羟甲基-2-［-（5-硝基-2-呋喃基乙烯基）］吡啶	P-7138（实验名）
氯霉素（包括其盐、酯及制剂）chloramphennico1	由季内瑞拉链霉素产生或合成法制成	—

药物名称	化学名称（组成）	别名
红霉素 erythromycin	属微生物合成，是 *Streptomyces eyythreus* 产生的抗生素	—
杆菌肽锌 zinc bacitracin premin	由枯草杆菌 *Bacillus subtilis* 或 *B. leicheniformis* 所产生的抗生素，为一含有噻唑环的多肽化合物	枯草菌肽
泰乐菌素 tylosin	*S. fradiae* 所产生的抗生素	—
环丙沙星 ciprofloxacin（CIPRO）	为合成的第三代喹诺酮类抗菌药，常用盐酸盐水合物	环丙氟哌酸
阿付帕星 avoparcin	—	阿付霉素
喹乙醇 olaquindox	喹乙醇	喹酰胺醇羟乙喹氧
速达肥 fenbendazole	5-苯硫基-2-苯并咪唑	苯硫哒唑氨甲基甲酯
己烯雌酚（包括雌二醇等其他类似合成等雌性激素）diethylstilbestrol, stilbestrol	人工合成的非甾体雌激素	乙烯雌酚、人造求偶素
甲基睾丸酮（包括丙酸睾丸素、去氢甲睾酮以及同化物等雄性激素）methyltestosterone, metandren	睾丸素 C_{17} 的甲基衍生物	甲睾酮甲基睾酮

第六章　无公害农产品检测

我国无公害农产品标准中的有害指标是根据目前产品在生产过程中使用药物的实际情况及产品本身的变化特点制定的，不同的产品有害指标及其限量有所不同。我国农业部发布的现行无公害农产品（含加工制品）标准中规定的主要有害指标见表 6 - 1。

表 6 - 1　无公害农产品主要有害指标

产品类别	主要有害指标
粮油	农药残留、重金属、亚硝酸盐、黄曲霉毒素 B_1、抗氧化剂等
蔬菜	农药残留、重金属、亚硝酸盐等
水果	农药残留、重金属等
茶叶	农药残留、重金属等
畜禽肉	有机氯农药残留、重金属、兽药残留、挥发性盐基氮、微生物等
蛋制品	有机氯农药残留、重金属、兽药残留、微生物等
乳制品	农药残留、重金属、抗生素、黄曲霉毒素 M_1、硝酸盐、亚硝酸盐、微生物等
蜂产品	农药残留（有机氯、氟胺氰菊酯）、重金属、抗生素、微生物等
水产品	农药残留（有机氯）、重金属、渔药残留、挥发性盐基氮等
产地环境（水、土、气）	重金属、二氧化硫、氟化物、氰化物、粪大肠菌群等

以上 9 类产品及产地环境的有害指标主要有农药残留、兽药残留、重金属、微生物等，本章重点介绍蔬菜中农药残留、畜禽肉中兽药残留、食品中重金属的检测技术及有关样品的抽样方法。

第一节　无公害农产品抽样规范

抽样是检测工作的第一个环节，也是影响检测数据准确与否的基础。只有按照规范的抽样程序、采用科学的采样方法进行采样，才能保证样品的真实性、代表性和有效性。才能确保检测工作的科学、公正、权威。

一、抽样要求

（一）人员

抽样人员应经过专门的技术培训，具备相应资质。抽样时不得少于 2 人，应携带身份证、工作证、单位介绍信、抽样任务书、抽样单等有关文件。

（二）工具

抽样工具应清洁、干燥、无污染，不会对检测结果带来影响。

（三）抽样单

抽样单一式三份，由抽样人员和被检单位代表共同填写、签字。一份留被检单位，一份转承检单位，一份交抽检任务下达部门。

（四）封存

将每份样品分别封存、粘贴封条。抽样人员和被检单位代表分别在封条上签字。确认样品的真实性、代表性和有效性。

（五）运输

运输过程中应防止样品污染，应在规定的期限内将样品送达检验单位。

二、抽样方法

本节以蔬菜为例介绍田间抽样方法。

（一）抽样时间

一般应在产品成熟期或上市前进行。生产地抽样一般应选在 9～11 时或 13～15 时。雨刚过后不宜抽样。

（二）抽样量

应根据具体检测情况确定样品量。一般每个样品不少于 2 千克，单个个体超过 500 克的应取不少于 5 个个体。

（三）抽样方法

蔬菜生产地面积小于 10 公顷时，每 1～3 公顷设为一个抽样单元，生产地面积大于 10 公顷时，每 3～5 公顷设为一个抽样单元。每个抽样单元内根据实际情况按对角线法、梅花点法、棋盘式法、蛇形法等方法（如图 6－1 所示）随机抽取样品，每单元抽样点不应少于 5 点，每个抽样点面积为 1 平方米左右。搭架引蔓的蔬菜均取中段果实。

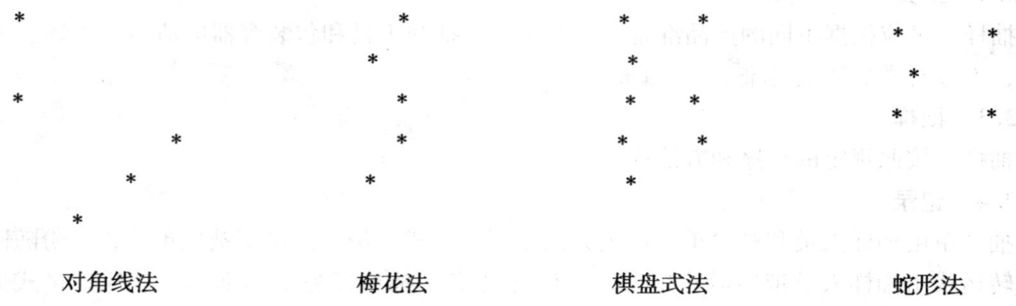

对角线法   梅花法   棋盘式法   蛇形法

图 6－1 抽样方法

将采集的样品密闭于聚乙烯袋内，防止污染及水分损失。在最短的时间内将样品送到实验室进行制备。

无公害食品 产品抽样规范——通则

1. 范围

本部分规定了无公害农产品抽样的要求和方法。

本部分适用于无公害农产品认证检验和监督抽查检验的抽样。

2. 规范性引用文件

下列文件中的条款通过本部分的引用而成为本部分的条款。凡是注日期的引用文件，其随后所有的修改单（不包括勘误的内容）或修订版均不适用于本部分，然而，鼓励根据本部分达成协议的各方研究是否可使用这些文件的最新版本。凡是不注日期的引用文件，其最新版本适用于本部分。

NY/T 5344.2　无公害食品　产品抽样规范　第 2 部分　粮油

NY/T 5344.3　无公害食品　产品抽样规范　第 3 部分　蔬菜

NY/T 5344.4　无公害食品　产品抽样规范　第 4 部分　水果

NY/T 5344.5　无公害食品　产品抽样规范　第 5 部分　茶叶

NY/T 5344.6　无公害食品　产品抽样规范　第 6 部分　畜禽产品

NY/T 5344.7　无公害食品　产品抽样规范　第 7 部分　水产品

3. 要求

3.1 人员

抽样小组成员不少于 2 人，抽样人员应经过专门的培训，熟知抽样程序和方法。抽样人员应携带工作证、抽样通知单（抽样委托单或抽样任务单）和抽样单等。

3.2 工具

抽样人员应根据不同的产品准备相应的工具。抽样工具和包装容器应清洁、干燥、无污染，不会对样品造成污染。

3.3 抽样

抽样应按照规定的程序和方法执行。

3.4 记录

抽样单由抽样人员和被检单位代表共同填写，一式三份，一份交被检单位，一份随同样品转运或由抽样人员带回承检单位，一份寄（交）抽检任务下达部门。抽样单格式见附录 A。

3.5 样品封存

3.5.1 抽样人员和被检单位代表共同确认样品的真实性、代表性和有效性。

3.5.2 每份样品分别封存，粘贴封条。抽样人员和被检单位代表分别在封条上签字盖章。

3.5.3 封样材料应清洁、干燥，不会对样品造成污染和伤害；包装容器应完整、结实、有一定抗压性。

3.6　样品运输

3.6.1　抽样完成后，样品应在规定时间内送达实验室。

3.6.2　运输工具应清洁卫生，符合被检样品的贮存要求，样品不应与有毒有害和污染物品混装。

3.6.3　防止运输和装卸过程中对样品可能造成的污染或破损。

4. 抽样方法

4.1　粮油

按 NY/T 5344.2—2006 规定执行。

4.2　蔬菜

按 NY/T 5344.3—2006 规定执行。

4.3　水果

按 NY/T 5344.4—2006 规定执行。

4.4　水产品

按 NY/T 5344.7—2006 规定执行。

附录 A：无公害食品　抽样单

No：

<table>
<tr><td rowspan="15">本栏由抽样及被检单位填写</td><td colspan="2">产品名称</td><td></td><td>样品编号</td><td></td></tr>
<tr><td colspan="2">产品执行标准</td><td></td><td>包装形式</td><td></td></tr>
<tr><td colspan="2">产品收获（出厂）日期</td><td colspan="3"></td></tr>
<tr><td colspan="2">保存要求</td><td colspan="3">常温 O　　冷冻 O　　冷藏 O</td></tr>
<tr><td rowspan="7">抽样单位</td><td>名　称</td><td colspan="3"></td></tr>
<tr><td>通信地址</td><td></td><td>电　话</td><td></td></tr>
<tr><td>邮政编码</td><td></td><td>传　真</td><td></td></tr>
<tr><td>抽样日期</td><td></td><td>抽样地点</td><td></td></tr>
<tr><td>抽样方法</td><td></td><td>采样部位</td><td></td></tr>
<tr><td>样品数量</td><td></td><td>抽样基数</td><td></td></tr>
<tr><td rowspan="3">被检单位</td><td>名　称</td><td></td><td>电　话</td><td></td></tr>
<tr><td>通信地址</td><td colspan="3"></td></tr>
<tr><td>邮政编码</td><td></td><td>传　真</td><td></td></tr>
</table>

被检单位签名	本次抽样始终在本人陪同下完成，上述记录经核实无误，承认以上各项记录的合法性。 负责人（签字）：_____ 年　月　日		抽样单位签名	本次抽样已按要求及产品标准执行完毕，样品经双方人员共同封样，并做记录如上。 抽样人1：_____ 抽样人2：_____ 年　　月　　日
检测机构填写	受理/收样人		抽样/送样人	
	收样日期		送样日期	
	样品交接时的状况			

无公害食品　产品抽样规范——粮油

1. 范围

本部分规定了无公害农产品粮油类产品抽样的方法。

本部分适用于无公害农产品粮油类产品（小麦、大米、玉米、大豆、绿豆、蚕豆、花生仁/果、芝麻、油菜籽等）认证检验和监督检验的抽样。

2. 规范性引用文件

下列文件中的条款通过本部分的引用而成为本部分的条款。凡是注日期的引用文件，其随后所有的修改单（不包括勘误的内容）或修订版均不适用于本部分，然而，鼓励根据本部分达成协议的各方研究是否可使用这些文件的最新版本。凡是不注日期的引用文件，其最新版本适用于本部分。

GB 1351　小麦

GB 1352　大豆

GB 1353　玉米

GB 1354　大米

GB 1532　花生果

GB 1533　花生仁

GB 10459　蚕豆

GB 10462　绿豆

GB 11761　芝麻

GB 11762　油菜籽

GB 5491　粮食、油料检验　抽样、分样法

3. 抽样方法

3.1　产地

3.1.1　组批：同一产地、同一品种或种类、同一生产技术方式、同期采收的产品为

一个抽样单元。

　　3.1.2　抽样时间：抽样一般应在被抽查地块收割前的 3 天内进行，抽查作物应与全部作物的成熟度保持一致。

　　3.1.3　抽样：根据生产基地的地形、地势及作物的分布情况合理布设抽样点，原则上选用对角线抽样法，每个抽样单元内根据实际情况也可按梅花点法、棋盘式法、蛇形法等方法采取样品，每个抽样单元内抽样点不应少于 5 点，每个抽样点面积为 1 平方米左右，随即抽取该范围内的作物作为检验用样品。样品点不少于 5 个。每个抽样点的抽样量按表 6 - 2 执行。

表 6 - 2　生产基地抽样量

产量，千克/公顷	抽样量，千克
< 7 500	150
7 500 ~ 15 000	300
> 15 000	按公顷产量的 2% 比例抽取

　　3.1.4　样品处理：样品的割、运、打、晒、扬等操作过程，应按相应产品生产技术规程进行。小麦、大豆、玉米、大米、花生果、花生仁、蚕豆、绿豆、芝麻、油菜籽样品的水分含量应分别符合 GB 1351、GB 1352、GB 1353、GB 1354、GB 1532、GB 1533、GB 10459、GB 10462、GB 11761、GB 11762 的要求。

　　3.1.5　样品缩分：对数量较大的样品，可以用四分法缩分，将样品充分混匀后分成 3 份，分别作为检验、复验和备查用。每一份样品的数量应不少于 2 千克。

3.2　仓贮及流通领域

　　3.2.1　组批

　　按 3.1.1 的规定执行。

　　3.2.2　抽样

　　按 GB 5491 规定执行。

无公害食品　产品抽样规范——蔬菜

1. 范围

　　本部分规定了无公害农产品蔬菜类产品抽样的方法。

　　本部分适用于无公害农产品蔬菜类产品认证检验和监督检验的抽样。

2. 规范性引用文件

　　下列文件中的条款通过本部分的引用而成为本部分的条款。凡是注日期的引用文件，其随后所有的修改单（不包括勘误的内容）或修订版均不适用于本部分，然而，鼓励根据本部分达成协议的各方研究是否可使用这些文件的最新版本。凡是不注日期的引用文件，其最新版本适用于本部分。

GB/T 8855　新鲜水果和蔬菜的取样方法

3. 抽样方法

3.1　产地

3.1.1　组批：同一产地、同一品种或种类、同一生产技术方式、同期采收或同一成熟度的蔬菜为一个抽样单元。

3.1.2　抽样时间：抽样时期要根据不同蔬菜品种在其种植区域的成熟期来确定，应在产品成熟期或上市前进行。抽样时间应选在晴天上午的 9 ~ 11 时或者下午 3 ~ 5 时。雨后不宜抽样。

3.1.3　抽样量：每个样品抽样量不低于 3 千克，单个个体超过 500 克的，如结球甘蓝、花椰菜、青花菜、生菜、西葫芦和大白菜等取 3 ~ 5 个个体。

3.1.4　抽样：当蔬菜基地面积小于 10 公顷时，每 1 ~ 3 公顷设为一个抽样单元；当蔬菜基地面积大于 10 公顷，每 3 ~ 5 公顷设为一个抽样单元。每个抽样单元内根据实际情况按对角线法、梅花点法、棋盘式法、蛇形法等方法采取样品，每个抽样单元内抽样点不应少于 5 点，每个抽样点面积为 1 平方米左右，随即抽取该范围内的蔬菜作为检验用样品。搭架引蔓的蔬菜，均取中段果实；叶菜类蔬菜去掉外帮；根茎类蔬菜和薯类蔬菜取可食部分。

3.2　市场

3.2.1　组批：按 3.1.1 规定执行。

3.2.2　抽样量：按 3.1.3 规定执行。

3.2.3　抽样：应从不同摊位抽取，尽量抽取不同地方生产的蔬菜样品。

3.3　仓贮及企业

3.3.1　组批：按 3.1.1 规定执行。

3.3.2　抽样：按 GB/T 8855 规定执行。

无公害食品　产品抽样规范——水果

1. 范围

本部分规定了无公害农产品水果类产品抽样的方法。

本部分适用于无公害农产品水果类产品认证检验和监督检验的抽样。

2. 规范性引用文件

下列文件中的条款通过本部分的引用而成为本部分的条款。凡是注日期的引用文件，其随后所有的修改单（不包括勘误的内容）或修订版均不适用于本部分，然而，鼓励根据本部分达成协议的各方研究是否可使用这些文件的最新版本。凡是不注日期的引用文件，其最新版本适用于本部分。

GB/T 8855　新鲜水果和蔬菜的取样方法

3. 抽样方法

3.1 产地

3.1.1 组批：同一产地、同一品种或种类、同一生产技术方式、同期采收或同一成熟度的水果为一个抽样单元。

3.1.2 抽样时间：抽样时间要根据不同品种水果在其种植区域的成熟期来确定，一般选择在全面采收之前 3 ~ 5 天进行。抽样时间应选择在晴天上午的 9 ~ 11 时或下午的 3 ~ 5 时。

3.1.3 抽样量：根据生产抽样对象的规模、布局、地形、地势及作物的分布情况合理布设抽样点，抽样点应不少于 5 个。在每个抽样点内，根据果园的实际情况，按对角线法、棋盘法或蛇行法随机多点采样。每个抽样点的抽样量按表 6 - 3 执行。

表 6 - 3　生产基地抽样量

产量，千克/公顷	抽样量，千克
< 7 500	150
7 500 ~ 15 000	300
> 15 000	按公顷产量的 2% 比例抽取

3.1.4 抽样：乔木果树，在每株果树的树冠外围中部的迎风面和背风面各取一组果实；灌木、藤蔓和草本果树，在树体中部采取一组果实，果实的着生部位、果个大小和成熟度应尽量保持一致。

3.1.5 样品缩分：将所有样品混合在一起，分成三份，分别进行缩分，每份样品应不少于实验室样品取样量。实验室样品取样量按 GB/T 8855 中 5.4 的规定。

3.2 仓贮及流通领域

3.2.1 组批：按 3.1.1 规定执行。

3.2.2 抽样量

3.2.2.1 包装产品：按 GB/T 8855 中 5.2.1 的规定执行。

3.2.2.2 散装产品：按 GB/T 8855 中 5.2.2 的规定执行。

3.2.3 抽样：以每个果堆、果窖或贮藏库为一个抽样点，从产品堆垛的上、中、下三层随机抽取样品。

3.2.4 样品缩分：按 3.1.5 的规定执行。

无公害食品　产品抽样规范——水产品

1. 范围

本部分规定了无公害食品水产品抽样方法和样品运输。

本部分适用于无公害农产品水产品的认证检验和监督检验抽样。

2. 方法

2.1 组批

2.1.1 鲜活水产品：以同一水域、同一品种、同期捕捞或养殖条件相同的产品为一个抽样单位，且池塘养殖水域面积不超过133公顷，湖泊、水库、近岸海域、滩涂养殖面积不超过667公顷。

2.1.2 初级水产加工品：按批号抽样，在原料及生产条件基本相同的条件下，同一天或同一班组生产的产品为一个抽样单位。

2.2 抽样方法

2.2.1 水产养殖场抽样：根据水产养殖的池塘的分布情况，合理布设采样点，从每个采样点随机抽取样品，安全指标和感观检验抽样量按表6-4执行；微生物指标检验的样品应采取无菌抽样，在养殖水域随机抽取，样品量按表6-5执行。

表6-4 水产品安全指标和感观检验的样品量

种类	样品量
小型鱼（体长＜20厘米）	15～20条
中型鱼（体长20～60厘米）	5条
大型鱼（体长＞60厘米）	2～3条
虾	≥3千克
蟹	≥3千克
贝类	≥4千克
藻类	≥2千克
龟类	3～5只
蛙类	≥4千克
海参	≥2～3千克

表6-5 水产品微生物指标检验的样品量

种类	样品量
鱼类	≥2尾
虾	≥8尾
蟹	≥8只
贝类	≥8个
藻类	≥500克
龟类	≥2只
蛙类	≥5只
海参	≥8只

2.2.2 水产加工厂抽样

从一批水产加工品中随机抽取样品，每个批次随机抽取净含量1千克（至少4个包装袋）以上的样品，干制品抽取净含量 500 克（至少 4 个包装袋）以上的样品。

3. 样品运输

3.1　鲜活水产品

a）鱼

——活鱼用充氧袋封装，保证氧气充足，使之成活。

——鲜鱼用泡沫箱封装，先在箱底铺一层冰，头腹向上，层鱼层冰，加封顶冰，使鱼体温度保持在 0～5℃。

b）虾

——活虾用充氧袋封装，保证氧气充足，使之成活。

——鲜虾用泡沫箱封装，先在箱底铺一层冰，层虾层冰，加封顶冰，使虾体温度保持在 0～4℃。

c）蟹

——河蟹样品应保证活体包装运送。将河蟹腹部朝下整齐排列于蒲包或网袋中，保持适宜的湿度，贮运过程中应防止挤压、碰撞、曝晒及污染。夏季用泡沫箱封装，加冰降温，应及时排放融冰水，并注意通风换气（可在泡沫箱上部开小孔）。

——海蟹用泡沫箱封装，先在箱底铺一层冰，层蟹层冰，加封顶冰，使蟹体温保持在 0～4℃。

d）鳖

鳖样品应保证活体包装送样。将活鳖用小布袋、麻袋等包装，每只应固定格里，以避免互相挤压、撕咬。贮运过程中应严防蚊虫叮咬，防止挤压、碰撞、曝晒及污染。夏季用泡沫箱封装，用冰降温。

e）贝类

活贝类应控干水分，然后用透气性好的麻袋进行封装。

f）蛙类

蛙类用泡沫箱封装，在箱盖和四周打些小孔，保证空气流通，并注意保持蛙皮肤湿润。

g）海参

海参用洁净塑料袋无水包装，用泡沫箱封装，先在箱底铺一层冰，一层海参一层冰，加封顶冰。

3.2　冷冻水产品

用保温箱或采取必要的措施使样品处于冷冻状态。

3.3　干制水产品

用塑料袋或类似的材料密封保存，注意不要使其吸潮或水分散失，并要保证其从抽样到检验的过程中品质不变。必要时可使用冷藏设备。

无公害食品产品抽样规范——茶叶

1. 范围

本部分规定了无公害食品茶叶类产品抽样的方法。

本部分适用于无公害食品茶叶类产品认证检验和监督检验的抽样。

2. 规范性文件

下列文件中的条款通过本部分的引用而成为本部分的条款。凡是注日期的引用文件，其随后所有的修改单或修订版均不适用于本部分，然而，鼓励根据本部分达成协议的各方研究是否可使用这些文件的最新版本。凡是不注日期的引用文件，其最新版本适用于本部分。

GB/T 8302 茶 取样

3. 抽样方法

3.1 产地

3.1.1 组批

同一产地、同一品种或种类、同一生产技术方式、同期采购的茶叶为一个抽样单元。

3.1.2 抽样量

抽样点通过随即方式确定，每一抽样点应能保证取得 1kg 样品。抽样点数量按下列规定。

1~3 公顷，设一个抽样点；

3.1~7 公顷，设两个抽样点；

7.1~67 公顷，每增加 7 公顷（不足 7 公顷者按 7 公顷计）增设一个抽样点；

67 公顷以上，每增加 33 公顷（不足公顷者按 33 公顷计）增设一个抽样点；

在抽样时如发现样品有异常情况时，可酌情增加或扩大抽样点数量。

3.1.3 抽样步骤

对生长的茶树新梢抽样。以 1 芽 2 叶为嫩度标准，随机在抽样点采摘 1 千克鲜叶样品。对多个抽样点抽样，将所抽的原始样品混匀，用四分法逐步缩分至 1 千克。鲜叶样品及时干燥，分装 3 份封存，供检验、复验和备查之用。

3.2 进厂原料

3.2.1 组批

按 3.1.1 规定执行。

3.2.2 抽样数量

进厂原料以质量为计数单位，抽样数按下列规定：

1~50 千克，抽样 1 千克；

51~100 千克，抽样 2 千克；

101~500 千克，每增加 50 千克（不足 50 千克者按 50 千克计）增抽 1 千克；

501～1 000 千克，每增加 100 千克（不足 100 千克者按 100 千克计）增抽 1 千克；
1 000 千克以上，每增加 500 千克（不足 500 千克者按 500 千克计）增抽 1 千克。
在抽样时如发现样品有异常情况时，可酌情增加或扩大抽样数量。

3.2.3 抽样步骤

对已采摘，但尚未进行加工的原料抽样。以随机的方式抽取样品，每批次原料抽取 1
千克，对批次原料抽样，将所抽的原始样品混匀，用四分法逐步缩分至 1 千克。样品及时
干燥，分装 3 份封存，供检验、复验和备查之用。

3.3 包装产品及紧压茶产品

按 GB/T 8302 的规定执行。

无公害食品产品抽样规范——畜禽产品

1. 范围

本部分规定了无公害农产品畜禽产品抽样的要求、方法、记录、样品封存和运输。
本部分适用于无公害农产品畜禽产品的委托检验、认证检验和监督抽查检验。

2. 规范性引用文件

下列文件中的条款通过本标准的引用而成为本标准的条款。凡是注日期的引用文件，
其随后所有的修改项（不包括勘误的内容）或修订版均不适用于本标准，然而，鼓励根
据本标准达成协议的各方研究是否可使用这些文件的最新版本。凡是不注日期的引用文
件，其最新版本适用于本标准。

NY/T 5344.2—2006 无公害食品 产品抽样规范 第一部分：通则

3. 抽样工具要求

3.1 肉类

不锈钢刀具、带封口条的洁净塑料包装袋、低温样品保存箱（盒）、一次性手套、标
签、盛放微生物检验用样品的灭菌容器等。

3.2 蛋类

洁净卫生的格状专用盛蛋盘、样品保存箱、一次性手套、标签、盛放微生物检验用样
品的灭菌容器等。

3.3 奶类

搅拌棒、取样器、温度计、塑料密封采样瓶、低温存奶箱、一次性手套、标签、盛放
微生物检验用样品的灭菌容器等。

3.4 蜂蜜

取样杆、取样瓶、一次性手套、标签、盛放微生物检验用样品的灭菌容器等。

4. 方法

4.1 组批

4.1.1 饲养场

以同一养殖场、养殖条件相同、同一天或同一时段生产的产品为一检验批。

4.1.2 屠宰场

以来源于同一地区、同一养殖场、同一时段屠宰的动物为一检验批。

4.1.3 蜂蜜加工厂

以不超过1000件为一检验批,同一检验批的商品应具有相同的特征,如包装、标志、产地规格和等级等。

4.1.4 冷冻(冷藏库)

以企业明示的批号为一检验批。

4.1.5 市场

以产品明示的批号为一检验批。

4.2 饲养场抽样

4.2.1 蛋

随机在当日产蛋架上抽样,样品应尽可能覆盖全禽舍,将所得的样品混合后再随机抽取,鸡、鸭、鹅蛋取50枚,鹌鹑蛋、鸽蛋取250枚,按本部分中第6章要求处理。

4.2.2 奶

每批的混合奶经充分搅拌混合后取样,样品量不得低于8L,按本部分中第6章要求处理。

4.2.3 蜂蜜

从每批中随机抽取10%的蜂群,每一群随机取1张未封蜂坯,用分蜜机分离后取1kg蜜,按本部分中第6章要求处理。

4.3 屠宰场抽样

4.3.1 屠宰、分割线上抽样

4.3.1.1 猪肉、羊肉、牛肉的抽样

根据每批胴体数量,确定被抽样胴体数(每批胴体数量低于50头时,随机选2~3头;51~100头时,随机选3~5头;101~200头时,随机选5~8头;超过200头时,随机选10头)。从被确定的每片胴体上,从背部、腿部、臀尖三部分之一的肌肉组织上取样,再混成一份样品,样品总量不得低于6千克,按本部分中第6章要求处理。

4.3.1.2 猪肝的抽样

从每批中随机取5个完整的肝样,按本部分中第6章要求处理。

4.3.1.3 鸡、鸭、鹅、兔的抽样

从每批随机抽取去除内脏后的整只禽(兔胴体)体5只,每只体重不低于500克,按本部分中第6章要求处理。

4.3.1.4 鸽子、鹌鹑的抽样

从每批中随机抽取去除内脏后的30只整体,按本部分中第6章要求处理。

4.3.2　冷冻（冷藏）库抽样

4.3.2.1　鲜肉

成堆产品在堆放空间的四角和中间布设采样点，从采样点的上、中、下三层去若干小块肉混为一个样品；吊挂产品随即从 3～5 片胴体上取若干小块肉混为一个样品，每份样品总重不少于 6 千克，按本部分中第 6 章要求处理。

4.3.2.2　冻肉

500 克以下（含 500 克）的小包装，同批同质随机抽取 10 包以上；500 克以上的包装，同批同质随机抽取 6 包，每份样品不少于 6 千克，按本部分中第 6 章要求处理。

4.3.2.3　整只产品

鸡、兔等为整只产品时，在同批次产品中随机抽取完整样品 5 只（鸽子、鹌鹑为 30 只），按本部分中第 6 章要求处理。

4.4　蜂蜜加工厂取样

4.4.1　取样数量

批量、件	最低取样数、件
< 50	5
50～100	10
100～500	每增加 100，增取 5
> 501	每增加 100，增取 2

4.4.2　取样方法

按 4.4.1 规定的取样件数随机抽取，逐渐开启。将取样器放入，吸取样品。如遇蜂蜜结晶时，则用单套杆或取样器插到底，吸取样品，每件至少取 300 克倒入混样器，将吸取样品混合均匀，抽取 1 千克装入样品瓶内，按本部分中第 6 章要求处理。

4.5　市场、冷冻（冷藏）库抽样

4.5.1　肉类

4.5.1.1　每件 500 克以上的产品

同批同质随机从 3～15 件上取若干小块肉混合，样品重量不得低于 6 千克，按本部分中第 6 章要求处理。

4.5.1.2　每件 500 克以下的产品

同批同质随机取样混合后，样品重量不得低于 6 千克，按本部分中第 6 章要求处理。

4.5.1.3　小块碎肉

从堆放平面的四角和中间取同批同质的样品混合成 6 千克，按本部分中第 6 章要求处理。

4.5.2　蛋

从每批产品中随机取 50 枚（鸽蛋、鹌鹑蛋为 250 枚），按本部分中第 6 章要求处理。

4.5.3 奶

在贮奶容器内搅拌均匀后，分别从上部、中部、底部等量随机抽取，或在运输奶车出料时前、中、后等量抽取，混合成8L，按本部分中第6章要求处理。

4.5.4 蜂蜜

货物批量较大时，以不超过 2 500 件（箱）为一检验批。如货物批量较小，少于 2 500 件时，均按下述抽取样品数，每件（箱）抽取一包，每包抽取样品不少于 50 克，总量应不少于 1 千克，按本部分中第6章要求处理。

检验批量，件	最少取样数，件
1～25	1
26～100	5
101～250	10
251～500	15
501～1 000	17
1 001～2 500	20

批货重量，kg	取样，件
<50	3
51～500	5
501～2 000	10
>2 000	15

注：每件取样量一般为50～300克，总量不少于1千克

5. 记录

按 NY/T 5344.1—2006 的规定执行。

5.1 抽样单编号

5.2 格式

格式为［省、市、自治区简称］／［动物品种代码］／［样品种类代码］／［取样日期］／［样品序号］。代码如下：

动物品种	牛	羊	猪	鸡	兔
代码	B	O	P	C	R
样品种类	肌肉	蛋	奶	蜂蜜	
代码	M	E	Mi	Hb	

样品序号为同一次取样过程中的编号。

例：2×××年××月×日在××省（市、区、县）抽取的第2个猪肉样品，其编号为：××省（市、区、县）/P/M/2×××0××0×/2。

6. 样品封存

6.1 猪肉、牛肉、羊肉

将抽得的6千克样品，分成五份，2千克一份，1千克四份，分别包装，其中一份1千克样品随抽样单（第三联），贴上封条后交被抽检单位保存，另外四份随样品抽样单（第二联），分别加贴封条由抽样人员送交检测单位进行检测。

6.2 禽肉和猪肝

将抽得的样品，分成五份（鸡、鸭、鹅、肝每份1整只，鹌鹑、鸽子每份六只），进行包装其中一份样品随抽样单（第三联），贴上封条后交被抽检单位保存，另外四份随样品抽样单（第二联），分别加贴封条由抽样人员送交检测单位进行检测。

6.3 禽蛋

将抽得的50只鸡、鸭、鹅蛋，每10只为一份，分成五份（鹌鹑蛋、鸽蛋每50只一份，分成五份），分别包装，其中一份样品随抽样单（第三联），贴上封条后交被抽检单位保存，另外四份随样品抽样单（第二联），分别加贴封条由抽样人员送交检测单位进行检测。

6.4 奶

将抽得的8L奶，分成两份，密封包装，加贴封条后由抽样人员送交检测单位进行检测。

6.5 蜂蜜

将抽得的1kg蜂蜜，分成五份，密封包装，其中一份样品随抽样单（第三联），贴上封条后交被抽检单位保存，另外四份随样品抽样单（第二联），分别加贴封条由抽样人员送交检测单位进行检测。

7. 样品运输

7.1 要求

为确保被分析物的稳定性和样品的完整性，采集的样品应由专人妥善保存，并在规定的时间内送达检测单位。

7.2 具体操作

7.2.1 取样后冻肉样应在冷冻状态下保存，蜂蜜：-10℃，禽蛋：0~4℃，牛奶：2~6℃条件下储存。

7.2.2 生鲜样品取样后应在0~4℃条件下24h送达检测单位。

7.2.3 运输工具应保持清洁无污染。

7.2.4 防止贮存地点和装卸地点可造成的污染。

第二节　试样的制备

试样的制备是指将所抽样品按一定的规程制备成可用于检测的试样。所制试样的代表性、均匀性和粗细度直接影响检测结果的准确性，是检测过程的一个重要环节。本节以蔬菜为例介绍试样的制备方法。

一、鲜样

鲜样可用于农药残留和重金属的测定。

（一）主要设备及工具

干净纱布、不锈钢刀具、聚乙烯砧板、食品粉碎机、带盖聚乙烯塑料杯。

（二）操作步骤

取可食部分，用干净纱布轻轻擦去样品表面的附着物，采用对角线分割法取对角部分，小型样品可随机挑选够欲制数量，然后在无色聚乙烯砧板上切碎、混匀。用四分法分取一定量或直接放入食品加工机中捣碎成匀浆、装入塑料杯备用。需要在提取被测组分时匀浆的可先粉碎成细小块状、入杯、备用。

二、干样

主要用于金属或非金属元素的测定。

（一）主要设备及工具

鼓风干燥箱、不锈钢磨、白瓷盘、样品筛、聚乙烯塑料薄膜等。

（二）操作方法

新鲜样品用四分法取样后，将分取的样品称重放在铺有无色聚乙烯塑料薄膜的白瓷盘中，放入鼓风干燥箱中在105℃加热15分钟杀酶，然后在60～70℃条件下干燥24～48小时。将干燥后的样品放入干燥器内，待冷却到室温后称量、计算样品水分。然后用不锈钢磨、旋风磨或玛瑙研钵进行粉碎，使全部样品通过40～60目尼龙筛，混合均匀后制成待测样品，放入分装容器中备用。

第三节　无公害农产品农药残留检测技术

目前，农业部颁布的蔬菜、水果、茶叶、大米等无公害农产品标准中有限量规定的农药种类有30多种。其中，常用的农药按其化学结构主要分为有机氯类、有机磷类、氨基甲酸酯类和菊酯四大类。具体品种是：

有机氯类：六六六、滴滴涕。

有机磷类：乐果、敌敌畏、敌百虫、甲胺磷、乙酰甲胺磷、杀螟硫磷、马拉硫磷、辛硫磷、喹硫磷、毒死蜱、亚胺硫磷。

氨基甲酸酯类：呋喃丹（可百威）、灭多威、抗蚜威。

菊酯类：氟氯氰菊酯、氯氰菊酯、氰戊菊酯、溴氰菊酯、氯菊酯、联苯菊酯。

其他类：百菌清、多菌灵、三唑酮、三唑锡、灭幼脲、克菌丹、除虫脲、双甲脒、三氯杀螨醇、杀虫双、噻嗪酮、三环唑。

下面主要介绍有机氯类、有机磷类、氨基甲酸酯类和菊酯类农药残留的检测方法。

一、有机氯和拟除虫菊酯类农药残留的测定

本方法适用于 α-HCH、β-HCH、γ-HCH、δ-HCH、p, p'-DDE、o, p'-DDT、p, p'-

DDD、p，p'-DDT、七氯、艾氏剂、甲氰菊酯、三氟氯氰菊酯、氯菊酯、氯氰菊酯、氰戊菊酯、溴氰菊酯农药残留量的测定。

提取

称取 20 克试样置于组织捣碎杯中，加入丙酮和石油醚各 30 毫升，捣碎 2 分钟。捣碎液经抽滤，滤液移入 250 毫升分液漏斗中，加入 100 毫升 20 克/升的硫酸钠水溶液，充分摇匀、静置分层。将下层溶液转移到另一 250 毫升分液漏斗中，用 2×20 毫升石油醚萃取，合并三次萃取的石油醚层，经铺有无水硫酸钠层的玻璃漏斗中，滤入蒸馏瓶中，与旋转蒸发仪中浓缩至 10 毫升。

（一）净化

1. 层析柱的制备

向玻璃层析柱中依次加入 1 厘米厚无水硫酸钠、5 克浓度为 5%的水脱活弗罗里硅土、1 厘米厚无水硫酸钠，轻轻敲实，用 20 毫升石油醚淋洗净化柱，弃去淋洗液，柱面留下少量液体。

2. 净化与浓缩

准确吸取样品提取液 2 毫升，加入已淋洗过的净化柱中，用 100 毫升石油醚 + 乙酸乙酯（95 + 5）洗脱，收集洗脱液于蒸馏瓶中。用旋转蒸发仪将洗脱液蒸至近干，用少量石油醚多次溶解残渣与刻度试管中，定容至 1～2 毫升。

（二）测定

1. 仪器设备及条件

气相色谱仪：带有电子捕获检测器（ECD）；

色谱柱：0.25 毫米×15 米石英弹性毛细管色谱柱，内涂以 OV-101 固定液；

气体流速：氮气 40 毫升/分，尾吹气 60 毫升/分，分流比 1：50；

柱箱温度：自 180℃升至 230℃（5℃/分），保持 30 分钟；

进样口温度：250℃。

2. 标准溶液的配制

标准贮备液：准确称取一定量固体标准品或吸取一定量标准溶液，用苯配制成浓度为 1 毫克/毫升的单一标液，贮于冰箱中。

混合标准工作液：使用时按农药品种的仪器响应情况及检测要求吸取一定量欲测品种的单一标准贮备液于同一容量瓶中，用石油醚稀释至刻度。

3. 上机测定

吸取混合标准工作液及试样净化液注入气相色谱仪中，以保留时间定性，以试液的峰高或峰面积用外标法与标准比较定量。混合标液的出峰顺序为：

α-HCH、β-HCH、γ-HCH、δ-HCH、七氯、艾氏剂、p，p'-DDE、o，p'-DDT、p，p'-DDD、p，p'-DDT、三氟氯氰菊酯、二氯苯醚菊酯、氰戊菊酯、溴氰菊酯。

（三）结果计算

试样中某组分农药的含量按下式进行计算：

$$X_i = \frac{h_i \times E_{si} \times V_2 \times K}{h_{si} \times m \times V_1}$$

X_i——试样中 i 组分农药的含量，mg/kg；

E_{si}——标准溶液中 i 组分农药的质量，ng；

V_1——试样溶液进样体积，μl；

V_2——试样溶液最后定容体积，ml；

h_{si}——标准溶液中 i 组分农药的峰面积或峰高；

h_i——试样溶液中 i 组分农药的峰面积或峰高；

m——试样的质量，g；

K——稀释倍数。

二、有机磷农药残留的检测

本方法适用于敌敌畏、速灭磷、久效磷、甲拌磷、巴胺磷、二嗪磷、乙嘧硫磷、甲基嘧啶磷、甲基对硫磷、稻瘟净、水胺硫磷、氧化喹硫磷、稻丰散、甲喹硫磷、克线磷、乙硫磷、乐果、喹硫磷、对硫磷、杀螟硫磷残留的测定。

（一）提取

称取 50.00 克试样（谷物类等含水量少的样品可减少称样量）置于 300 毫升烧杯中，加入 50 毫升水和 100 毫升丙酮，用组织捣碎机提取 1～2 分钟，匀浆液经铺有两层滤纸和约 10 克 Celite545 的布氏漏斗减压抽滤。取滤液 100 毫升移至 500 毫升分液漏斗中。

（二）净化

向滤液中加入 10～15 克氯化钠使溶液饱和，猛烈振摇 2～3 分钟，静置 10 分钟，使丙酮与水相分层，移出下层水相。水相加 50 毫升二氯甲烷振摇 2 分钟，静置分层，弃去水层。

将丙酮与二氯甲烷提取液合并，经装有 20～30 克无水硫酸钠的玻璃漏斗滤入 250 毫升蒸馏瓶中，再以约 40 毫升二氯甲烷分数次洗涤容器和无水硫酸钠。洗涤液并入蒸馏瓶中，用旋转蒸发器浓缩至约 2 毫升。将浓缩液转移至 5～25 毫升容量瓶中，用二氯甲烷定容至刻度。

（三）测定

1. 仪器设备及条件

气相色谱仪：带有火焰光度检测器（FPD）；

色谱柱：包括①3mm×2.6m 玻璃柱，内装涂以 4.5% DC-200 和 2.5% OV-17 的 ChromosorbWAWDMCS（80～100 目）的担体；

②3mm×2.6m 玻璃柱，内装涂以质量分数为 1.5% 的 QF-1 的 ChromosorbWAWDMCS（60～80 目）担体；

气体流速：氮气 50ml/min、氢气 100 ml/min、空气 50ml/min；

温度：柱箱 240℃、气化室 260℃、检测器 270℃；

进样量：2～5μl。

2. 标准溶液的配制

标准贮备液：称取一定量的农药标准品或吸取一定体积标准溶液用二氯甲烷配制成浓度为 1.0 毫克/毫升的单一标液，贮于冰箱（4℃）中。

混合标准工作液：使用时按农药品种的仪器响应情况及检测要求吸取一定量欲测品种的单一标准贮备液于同一容量瓶中，用二氯甲烷稀释至刻度。

3. 上机测定

吸取混合标准工作液及试样净化液注入气相色谱仪中，以保留时间定性，以试液的峰高或峰面积用外标法与标准比较定量。混合标液的出峰顺序（①柱）为：

敌敌畏、速灭磷、久效磷、甲拌磷、巴胺磷、二嗪磷、乙嘧硫磷、甲基嘧啶磷、甲基对硫磷、稻瘟净、水胺硫磷、氧化喹硫磷、稻丰散、甲喹硫磷、克线磷、乙硫磷。

4. 结果计算

某组分有机磷农药的含量按下式进行计算：

$$式中：X_i = \frac{A_i \times V_1 \times V_3 \times E_{si} \times 1\,000}{A_{si} \times V_2 \times V_4 \times m \times 1\,000}$$

X_i——试样中 i 组分有机磷农药的含量，mg/kg；

A_i——试样中 i 组分的峰面积；

A_{si}——混合标液中 i 组分的峰面积。

三、氨基甲酸酯类农药残留的检测

本方法适用于呋喃丹、抗蚜威、异丙威、速灭威、甲萘威、残杀威残留的测定。

（一）提取

称取 20.00 克试样匀浆置于 250 毫升具塞锥形瓶中，加入 80 毫升无水甲醇，加塞，振荡 30 分钟。然后经铺有快速滤纸的布氏漏斗抽滤于 250 毫升抽滤瓶中，用 50 毫升无水甲醇分次洗涤锥形瓶及过滤器。将滤液转入 500 毫升分液漏斗中，用 100 毫升氯化钠水溶液（5 克/升）分次洗涤过滤器，并入分液漏斗中。

（二）净化

向盛有试样提取液的 500 毫升分液漏斗中加入 50 毫升石油醚，振摇 1 分钟，静置分层后将下层放入第二个 500 毫升分液漏斗中，加入 50 毫升石油醚，振摇 1 分钟，静置分层后将下层放入第三个 500 毫升分液漏斗中。然后用 25 毫升甲醇-氯化钠（甲醇 +5% 氯化钠水溶液 =1 +1）溶液依次返洗第一、二分液漏斗中的石油醚层，每次振摇 30 秒，最后把甲醇-氯化钠溶液并入第三分液漏斗中。

（三）浓缩

用二氯甲烷分三次（50、25、25 毫升）提取第三分液漏斗中的被测成分，每次振摇 1 分钟，静置分层后将二氯甲烷层经铺有无水硫酸钠（用玻璃棉支撑）的玻璃漏斗（用二氯甲烷预洗过）滤入 250 毫升蒸馏瓶中，再用少量二氯甲烷洗涤漏斗，并入蒸馏瓶中，于 50℃水浴上减压浓缩至 1 毫升左右，转入刻度试管或容量瓶中，用二氯甲烷反复洗涤蒸馏，将洗液并入刻度试管或容量瓶中。吹氮气除去二氯甲烷溶剂，用丙酮溶解残渣并定容至 2 毫升。

（四）测定

1. 仪器设备及条件

气相色谱仪：带有火焰热离子检测器（FTD）；

色谱柱：包括

①3.2mm × 2.1m 玻璃柱，内装涂以 2% OV-101 和 6% OV-210 混合固定液的 Chromosorb W（HP）80 ~ 100 目担体；

②3.2mm×1.5m 玻璃柱，内装涂以 1.5% OV-17 和 1.95% OV-210 混合固定液的 Chro-mosorbW（AW-DMCS）80～100 目的担体；

气体流速：高纯氮 65ml/min、氢气 3.2ml/min、空气 150ml/min；

温度：柱箱 190℃、进样口 240℃、检测器温度 240℃。

2. 标准溶液的配制

标准贮备液：准确称取一定量固体标准品或吸取一定量标准溶液，用丙酮配制成浓度为 1.0 毫克/毫升的单一标液，贮于冰箱中。

混合标准工作液（2～10 微克/毫升）：使用时按农药品种的仪器响应情况及检测要求吸取一定量欲测品种的单一标准贮备液于同一容量瓶中，用丙酮稀释至刻度。

3. 上机测定

吸取混合标准工作液及试样净化液 1 微升注入气相色谱仪中，以保留时间定性，以试液的峰高和峰面积用外标法与标准比较定量。混合标液的出峰顺序（①注）为：

速灭磷、异丙威、残杀威、克百威、抗蚜威、甲萘威。

（五）结果计算

某组分农药的含量按下式进行计算：

$$X_i = \frac{A_i \times E_i \times 2\,000}{A_e \times m \times 1\,000}$$

（六）精密度

在重复性条件下获得的两次独立测定结果的绝对差值不得超过算术平均值的 15%。

第七章　农业投入品管理

第一节　农药使用管理

一、农药的基础知识

（一）农药的含义及分类

农药的含义较深广。它是指用于防治危害农作物（包括蔬菜、花卉）、林木及其产品的病原菌、病毒、病原线虫、害虫、害螨、鼠类、病媒昆虫、杂草以及调节昆虫、植物生长发育的各种药剂，有的还包括提高这些药剂效力的辅助剂、增效剂等。这些均属于农药的范畴。

农药品种繁多，品种不同，其功能、用途不同。大多数农药品种只具备一种功能，如杀虫剂不能用于防治病害或防除杂草，反之也如此。但近年来复配农药品种大量增加，有的具有多种功能，如虱纹灵由扑虱灵与井冈霉素复配而成，既能杀虫又可防病。为便于合理用药，现按原料来源、防治对象、用途或作用进行分类。

1. 按原料来源分类

由无机物合成的无机农药，如石硫合剂、波尔多液等。

经人工合成的有机农药，品种最多，使用最广，如敌百虫、辟蚜雾、辛硫磷、百菌清、甲霜灵、除草通等。

生物性农药，如烟碱、链霉素、BT乳剂、扑虱灵等由植物、抗菌素、微生物制成的农药。

2. 按防治对象分类

杀菌剂：防治植物病害的药剂，如波尔多液、多菌灵、克露、普力克、抗霉菌素等。

杀虫剂：防治农、林、卫生、贮粮及畜牧等害虫的药剂，如敌敌畏、敌杀死、灭杀毙、川楝素等。

杀螨剂：防治害螨的药剂，如三氯杀螨醇、螨克、三唑锡等。

杀线虫剂：防治植物病原线虫的药剂，如克线磷、丙线磷、克线丹等。

除草剂：防除杂草和有害植物的药剂，如除草醚、丁草胺、拿捕净等。

植物生长调节剂：促进或抑制植物生长的药剂，如乙烯利、赤霉素、抑芽敏等。

3. 按杀菌作用分类

保护剂：于植物发病之前施药，抑制或杀死病原物，保护与预防植物免受侵害的药剂，如波尔多液、代森锰锌等。

治疗剂：于植物发病之后施药，制止病原物继续扩展或消除病原物危害的药剂，如百菌清、多菌灵等。治疗剂还可划分为三种类型。

表面治疗剂：植物发病后施药，能杀死植物表面病菌的药剂，如粉锈宁防治白粉病。

内部治疗剂：药物进入植物组织后，可抑制或杀死病原物的药剂，如甲基托布津等。

外部治疗剂：主要用于果树、林木。在树干或枝条感染病害后，用刀子先刮去病组织，再涂以药剂，达到保护和治疗作用，如843康复剂。蔬菜上不需用此类药剂。

4. 按杀虫作用分类

胃毒剂：经害虫的口器进入体内，通过肠胃吸收发挥杀虫作用的药剂，如敌百虫、敌杀死等。

触杀剂：经害虫的体表渗透进入体内发挥杀虫作用的药剂，如辛硫磷、烟碱等。

熏蒸剂：以气体状态通过呼吸系统进入虫体发挥杀虫作用的药剂，如敌敌畏、磷化铝等，其中磷化铝专用于仓库贮粮害虫防治。

内吸剂：药物被植物吸收后在体内传导散布，存留或产生代谢物，使取食植物组织或汁液的害虫中毒死亡的药剂，如呋喃丹、铁灭克等剧毒农药，禁止在蔬菜上使用。

拒食剂：害虫取食药物后，能破坏其正常的生理机能，使害虫清除食欲，直至饿死的药剂，如拒食胺、抑食肼等。

诱致剂：根据害虫的趋化性、生理性等特点，可引诱害虫接近，以便集中消灭或用于虫情测报的药剂，如糖醋药液、性诱剂等。

驱避剂：驱散或使害虫忌避，保护人与畜及粮食和衣物不受侵害的药剂，如避蚊油、卫生球等。

不育剂：害虫取食后或接触一定剂量的药物后，可破坏其正常的生殖功能，使害虫不能繁殖后代的药剂，如六磷胺等。

拟激素剂：用来干扰害虫体内激素的消长，改变其正常的生理过程，使之不能完成整个生活史，从而消灭害虫的药剂，如拟保幼激素等。

5. 按除草作用分类

触杀性除草剂：通过接触药物而杀死杂草的药剂。这类药剂只能杀死杂草的地上部分，对地下部分作用不大，因此，只是用于除灭由种子发芽的一年生杂草，对于由地下根茎发芽的多年生杂草效果不好，如除草醚、敌稗等。

内吸性除草剂：能被根、茎、叶吸收，并在杂草体内输导、散布、存留而杀死杂草的药剂，如乙草胺、阔叶净等。

选择性除草剂：对某些种类的杂草有较强的杀伤作用，而对另一些种类的杂草杀伤力较小，或在一定用量范围内完全无效的药剂，如盖草能、阔叶净等。

灭生性除草剂：对所有杂草和蔬菜作物都有杀伤和抑制作用的药剂，如克芜踪、百草枯等。

（二）农药的毒力、毒性和药效

农药对有害生物毒杀作用的大小称为毒力；农药对人、畜及温血试验动物所产生毒害的性能称为毒性；对防治对象称毒力；药剂施用后对有害生物的作用效果称为药效。

农药的毒力和药效在概念上不同，毒力是药剂本身性质所决定的，而药效除药剂性质之外，还取决于农药制剂加工的质量、施药技术的高低、环境条件是否有利于药剂毒力的发挥等。在一般情况下，毒力强的药剂有较高的防治效果。

农药的毒性与毒力有时一致，即毒性高的农药品种对有害生物的毒性强，也有不少品种的毒性和毒力不一致，如高效低毒农药，毒性与毒力为什么不一致？这是因为农药在温血动物体内与昆虫体内代谢降解机制不同。有的农药仅能防治某些对象，而对其他有害生物和农作物却无效。

农药的毒力是在控制良好的室内条件下，通过精确实验室测定出来；药效虽可在室内控制条件下初步测定，但实际效果仍应在自然条件下，通过田间试验结果确定的；对温血动物的毒性高低，是对大鼠、小鼠、狗、兔等试验动物进行室内试验而确定的。

农药的毒性大小，通常是用农药对目标生物致死中量 LD_{50} 或致死中浓度 LC_{50} 来表示。致死中量的含义是：在一定条件下引起被试验的生物半数死亡的剂量，单位是毫克药量/千克体重，即每千克体重的生物需要多少毫克的农药有效剂量才能有半数致死。致死中浓度是在一定条件下，引起被试验动物半数死亡的浓度，通常用毫克/升来表示，即百万分之一的浓度单位。

农药的毒性包括急性毒性和慢性毒性，作为评价农药对温血动物安全性的指标。慢性毒性主要指农药对温血动物是否有致畸、致突变作用。急性毒性则指农药经口、经皮肤、呼吸三种途径吸收后，导致温血动物中毒的性能，用三个指标综合评价农药的急性毒性高低。目前，中国试行的农药急性毒性分级标准是以农药对大白鼠致死中量 LD_{50} 值的大小分为四级，LD_{50} 值越小，农药的急性毒性就越高。

（三）农药的剂型和特点

工厂合成农药原药，绝大多数情况下都不能直接施用，必须加工成不同的农药制剂才能施用。农药常用的加工剂型有以下几种。

1. 粉剂及粉尘剂

用原药和填充剂制成的细粉状混合物称为粉剂，粉尘剂只不过比粉剂加工更精细而已。一般粉剂细度要求95%以上的粉粒能通过200目筛，粉粒直径平均为45微米，含水量低于1.5%，pH值为5～9。粉剂不易被水所湿润，不能分散和悬浮在水中，所以不能加水作为喷雾使用。粉剂的特点是使用方便，工效高，适宜喷粉、拌种、拌土撒施、制成毒饵和土壤处理等，不能用于喷雾，如2.5%敌百虫粉剂。至于粉尘剂只有用于喷粉，尤其适于保护地蔬菜，喷出的粉尘弥漫均匀，防效更高。

2. 可湿性粉剂

用原药、填充剂和湿润剂加工混合而成，一般细度要求99.5%的粉粒能通过300目筛，粉粒平均直径为0.5微米，悬浮指标目前一般定为60%以上，加水后能均匀地悬浮在水中。主要用作喷雾，也可拌种或土壤处理，如50%多菌灵可湿性粉剂。

3. 乳油

将不溶于水的原药与乳化剂和有机溶剂溶解制成的透明油状液体称为乳油，乳油加水呈乳油液。乳油的质量标准是pH值6～8，稳定度为99.5%以上，正常条件下贮存两年不分层，不沉淀。主要用于喷雾与浇灌，其特点是分散性好，喷到农作物和有害生物体上的展着性、渗透性强，如80%敌敌畏乳油、20%粉锈宁乳油、72%都尔乳油等。

4. 水剂

也称作水溶剂，是将溶于水的原药不经过加工而制成的剂型，使用时加水进行稀释。主要用于喷雾和浇灌。其特点是制造简单，使用方便，成本低，但不易久存，喷在植物表面上的湿润性、展着性较乳油差，如10%双效灵水剂等。

5. 悬浮剂

将农药的原药、载体（硅胶等）、分散剂混合后，在水或油中经多次磨碎而成，药粒直径多在 1～5 微米，物理状态为胶状糊状。其特点是水悬浮剂的成本低，由于不含有机溶剂而减少对环境和作物的污染，如扑海因 25% 悬浮剂、40% 多菌灵悬浮剂等，更适用于绿色食品蔬菜生产。

6. 烟雾剂

用农药原药、燃料（锯末、淀粉等）、氧化剂（硝酸钾、氯酸钾等）、消燃剂（陶土、滑石粉等）制成的粉状混合物，细度 100% 通过 80 目筛。其特点是点燃后虽可燃烧却没有火焰，能将农药有效成分气化，遇冷而成烟粒，分散均匀，工效高，操作使用简便，如 10% 速克灵烟剂、20% 百菌清烟剂等。

7. 颗粒剂

用原药和吸附剂（或填充料）混合制成的颗粒状物，颗粒直径为 600～750 微米，常用的载体是黏土、煤渣、砖粒等。其特点是药效期长，使用方便工效高，对天敌杀伤作用小，对人、畜较安全，如 15% 铁灭克颗粒剂等，在蔬菜生产中禁用。

除以上简述的 7 种常用农药剂型之外，还有油剂（适用于超低容量喷雾）、油液悬浮剂（也用于超低容量喷雾）、缓释剂、气雾剂、可溶性粉剂、拌种剂、膏剂、水溶性乳粉等多种加工制成的剂型，只不过在蔬菜上极少使用。

（四）农药的主要优点与缺点

随着大农业的深入发展，科学技术的不断进步及商品经济的国际市场化，也导致农药用途更加广泛，不但用于防治农作物及其产品的病虫草鼠有害生物，而且还用于调节农作物的生长发育，以便提高质量、品质与产值效益。许多种类农药还广泛用于林木园艺、畜禽养殖、水产养殖、卫生防疫及纺织品防霉变等方面。农药之所以被广泛地使用，在对有害生物综合防治中占据着极其重要的位置，主要原因是农药具有以下优点。

一是防治效果较高、致死作用迅速。当病、虫、草、鼠发生后的种群量接近经济允许水平时，施用化学农药几小时或 1～2 天内，有害生物的死亡率就达到高峰，一般施用 1～3 次可基本控制危害，以减少经济损失。

二是适用范围广。化学防治不同于农业防治、物理防治、生物或生态防治，其重要原因是农药较少受到作物栽培制度和区域生态条件的限制，尽管各种场合有不同，只要使用方法合理，均可获得较为稳定的防治效果。

三是防治对象多。一种农药制剂就可防治多种有害生物，加上农药可以加工成多种剂型并采用不同的施用方法，因而能够用来控制各种不同的有害生物以及适应各种不同的环境条件。

四是适宜工业化生产。农药可以通过化学合成的方法在工厂内进行大规模生产，使用和贮运较为方便，因而能够较好地满足大面积生产的需求。

五是成本较低效益好。使用农药防治各种有害生物的成本比较低，一般投入与产出之比均在 1：5 以上。

尽管农药具有许多优点，但应客观而辩证地对待农药，还必须认识到农药就是毒品，均有不同程度的毒性。如不注意科学使用，不但发挥不出理想的良好作用，而且极有可能带来以下严重的不良后果。

一是杀伤天敌，导致害虫的再次猖獗，造成更大的危害。在菜田中，害虫及其天敌总是并存，形成生态平衡。天敌通过寄生和捕食，对害虫起到控制作用。由于自然界天敌种群密度在前期比害虫密度上升慢，若农药使用不合理，特点是使用高毒或残效期长的农药，在大量杀伤害虫的同时，对害虫天敌的伤害往往更大，害虫一旦失去自然天敌的控制而会迅速回升，易造成比施药前更大的危害。

二是病、虫、草、鼠易产生抗药性，将给防治工作带来更大的难度。病虫草鼠害与其他生物一样，具有不断适应新环境条件的本能。在正常情况下，受药初期抗性发展缓慢，若连续接受农药时，抗性个体迅速增加，进而导致种群对该药产生抗性，甚至对不同类农药产生交互抗性、多种抗性问题。

三是存在对人、畜中毒和作物药害的潜在危险。如在蔬菜上使用高毒农药稍有不慎，即可引起使用者中毒或食用者中毒，长残效农药的残留危害更不可忽视。不合理的使用农药还会污染我们赖以生存的环境，这应引起菜农们的足够重视。

因此，广大菜农朋友都应很好的了解农药的基本知识，真正做到科学使用农药，既要取得良好的防治效果，又要达到安全、经济使用目的，以及不影响人、畜和作物生存的环境质量。

二、农药的合理使用

合理使用农药是蔬菜病虫害及杂草综合防治的重要内容。只有科学、合理地使用农药，才能达到安全、有效、经济的目的。否则，不仅达不到预期的目的，还可能造成各种不良后果。如何科学用药？现作简述如下：

（一）对症选用农药

蔬菜病虫害及杂草的种类繁多，目前，农药品种也越来越多，有害生物对农药的反映各不相同，对症用药或针对防治对象而选准农药十分重要。如杀虫剂中的胃毒剂对咀嚼式口器的害虫有效，防治刺吸式口器的害虫则无效；杀菌剂中的甲霜灵对霜霉病有效，若防治白粉病或细菌性角斑病则无效。因此，只有对症选准用药才能收到较理想的效果。

（二）适时施用农药

选择适宜的时间施用农药，是控制蔬菜病虫草发生、保护有益生物、避免药害与残毒的经济有效途径。对不同有害生物应有不同的防治适期；不同的农药具有不同的性能，防治适期也不一样。因此，确定防治最佳时间，必须把农药、防治对象和环境条件三者掌握好，才能充分发挥应有药效。在蔬菜生产中，菜农们应首先掌握各农药品种及施药适期等有关知识，并结合菜田实际调查情况进行防治，准时施药是关键。

（三）适量施用农药

掌握适宜的农药施用量是有效防治蔬菜病虫杂草的重要环节。用药量过高，不仅造成浪费，而且会增加环境污染，甚至易产生蔬菜药害或人、畜中毒；用药量太低又影响防治效果。在蔬菜生产中，应严格按照各农药品种的制定用量，不得随意增减。为获得准确用量，应将防治面积、用药量和清水进行准确计算，不能草率估计。常用的施药量表示法有3种：①以每公顷施用制剂数量表示，如每公顷用20%粉绣宁乳油750毫升。加水1 125千克喷雾；②用对水倍数表示，如用20%氰戊菊脂乳油2 000～3 000倍液喷洒；③用有效成分数量表示，如以600毫克/千克浓度的65%多果定可湿性粉剂稀释液喷雾。

无公害农产品生产管理技术

（四）采用正确方法施药

施药方法正确，不仅可充分发挥农药的药效，而且能避免或减少对天敌杀伤、蔬菜药害及农药残留等不良作用。近年来，农药品种正在不断增加，农药的剂型也在增多。在选用农药时，应掌握农药品种特性和剂量适应性，并根据防治对象的生物学特性和发生为害特点以及植株长势、气候条件等综合因素，灵活运用可选择的正确方法。目前，我国农药的施用方法很多，但在蔬菜生产中的施药方法可归纳为 8 种。

1. 喷雾法

喷雾法是最常用的施药方法，适用于乳油、水剂、可湿性粉剂和悬浮剂等多种农药剂型，可作茎叶喷洒，又可作土壤处理，具有分布均匀、见效快、防效好、方法简便易行等优点。喷雾法的主要缺点是药液易飘移流失和对施药人员安全性差，而且乳油中的有机溶剂多为二甲苯，污染环境与蔬菜。根据喷雾器容量大小，通常将喷雾剂划分为高容量、中容量、低容量、很低容量、超低容量 5 种类型，详见喷雾法分级表 7-1：

表 7-1 喷雾法分级

喷雾级别	每公顷喷药液量（升）	雾滴直径（微米）	雾化方法	喷雾方法	农药回收率
高容量	>600	250	压力式	针对性	30~40
中容量	150~600	250	压力式	针对性	30~40
低容量	15~150	100~25D 气力式	漂移累积性	60~70	60~70
很低容量	4.95~15	15~75	气力式	飘移累积性	60~70
超低容量	<4.95	15~75	离心力式	飘移累积性	

（1）高容量喷雾适宜于水源丰富的蔬菜生产区，用作较大面积防治病虫和土壤处理防除蔬菜田杂草，一般使用工农—36 型机动喷雾器或者喷头喷片孔直径大于 1.6 毫米的工农—16 型背负式手动喷雾器进行操作。

（2）中容量喷雾是目前采用最普遍的一种喷雾类型，适用范围基本同第一种，一般使用喷头喷片直径为 1.3~1.6 毫米的多种背负式手动喷雾器。

（3）低容量喷雾适宜于防治蔬菜叶片正反面病虫害，具有防效好、工效高、节省农药等优点，但不适用于化学除草，也不可用于喷洒高毒类农药，一般使用东方红或泰山—18 型机动喷雾器，也可使用喷头喷片孔直径为 0.7~1.0 毫米的工农—16 型背负式手动喷雾器。

（4）很低容量喷雾适宜于缺水的地方采用，在防效、省工和农药利用率等方面更优越，但对环境条件及施用技术要求高，常用东方红或泰山—18 型机动喷雾器，此法目前很少有人采用。

（5）超低容量喷雾适宜于少水地区采用，与很低容量喷雾相似，只是具有更优越的特点，而对环境与使用技术具有更高的要求。很低与超低容量的喷雾一般直接喷用乳油制剂或喷用加入少量辅助增效液的乳油，喷头为高速离心旋转片，用具除了机动型外，还有直流电动及高压烟雾型的施药方法。

2. 喷粉法

此法是利用药械的风力直接将药粉吹向蔬菜作物和防治对象，尤其近年研制的粉尘剂这一农药新剂型得以开发，更具有不用水、工效高、方法渐变等优点。但因对大田蔬菜防效不稳定、农药利用率低，所以目前仅有少数地方在蔬菜大棚内用喷粉法防治病虫害。

3. 撒施法

此法是将农药和细土或肥料均匀混合，由人工直接撒施。适合各种剂型农药用来防治蔬菜病虫草害。撒施法的优点是对天敌影响小，不易飘移，持效期延长，但农药分布不够均匀，施药后要求不断提供水分。

4. 浇灌法

此法通过人工浇灌根部来防治蔬菜土传病害和地下害虫，其操作简单，防治效果较好，但需充足的水分。

5. 拌种法与种衣法

前者是将农药与种子混合拌匀，使种子外表沾带药剂，种衣法是用专用剂型种衣剂，将它包裹在种子外面，形成有一定厚度的药膜，这两种方法均用以防治种传病害和地下害虫，省工、药效好，但应注意对种苗安全。

6. 毒饵法

此法是用饵料和具有胃毒作用的适宜药剂混匀制成毒饵，可作为防治咀嚼式口器的地下害虫及害鼠。毒饵法的防治效果良好，但投放毒饵对人、畜安全性差。

7. 熏蒸法

此法采用熏蒸剂以挥发气体而进行杀虫灭菌的一种施药方式，尤其适宜于塑料大棚蔬菜，具有防效高、作用快等优点。

8. 烟熏法

此法是利用烟剂农药点燃产生的烟雾来防治病虫害，是一种高工效施药方法，更适宜于温室和大棚蔬菜生产应用，但要求具备良好的密封条件才能达到预期目的。

（五）轮换施用农药

生产实践早已证明，一个地区长期单一使用某种农药，容易使有害生物产生抗药性，特别是一些菊酯类杀虫剂和内吸性杀菌剂，连续使用数年，防治效果会显著降低。轮换使用不同机制的农药，可延缓有害生物产生抗药性，充分发挥农药药效。轮换用药早已被实践所证明是科学的施药方法。

（六）合理混用农药

合理复配与混用农药，可以提高防治效果，扩大防治对象，延缓有害生物的抗药性，延长传统品种使用年限，降低防治成本，有利于充分发挥现有药剂的作用。目前，农药复配混用常见的两种方法，一种是农药厂把两种或两种以上的农药进行混配加工，生产出不同的制剂作为商品农药投放市场；另一种是菜农们根据当时当地病虫草害防治的实际需要，把不同农药合理混匀并施用。现在农药混用的主要类型有：杀虫剂加增效剂、杀虫剂加杀虫剂、杀菌剂加杀菌剂、除草剂加除草剂、杀虫剂加杀菌剂等。请千万注意，农药混用并不是任意组合，不可盲目搞"二合一"、"三合一"。生产复配制剂应与研制一新原药品种一样，首先抱有严肃的科学态度并研究严格的复配混用方法，必须按照增效性研究、复配工艺研究、复配制剂理化性研究、联合毒性研究、药效试验、分析方法研究和成本分析7个程序进行，获得肯定结果后，才能以商品农药投放市场。菜农在田间现混现用，不仅应明确供混农药的性能，而且查清其理化性质，也应坚持先试验、后混用的原则。否则，既不会发挥增效作用，还可能增加毒性，对蔬菜产生药害或对防治对象降低药效。例如：将防落素类植物生长调节剂加进杀菌剂混用，既会失去药效又会对蔬菜产生药害。

（七）安全使用农药

大多数蔬菜采摘后很快被人们直接食用，农药在蔬菜生产中使用是否正确，对消费者的身体安全关系密切，作为菜农朋友既是生产者又是消费者，应高度重视农药的安全使用问题，认真做到如下几点注意事项。

1. 严格控制高毒农药使用，尽量选用低毒农药和生物农药及植物性农药。在蔬菜生产过程中，严禁使用三九一一、甲基一六〇五、呋喃丹等高毒农药；严格限制使用中等毒性的各种农药；提倡推广苏云金杆菌（BT乳剂）、烟碱合剂等无公害农药，既可有效控制虫害又能对蔬菜食用安全无害，符合绿色食品蔬菜生产要求。

2. 严格执行农药使用"安全间隔期"规定，各类农药在施用后的分解速度不同，残毒时间长的农药在收获蔬菜的临近期禁止使用。我国有关部门根据多种农药残留试验结果，制定了《农药安全使用标准》和《农药合理使用准则》等具体法规，其中，"安全间隔期"即在收获前多长时间停止使用某种农药。

3. 严格掌握农药使用操作规程，在使用农药过程中，操作人员必须防护好个人身体，避免药剂沾染眼睛和皮肤，严防人、畜中毒，防止因用药污染生活环境与养殖业水源。

4. 注意防止蔬菜产生药害，用药不适宜、浓度过高或环境条件不利，对蔬菜往往会造成药害。某种农药对这种蔬菜是安全的，但对另一种蔬菜却易产生药害，主要原因是不同的蔬菜对同种农药反应有很大差别，反应敏感的蔬菜就会发生药害。例如：黄瓜与西瓜等对某些除草剂若反应敏感，使用不慎就可能受害。

5. 贮存农药要妥善，农药上的说明书要保持完好，以免误用或误食；农药不能与粮食或食品混放在一起，以免不慎而使人、畜中毒；农药应放在儿童不易拿取的地方，而且远离火源；液体农药严冬时要防冻，粉剂农药要防潮，大多数农药要防止阳光照晒。长期存放或存放条件差的农药会失效，对失效农药往往加大使用浓度，这更易对蔬菜造成药害。

6. 农药中毒与治疗

（1）农药中毒急救原则　对农药中毒严重者的治疗应由医生处理，而有的因长途运送患者去医院会延误急救时间，所以，现场急救也非常重要。

开展农药中毒就地急救，首先要考虑尽快将患者转移至通风良好的地方，立即脱去受污染的防护服，用肥皂水清洗皮肤和用清水冲洗眼睛。若误食中毒则药量一般较大，应立即口服盐水催吐，反复多次，洗胃常用5%碳酸氢钠溶液、稀肥皂水或冷开水等。敌百虫误食中毒不能用碱性液洗胃，因碱能使敌百虫转变为毒性更大的敌敌畏。可见在中毒急救时，要尽可能弄清患者施用或吞服的农药品种与数量，对应急救，主动有效。

（2）有机磷农药中毒的急救　若判断为有机磷农药中毒，首先根据患者接触农药的情况和症状，中毒程度则根据病人是否有下列症状判断，若遇中度或高度中毒时尽快送医院。

①轻度中毒：有头晕、头痛、恶心、多汗、胸闷、无力、视力模糊、瞳孔稍有缩小。

②中度中毒：除上述症状外，还有肌肉跳动、瞳孔明显缩小、呼吸极度困难、大汗、

流涎、腹痛、腹泻、步态不稳、精神不定。

③重度中毒：除上述症状外，还有瞳孔小如针头、呼吸极度困难、紫绀、肺水肿、肌肉跳动更频繁、大小便失控、昏迷、抽搐甚至呼吸停止。

急救措施有4项。

立即把中毒患者先抬离现场至通风处，尽快脱去受污染衣物，洗净皮肤、冲洗眼睛。

经口中毒后没有洗胃设备而病人清醒，采用催吐法，即饮水半升（内加活性炭或干净的木炭灰约10克），然后用手指或筷子刺激患者咽喉部位，引起恶心并呕吐。若有洗胃设备要彻底洗胃，才有把握治好。洗胃直到抽出的胃内液无有机磷特殊臭味时方可停止。然后隔6~8小时再洗胃一次，以防体内的有机磷残液从胃黏膜排泄而被重新吸收。洗胃完毕还要口服硫酸镁20~30克作导泻，以便清除肠内农药。

利用解毒药物涉及一个复杂的医学问题，应由医生掌握阿托品、解磷定、氯磷定的使用。解磷定类药对因敌百虫和敌敌畏中毒的疗效不高，对乐果农药中毒可能无疗效。

遇中毒者呼吸微弱或不规则，甚至呼吸短暂停止，在现场运送途中可做人工呼吸，直到送抵医院。有机磷农药中毒的死因是呼吸功能衰竭。

（3）氨基甲酸脂类农药中毒的解救　在此类农药中，目前引起人与畜中毒事故的农药品种是呋喃丹（中文通用名称为克百威）。按国家法规不允许在蔬菜上施用这种高毒农药，但有少数菜农用呋喃丹来防治蔬菜蚜虫或地下害虫，甚至将颗粒剂溶解成水剂进行喷雾，极易引起中毒事故。

呋喃丹急性中毒的早期症状与有机磷中毒相似，但发病更快，施药后2~6小时发病，误食中毒10~30分钟。中毒症状有头晕、头痛、恶心、呕吐、出汗、视物模糊、心慌、胸闷、肌肉跳动、瞳孔缩小，严重的会口吐白沫、呼吸不规则而困难、神志不清。

由于呋喃丹中毒发病快，所以强调就地诊治，一般不能转送大医院，以免延误解救时机。对呋喃丹中毒的急救措施与有机磷中毒相同，只是不宜使用解磷定进行解毒。

（4）拟除虫菊酯类农药中毒的急救　尽管大多数菊酯类农药毒性较低，但敌杀死和速灭杀丁属中等毒性，使用不妥当也会引起操作者及蔬菜食用者中毒事故，不可掉以轻心。

菊酯类农药中毒若由皮肤引起，数小时出现轻度症状，如头晕、头痛、恶心、呕吐、食欲不振、全身无力、心慌、视物模糊、表面发麻或蚁走感，皮肤可出现红色丘疹，也可融合成片。皮肤中毒可用肥皂水清洗皮肤，2~3天后能恢复正常。如溅入眼中，可用生理盐水或冷开水反复冲洗眼睛。

菊酯类农药不慎口服中毒，若吞服药液量大，肠胃症状迅速出现上腹部灼痛、恶心、呕吐等，时间由几十分钟至1小时不等，及时催吐和洗胃很重要。菊酯类农药解毒尚无特效药，现场急救后应由医生进一步处理。口服中毒一般用5%碳酸氢钠液洗胃，有抽搐时由医生用安定或苯巴比妥钠等镇静剂处理。若遇菊酯类与有机磷类混合农药中毒，可先按有机磷中毒治疗，但要注意观察阿托品中毒症状的出现。

第二节　肥料使用管理

一、无公害果蔬中硝酸盐、亚硝酸盐限量标准

随着现代农业的发展，有机肥的施用量逐渐减少，而化肥的施用量逐渐增加。新中国成立以来，特别是 1977 年以后，我国化肥用量大幅度增长，以吨量计，1989 年比 1985 年氮肥增加 36%，磷肥增加 49%，钾肥增加 60%。联合国粮农组织 1950 ~ 1970 年 20 年统计资料表明：世界粮食增加一倍，提高单产的作用占 78%，而在提高单产的作用中，化肥占 40% ~ 70%。说明化肥用量的增加，对提高作物产量起了重要作用。

与小麦、水稻等粮食作物相比，大部分蔬菜具有吸肥力强的特点，其吸收养分的能力比禾谷物类作物大 2 ~ 3 倍；另一个特点是偏好硝态氮肥，尤以番茄、菠菜等最甚。此外，好硝态氮的蔬菜对微量元素钙、硼的需求量也较大。

化肥的大量应用，补充了有机肥的不足，尤其是叶菜类蔬菜，主要靠重施氮肥来增加产量。一般每 667 平方米产 5 000 千克的蔬菜，必须施入氮素量在 60 千克以上。但由于施肥过多或施肥不当，也会对环境和人体健康造成危害。

2000 年底，农业部组织对部分蔬菜、茶叶等产品质量安全情况进行专项抽样检测，抽查结果表明，在蔬菜中，亚硝酸盐检出率为 97.9%，超标率为 23.1%，在正常情况下，蔬菜中含有一定量的硝酸盐，这是正常的。但由于大量的偏施氮肥，使硝酸盐在植物体内大量累积，造成植物体内硝酸盐含量增高。另外，由于土壤中缺钼也可使植物体内的硝酸盐蓄积。据研究，人体摄入的硝酸盐有 81.2% 来自蔬菜。硝酸盐本身毒性很小，但摄入体内的硝酸盐被还原为亚硝酸盐后，可直接使人畜中毒缺氧，引起亚硝酸盐中毒症，即高铁血红蛋白症。更为严重的是，亚硝酸盐还能与胃肠道中的次级胺形成致癌物质——亚硝胺，诱发消化系统癌变，带来潜在的危险。

不同种类蔬菜中的硝酸盐含量差别很大。一般来说，取食根、茎、叶等营养器官或贮藏器官的叶菜和根菜类蔬菜的硝酸盐含量高于取食繁殖器官的花、果、瓜、豆类蔬菜。根据中国农业科学院蔬菜研究所研究，34 类蔬菜的 350 个样品中硝酸盐含量平均值顺序如下（以鲜重计）：根菜类（1 643mg/kg）＞芋类（1 503mg/kg）＞绿叶菜类（1 426mg/kg）＞白菜类（1 296mg/kg）＞葱蒜类（597mg/kg）＞豆类（373mg/kg）＞瓜类（311mg/kg）＞茄果类（155mg/kg）＞多年生类（39mg/kg）＞香菇（38mg/kg）。叶菜类和根菜类的硝酸盐含量均在 1 000mg/kg 以上，而瓜、果、豆类蔬菜大多都在 1 000mg/kg 以下。另外，同一蔬菜的不同品种，硝酸盐的含量也不同。

目前无公害蔬菜中硝酸盐的限量标准一般为 600 ~ 3 000mg/kg，亚硝酸盐为 4.0mg/kg（GB 18406.1—2001）；无公害水果类的硝酸盐限量标准为 400mg/kg，亚硝酸盐限量标准为 4.0mg/kg（GB 18406.2—2001）。详见表 7 - 2。

表 7 - 2 亚硝酸盐和硝酸盐的限量标准

项目		限量标准（mg/kg）
亚硝酸盐	果品	≤4.0
	蔬菜	≤4.0
硝酸盐	果品	≤400
	蔬菜	≤600（瓜果类） ≤1 200（根茎类） ≤3 000（叶菜类）

　　蔬菜中硝酸盐含量与蔬菜种类、品种、不同部位有关，又与施肥技术和环境条件有关。在育种方面，把低硝酸盐含量作为育种目标之一是有意义的。在施肥技术与环境条件方面，蔬菜中硝酸盐含量与土壤中氮的浓度和氮的种类等有密切关系，土壤中氮浓度越高，蔬菜中硝酸盐含量越高，尤其在后期。所以，使用氮肥宜早，且不宜过多。在施肥种类方面，据研究，氨态氮肥与硝态氮肥对蔬菜硝酸盐含量的影响没有显著差异。另外，有人认为，缺钼会影响硝酸盐的积累，因此，应实施配方施肥，以提高产量和降低产品中硝酸盐的含量。

二、有机肥的无害化处理

（一）有机肥无公害处理的概念和要求

　　施用有机肥有利于维持地力、减缓化学氮肥转化为硝态氮、控制收获物中硝酸盐含量、减少环境污染、促进农业可持续发展。在绿色食品（蔬菜）的生产中，有机肥的施用具有重要的作用。上海郊区由于"菜篮子"工程的兴起和发展，拥有丰富的畜禽粪资源，这是无污染蔬菜生产的良好有机肥源。然而，新鲜畜禽粪中含有性质不稳定的物质、铵离子和尿酸等，直接还田会给农作物造成一定的生理障碍；此外，新鲜畜禽粪中还含有大量的寄生虫卵和病原微生物，直接还田会造成环境和农作物污染（表 7 - 3）。

表 7 - 3 新鲜畜禽粪的主要养分含量和生物学指标

指标	畜禽粪			
	猪粪	肉鸡粪	蛋鸡粪	牛粪
水分（%）	70~80	50~70	90~95	80~90
有机质（%）	21~23	25~35	18.6~20	11~13
可溶性炭（%）	1.7~1.9	1.2~1.7	0.9~1.1	1.1~1.2
N（%）	0.95~1.1	1.35~1.29	1.0~1.1	0.45~0.50
铵离子（%）	0.13~0.15	0.10~0.14	0.07~0.08	0.07~0.09
C/N	11~14	9~14	9~11	15~25
对种子发芽的抑制力	极强	极强	极强	强
粪大肠杆菌	严重超标	严重超标	严重超标	严重超标
寄生虫卵	具高的活性	具高的活性	具高的活性	具高的活性
草籽发芽力	—	—	—	强

有机肥无害化概念至少应包括三个方面的因素，第一是有机肥中抑制作物生长的物质得以转化或去除，这些物质包括高碳氮化、高含量的可溶性有机碳、高含量的铵离子等。第二是那些虽对作物生长无不利影响，但对食用作物的人、动物的健康构成威胁，或对环境卫生构成影响的物质，如致病性微生物如粪大肠杆菌、各种寄生虫卵等。第三是经过处理的有机肥，其所携带的养分稳定，其中的部分养分成为作物易吸收态，在施用当季能被作物利用。此外，有机肥的处理过程还应对环境无害，没有二次污染。

（二）常见畜禽类粪便的无公害化指标

通过对不同粪源和不同发酵方式的畜禽有机肥发酵过程中和发酵后的理化和生物学指标的研究，并结合畜禽有机肥田间施用效果，可以应用碳氮比、发芽势、卫生学指标来综合评判畜禽粪便的无害化处理效果。一般来说，当发酵后的畜禽粪便的碳氮比低于20，发芽势大于90%，粪大肠杆菌值大于0.11，蛔虫卵死率接近于100%时，可以认为畜禽有机肥达到无害化标准。中国高温堆肥的卫生标准（GB 7959—87）要求最高堆温达50～55℃，持续5～7天以上；粪大肠菌值0.1～0.01，蛔虫死亡率95%～100%。对于牛粪，草籽的死亡率是一个重要的无害化指标（表7-4）。不同的粪源，不同的处理方式达到标准所需的时间不同。一般来说，畜禽粪便含水率较低，发酵过程中氧气供应充足，环境温度较高，微生物温度较高，微生物活动活跃，达到无害化指标所需的时间较短。反之，则长。

表7-4　常见畜禽粪便无害化指标

指标名称	无害化值	未发酵畜禽粪便指标			
		填料肉鸡粪	蛋鸡粪	猪粪	牛粪
TC/TN	<20	通常<20	通常<20	通常<20	通常>30
DOC	<1%	通常>1.2%	通常>1.2%	通常>1.5%	通常>1.2%
温度	50～55℃	常温	常温	常温	常温
铵态氮	<0.10%	通常>0.1%	接近0.1%	通常>0.1%	接近0.1%
发芽势	1/2浓度，90%种子能发芽	极低，种子几乎不发芽	极低，种子几乎不发芽	极低，种子几乎不发芽	很低，种子发芽率不超10%
草籽发芽率	0	—	—	发芽率常大于50%	
粪大肠菌值	>0.111	<0.1	<0.1	<0.01	<0.01
蛔虫卵	死亡率近100%	具高的活性	具高的活性	具高的活性	具高的活性

第八章　无公害农产品生产管理政策法规

第一节　中华人民共和国农产品质量安全法

中华人民共和国主席令　第四十九号

《中华人民共和国农产品质量安全法》已由中华人民共和国第十届全国人民代表大会常务委员会第二十一次会议于 2006 年 4 月 29 日通过，现予公布，自 2006 年 11 月 1 日起施行。

中华人民共和国主席　胡锦涛

2006 年 4 月 29 日

中华人民共和国农产品质量安全法

（2006 年 4 月 29 日第十届全国人民代表大会常务委员会第二十一次会议通过）

目　录

第一章　总则

第一条　为保障农产品质量安全，维护公众健康，促进农业和农村经济发展，制定本法。

第二条　本法所称农产品，是指来源于农业的初级产品，即在农业活动中获得的植物、动物、微生物及其产品。本法所称农产品质量安全，是指农产品质量符合保障人的健康、安全的要求。

第三条　县级以上人民政府农业行政主管部门负责农产品质量安全的监督管理工作；县级以上人民政府有关部门按照职责分工，负责农产品质量安全的有关工作。

第四条　县级以上人民政府应当将农产品质量安全管理工作纳入本级国民经济和社会

发展规划，并安排农产品质量安全经费，用于开展农产品质量安全工作。

　　第五条　县级以上地方人民政府统一领导、协调本行政区域内的农产品质量安全工作，并采取措施，建立健全农产品质量安全服务体系，提高农产品质量安全水平。

　　第六条　国务院农业行政主管部门应当设立由有关方面专家组成的农产品质量安全风险评估专家委员会，对可能影响农产品质量安全的潜在危害进行风险分析和评估。国务院农业行政主管部门应当根据农产品质量安全风险评估结果采取相应的管理措施，并将农产品质量安全风险评估结果及时通报国务院有关部门。

　　第七条　国务院农业行政主管部门和省、自治区、直辖市人民政府农业行政主管部门应当按照职责权限，发布有关农产品质量安全状况信息。

　　第八条　国家引导、推广农产品标准化生产，鼓励和支持生产优质农产品，禁止生产、销售不符合国家规定的农产品质量安全标准的农产品。

　　第九条　国家支持农产品质量安全科学技术研究，推行科学的质量安全管理方法，推广先进安全的生产技术。

　　第十条　各级人民政府及有关部门应当加强农产品质量安全知识的宣传，提高公众的农产品质量安全意识，引导农产品生产者、销售者加强质量安全管理，保障农产品消费安全。

第二章　农产品质量安全标准

　　第十一条　国家建立健全农产品质量安全标准体系。农产品质量安全标准是强制性的技术规范。农产品质量安全标准的制定和发布，依照有关法律、行政法规的规定执行。

　　第十二条　制定农产品质量安全标准应当充分考虑农产品质量安全风险评估结果，并听取农产品生产者、销售者和消费者的意见，保障消费安全。

　　第十三条　农产品质量安全标准应当根据科学技术发展水平以及农产品质量安全的需要，及时修订。

　　第十四条　农产品质量安全标准由农业行政主管部门商有关部门组织实施。

第三章　农产品产地

　　第十五条　县级以上地方人民政府农业行政主管部门按照保障农产品质量安全的要求，根据农产品品种特性和生产区域大气、土壤、水体中有毒有害物质状况等因素，认为不适宜特定农产品生产的，提出禁止生产的区域，报本级人民政府批准后公布。具体办法由国务院农业行政主管部门商国务院环境保护行政主管部门制定。农产品禁止生产区域的调整，依照前款规定的程序办理。

　　第十六条　县级以上人民政府应当采取措施，加强农产品基地建设，改善农产品的生产条件。县级以上人民政府农业行政主管部门应当采取措施，推进保障农产品质量安全的标准化生产综合示范区、示范农场、养殖小区和无规定动植物疫病区的建设。

　　第十七条　禁止在有毒有害物质超过规定标准的区域生产、捕捞、采集食用农产品和建立农产品生产基地。

　　第十八条　禁止违反法律、法规的规定向农产品产地排放或者倾倒废水、废气、固体废物或者其他有毒有害物质。农业生产用水和用作肥料的固体废物，应当符合国家规定的标准。

第十九条 农产品生产者应当合理使用化肥、农药、兽药、农用薄膜等化工产品，防止对农产品产地造成污染。

第四章 农产品生产

第二十条 国务院农业行政主管部门和省、自治区、直辖市人民政府农业行政主管部门应当制定保障农产品质量安全的生产技术要求和操作规程。县级以上人民政府农业行政主管部门应当加强对农产品生产的指导。

第二十一条 对可能影响农产品质量安全的农药、兽药、饲料和饲料添加剂、肥料、兽医器械，依照有关法律、行政法规的规定实行许可制度。国务院农业行政主管部门和省、自治区、直辖市人民政府农业行政主管部门应当定期对可能危及农产品质量安全的农药、兽药、饲料和饲料添加剂、肥料等农业投入品进行监督抽查，并公布抽查结果。

第二十二条 县级以上人民政府农业行政主管部门应当加强对农业投入品使用的管理和指导，建立健全农业投入品的安全使用制度。

第二十三条 农业科研教育机构和农业技术推广机构应当加强对农产品生产者质量安全知识和技能的培训。

第二十四条 农产品生产企业和农民专业合作经济组织应当建立农产品生产记录，如实记载下列事项：

（一）使用农业投入品的名称、来源、用法、用量和使用、停用的日期；

（二）动物疫病、植物病虫草害的发生和防治情况；

（三）收获、屠宰或者捕捞的日期。

农产品生产记录应当保存二年。禁止伪造农产品生产记录。国家鼓励其他农产品生产者建立农产品生产记录。

第二十五条 农产品生产者应当按照法律、行政法规和国务院农业行政主管部门的规定，合理使用农业投入品，严格执行农业投入品使用安全间隔期或者休药期的规定，防止危及农产品质量安全。禁止在农产品生产过程中使用国家明令禁止使用的农业投入品。

第二十六条 农产品生产企业和农民专业合作经济组织，应当自行或者委托检测机构对农产品质量安全状况进行检测；经检测不符合农产品质量安全标准的农产品，不得销售。

第二十七条 农民专业合作经济组织和农产品行业协会对其成员应当及时提供生产技术服务，建立农产品质量安全管理制度，健全农产品质量安全控制体系，加强自律管理。

第五章 农产品包装和标识

第二十八条 农产品生产企业、农民专业合作经济组织以及从事农产品收购的单位或者个人销售的农产品，按照规定应当包装或者附加标识的，须经包装或者附加标识后方可销售。包装物或者标识上应当按照规定标明产品的品名、产地、生产者、生产日期、保质期、产品质量等级等内容；使用添加剂的，还应当按照规定标明添加剂的名称。具体办法由国务院农业行政主管部门制定。

第二十九条 农产品在包装、保鲜、贮存、运输中所使用的保鲜剂、防腐剂、添加剂等材料，应当符合国家有关强制性的技术规范。

第三十条　属于农业转基因生物的农产品，应当按照农业转基因生物安全管理的有关规定进行标识。

第三十一条　依法需要实施检疫的动植物及其产品，应当附具检疫合格标志、检疫合格证明。

第三十二条　销售的农产品必须符合农产品质量安全标准，生产者可以申请使用无公害农产品标志。农产品质量符合国家规定的有关优质农产品标准的，生产者可以申请使用相应的农产品质量标志。禁止冒用前款规定的农产品质量标志。

第六章　监督检查

第三十三条　有下列情形之一的农产品，不得销售：

（一）含有国家禁止使用的农药、兽药或者其他化学物质的；

（二）农药、兽药等化学物质残留或者含有的重金属等有毒有害物质不符合农产品质量安全标准的；

（三）含有的致病性寄生虫、微生物或者生物毒素不符合农产品质量安全标准的；

（四）使用的保鲜剂、防腐剂、添加剂等材料不符合国家有关强制性的技术规范的；

（五）其他不符合农产品质量安全标准的。

第三十四条　国家建立农产品质量安全监测制度。县级以上人民政府农业行政主管部门应当按照保障农产品质量安全的要求，制定并组织实施农产品质量安全监测计划，对生产中或者市场上销售的农产品进行监督抽查。监督抽查结果由国务院农业行政主管部门或者省、自治区、直辖市人民政府农业行政主管部门按照权限予以公布。监督抽查检测应当委托符合本法第三十五条规定条件的农产品质量安全检测机构进行，不得向被抽查人收取费用，抽取的样品不得超过国务院农业行政主管部门规定的数量。上级农业行政主管部门监督抽查的农产品，下级农业行政主管部门不得另行重复抽查。

第三十五条　农产品质量安全检测应当充分利用现有的符合条件的检测机构。从事农产品质量安全检测的机构，必须具备相应的检测条件和能力，由省级以上人民政府农业行政主管部门或者其授权的部门考核合格。具体办法由国务院农业行政主管部门制定。农产品质量安全检测机构应当依法经计量认证合格。

第三十六条　农产品生产者、销售者对监督抽查检测结果有异议的，可以自收到检测结果之日起五日内，向组织实施农产品质量安全监督抽查的农业行政主管部门或者其上级农业行政主管部门申请复检。采用国务院农业行政主管部门会同有关部门认定的快速检测方法进行农产品质量安全监督抽查检测，被抽查人对检测结果有异议的，可以自收到检测结果时起四小时内申请复检。复检不得采用快速检测方法。因检测结果错误给当事人造成损害的，依法承担赔偿责任。

第三十七条　农产品批发市场应当设立或者委托农产品质量安全检测机构，对进场销售的农产品质量安全状况进行抽查检测；发现不符合农产品质量安全标准的，应当要求销售者立即停止销售，并向农业行政主管部门报告。

农产品销售企业对其销售的农产品，应当建立健全进货检查验收制度；经查验不符合农产品质量安全标准的，不得销售。

第三十八条　国家鼓励单位和个人对农产品质量安全进行社会监督。任何单位和个人都有权对违反本法的行为进行检举、揭发和控告。有关部门收到相关的检举、揭发和控告后，应当及时处理。

第三十九条　县级以上人民政府农业行政主管部门在农产品质量安全监督检查中，可以对生产、销售的农产品进行现场检查，调查了解农产品质量安全的有关情况，查阅、复制与农产品质量安全有关的记录和其他资料；对经检测不符合农产品质量安全标准的农产品，有权查封、扣押。

第四十条　发生农产品质量安全事故时，有关单位和个人应当采取控制措施，及时向所在地乡级人民政府和县级人民政府农业行政主管部门报告；收到报告的机关应当及时处理并报上一级人民政府和有关部门。发生重大农产品质量安全事故时，农业行政主管部门应当及时通报同级食品药品监督管理部门。

第四十一条　县级以上人民政府农业行政主管部门在农产品质量安全监督管理中，发现有本法第三十三条所列情形之一的农产品，应当按照农产品质量安全责任追究制度的要求，查明责任人，依法予以处理或者提出处理建议。

第四十二条　进口的农产品必须按照国家规定的农产品质量安全标准进行检验；尚未制定有关农产品质量安全标准的，应当依法及时制定，未制定之前，可以参照国家有关部门指定的国外有关标准进行检验。

第七章　法律责任

第四十三条　农产品质量安全监督管理人员不依法履行监督职责，或者滥用职权的，依法给予行政处分。

第四十四条　农产品质量安全检测机构伪造检测结果的，责令改正，没收违法所得，并处五万元以上十万元以下罚款，对直接负责的主管人员和其他直接责任人员处一万元以上五万元以下罚款；情节严重的，撤销其检测资格；造成损害的，依法承担赔偿责任。农产品质量安全检测机构出具检测结果不实，造成损害的，依法承担赔偿责任；造成重大损害的，并撤销其检测资格。

第四十五条　违反法律、法规规定，向农产品产地排放或者倾倒废水、废气、固体废物或者其他有毒有害物质的，依照有关环境保护法律、法规的规定处罚；造成损害的，依法承担赔偿责任。

第四十六条　使用农业投入品违反法律、行政法规和国务院农业行政主管部门的规定的，依照有关法律、行政法规的规定处罚。

第四十七条　农产品生产企业、农民专业合作经济组织未建立或者未按照规定保存农产品生产记录的，或者伪造农产品生产记录的，责令限期改正；逾期不改正的，可以处二千元以下罚款。

第四十八条　违反本法第二十八条规定，销售的农产品未按照规定进行包装、标识的，责令限期改正；逾期不改正的，可以处二千元以下罚款。

第四十九条　有本法第三十三条第四项规定情形，使用的保鲜剂、防腐剂、添加剂等材料不符合国家有关强制性的技术规范的，责令停止销售，对被污染的农产品进行无害化处理，对不能进行无害化处理的予以监督销毁；没收违法所得，并处二千元以上二万元以下罚款。

第五十条　农产品生产企业、农民专业合作经济组织销售的农产品有本法第三十三条第一项至第三项或者第五项所列情形之一的，责令停止销售，追回已经销售的农产品，对违法销售的农产品进行无害化处理或者予以监督销毁；没收违法所得，并处二千元以上二万元以下罚款。农产品销售企业销售的农产品有前款所列情形的，依照前款规定处理、处罚。农产品批发市场中销售的农产品有第一款所列情形的，对违法销售的农产品依照第一款规定处理，对农产品销售者依照第一款规定处罚。农产品批发市场违反本法第三十七条第一款规定的，责令改正，处二千元以上二万元以下罚款。

第五十一条　违反本法第三十二条规定，冒用农产品质量标志的，责令改正，没收违法所得，并处二千元以上二万元以下罚款。

第五十二条　本法第四十四条、第四十七条至第四十九条、第五十条第一款、第四款和第五十一条规定的处理、处罚，由县级以上人民政府农业行政主管部门决定；第五十条第二款、第三款规定的处理、处罚，由工商行政管理部门决定。法律对行政处罚及处罚机关有其他规定的，从其规定。但是，对同一违法行为不得重复处罚。

第五十三条　违反本法规定，构成犯罪的，依法追究刑事责任。

第五十四条　生产、销售本法第三十三条所列农产品，给消费者造成损害的，依法承担赔偿责任。农产品批发市场中销售的农产品有前款规定情形的，消费者可以向农产品批发市场要求赔偿；属于生产者、销售者责任的，农产品批发市场有权追偿。消费者也可以直接向农产品生产者、销售者要求赔偿。

第八章　附则

第五十五条　生猪屠宰的管理按照国家有关规定执行。

第五十六条　本法自 2006 年 11 月 1 日起施行。

第二节　无公害农产品管理办法

（2002 年 4 月 29 日农业部、国家质量监督检验检疫总局第 12 号部长令发布）

第一章　总则

第一条　为加强对无公害农产品的管理，维护消费者权益，提高农产品质量，保护农业生态环境，促进农业可持续发展，制定本办法。

第二条　本办法所称无公害农产品，是指产地环境、生产过程和产品质量符合国家有关标准和规范的要求，经认证合格获得认证证书并允许使用无公害农产品标志的未经加工或者初加工的食用农产品。

第三条　无公害农产品管理工作，由政府推动，并实行产地认定和产品认证的工作模式。

第四条　在中华人民共和国境内从事无公害农产品生产、产地认定、产品认证和监督管理等活动，适用本办法。

第五条　全国无公害农产品的管理及质量监督工作，由农业部门、国家质量监督检验

· 258 ·

检疫部门和国家认证认可监督管理委员会按照"三定"方案赋予的职责和国务院的有关规定，分工负责，共同做好工作。

第六条 各级农业行政主管部门和质量监督检验检疫部门应当在政策、资金、技术等方面扶持无公害农产品的发展，组织无公害农产品新技术的研究、开发和推广。

第七条 国家鼓励生产单位和个人申请无公害农产品产地认定和产品认证。

实施无公害农产品认证的产品范围由农业部、国家认证认可监督管理委员会共同确定、调整。

第八条 国家适时推行强制性无公害农产品认证制度。

第二章 产地条件与生产管理

第九条 无公害农产品产地应当符合下列条件：

（一）产地环境符合无公害农产品产地环境的标准要求；

（二）区域范围明确；

（三）具备一定的生产规模。

第十条 无公害农产品的生产管理应当符合下列条件：

（一）生产过程符合无公害农产品生产技术的标准要求；

（二）有相应的专业技术和管理人员；

（三）有完善的质量控制措施，并有完整的生产和销售记录档案。

第十一条 从事无公害农产品生产的单位或者个人，应当严格按规定使用农业投入品。禁止使用国家禁用、淘汰的农业投入品。

第十二条 无公害农产品产地应当树立标示牌，标明范围、产品品种、责任人。

第三章 产地认定

第十三条 省级农业行政主管部门根据本办法的规定负责组织实施本辖区内无公害农产品产地的认定工作。

第十四条 申请无公害农产品产地认定的单位或者个人（以下简称申请人），应当向县级农业行政主管部门提交书面申请，书面申请应当包括以下内容：

（一）申请人的姓名（名称）、地址、电话号码；

（二）产地的区域范围、生产规模；

（三）无公害农产品生产计划；

（四）产地环境说明；

（五）无公害农产品质量控制措施；

（六）有关专业技术和管理人员的资质证明材料；

（七）保证执行无公害农产品标准和规范的声明；

（八）其他有关材料。

第十五条 县级农业行政主管部门自收到申请之日起，在10个工作日内完成对申请材料的初审工作。申请材料初审不符合要求的，应当书面通知申请人。

第十六条 申请材料初审符合要求的，县级农业行政主管部门应当逐级将推荐意见和有关材料上报省级农业行政主管部门。

第十七条 省级农业行政主管部门自收到推荐意见和有关材料之日起，在 10 个工作日内完成对有关材料的审核工作，符合要求的，组织有关人员对产地环境、区域范围、生产规模、质量控制措施、生产计划等进行现场检查。

现场检查不符合要求的，应当书面通知申请人。

第十八条 现场检查符合要求的，应当通知申请人委托具有资质资格的检测机构，对产地环境进行检测。

承担产地环境检测任务的机构，根据检测结果出具产地环境检测报告。

第十九条 省级农业行政主管部门对材料审核、现场检查和产地环境检测结果符合要求的，应当自收到现场检查报告和产地环境检测报告之日起，30 个工作日内颁发无公害农产品产地认定证书，并报农业部和国家认证认可监督管理委员会备案。

不符合要求的，应当书面通知申请人。

第二十条 无公害农产品产地认定证书有效期为 3 年。期满需要继续使用的，应当在有效期满 90 日前按照本办法规定的无公害农产品产地认定程序，重新办理。

第四章 无公害农产品认证

第二十一条 无公害农产品的认证机构，由国家认证认可监督管理委员会审批，并获得国家认证认可监督管理委员会授权的认可机构的资格认可后，方可从事无公害农产品认证活动。

第二十二条 申请无公害农产品认证的单位或者个人（以下简称申请人），应当向认证机构提交书面申请，书面申请应当包括以下内容：

（一）申请人的姓名（名称）、地址、电话号码；

（二）产品品种、产地的区域范围和生产规模；

（三）无公害农产品生产计划；

（四）产地环境说明；

（五）无公害农产品质量控制措施；

（六）有关专业技术和管理人员的资质证明材料；

（七）保证执行无公害农产品标准和规范的声明；

（八）无公害农产品产地认定证书；

（九）生产过程记录档案；

（十）认证机构要求提交的其他材料。

第二十三条 认证机构自收到无公害农产品认证申请之日起，应当在 15 个工作日内完成对申请材料的审核。

材料审核不符合要求的，应当书面通知申请人。

第二十四条 符合要求的，认证机构可以根据需要派员对产地环境、区域范围、生产规模、质量控制措施、生产计划、标准和规范的执行情况等进行现场检查。

现场检查不符合要求的，应当书面通知申请人。

第二十五条 材料审核符合要求的、或者材料审核和现场检查符合要求的（限于需要对现场进行检查时），认证机构应当通知申请人委托具有资质资格的检测机构对产品进行检测。

承担产品检测任务的机构，根据检测结果出具产品检测报告。

第二十六条　认证机构对材料审核、现场检查（限于需要对现场进行检查时）和产品检测结果符合要求的，应当在自收到现场检查报告和产品检测报告之日起，30个工作日内颁发无公害农产品认证证书。不符合要求的，应当书面通知申请人。

第二十七条　认证机构应当自颁发无公害农产品认证证书后30个工作日内，将其颁发的认证证书副本同时报农业部和国家认证认可监督管理委员会备案，由农业部和国家认证认可监督管理委员会公告。

第二十八条　无公害农产品认证证书有效期为3年。期满需要继续使用的，应当在有效期满90日前按照本办法规定的无公害农产品认证程序，重新办理。

在有效期内生产无公害农产品认证证书以外的产品品种的，应当向原无公害农产品认证机构办理认证证书的变更手续。

第二十九条　无公害农产品产地认定证书、产品认证证书格式由农业部、国家认证认可监督管理委员会规定。

第五章　标志管理

第三十条　农业部和国家认证认可监督管理委员会制定并发布《无公害农产品标志管理办法》。

第三十一条　无公害农产品标志应当在认证的品种、数量等范围内使用。

第三十二条　获得无公害农产品认证证书的单位或者个人，可以在证书规定的产品、包装、标签、广告、说明书上使用无公害农产品标志。

第六章　监督管理

第三十三条　农业部、国家质量监督检验检疫总局、国家认证认可监督管理委员会和国务院有关部门根据职责分工依法组织对无公害农产品的生产、销售和无公害农产品标志使用等活动进行监督管理。

（一）查阅或者要求生产者、销售者提供有关材料；

（二）对无公害农产品产地认定工作进行监督；

（三）对无公害农产品认证机构的认证工作进行监督；

（四）对无公害农产品的检测机构的检测工作进行检查；

（五）对使用无公害农产品标志的产品进行检查、检验和鉴定；

（六）必要时对无公害农产品经营场所进行检查。

第三十四条　认证机构对获得认证的产品进行跟踪检查，受理有关的投诉、申诉工作。

第三十五条　任何单位和个人不得伪造、冒用、转让、买卖无公害农产品产地认定证书、产品认证证书和标志。

第七章　罚则

第三十六条　获得无公害农产品产地认定证书的单位或者个人违反本办法，有下列情形之一的，由省级农业行政主管部门予以警告，并责令限期改正；逾期未改正的，撤销其无公害农产品产地认定证书：

（一）无公害农产品产地被污染或者产地环境达不到标准要求的；

（二）无公害农产品产地使用的农业投入品不符合无公害农产品相关标准要求的；

（三）擅自扩大无公害农产品产地范围的。

第三十七条　违反本办法第三十五条规定的，由县级以上农业行政主管部门和各地质量监督检验检疫部门根据各自的职责分工责令其停止，并可处以违法所得 1 倍以上 3 倍以下的罚款，但最高罚款不得超过 3 万元；没有违法所得的，可以处 1 万元以下的罚款。

第三十八条　获得无公害农产品认证并加贴标志的产品，经检查、检测、鉴定，不符合无公害农产品质量标准要求的，由县级以上农业行政主管部门或者各地质量监督检验检疫部门责令停止使用无公害农产品标志，由认证机构暂停或者撤销认证证书。

第三十九条　从事无公害农产品管理的工作人员滥用职权、徇私舞弊、玩忽职守的，由所在单位或者所在单位的上级行政主管部门给予行政处分；构成犯罪的，依法追究刑事责任。

第八章　附　则

第四十条　从事无公害农产品的产地认定的部门和产品认证的机构不得收取费用。检测机构的检测、无公害农产品标志按国家规定收取费用。

第四十一条　本办法由农业部、国家质量监督检验检疫总局和国家认证认可监督管理委员会负责解释。

第四十二条　本办法自发布之日起施行。

第三节　农产品包装和标识管理办法

中华人民共和国农业部令

第　70　号

《农产品包装和标识管理办法》业经 2006 年 9 月 30 日农业部第 25 次常务会议审议通过，现予公布，自 2006 年 11 月 1 日起施行。

部　长　杜青林

二〇〇六年十月十七日

农产品包装和标识管理办法

第一章　总　　则

第一条　为规范农产品生产经营行为，加强农产品包装和标识管理，建立健全农产品可追溯制度，保障农产品质量安全，依据《中华人民共和国农产品质量安全法》，制定本办法。

第二条　农产品的包装和标识活动应当符合本办法规定。

第三条 农业部负责全国农产品包装和标识的监督管理工作。县级以上地方人民政府农业行政主管部门负责本行政区域内农产品包装和标识的监督管理工作。

第四条 国家支持农产品包装和标识科学研究，推行科学的包装方法，推广先进的标识技术。

第五条 县级以上人民政府农业行政主管部门应当将农产品包装和标识管理经费纳入年度预算。

第六条 县级以上人民政府农业行政主管部门对在农产品包装和标识工作中做出突出贡献的单位和个人，予以表彰和奖励。

第二章 农产品包装

第七条 农产品生产企业、农民专业合作经济组织以及从事农产品收购的单位或者个人，用于销售的下列农产品必须包装：

（一）获得无公害农产品、绿色食品、有机农产品等认证的农产品，但鲜活畜、禽、水产品除外；

（二）省级以上人民政府农业行政主管部门规定的其他需要包装销售的农产品。符合规定包装的农产品拆包后直接向消费者销售的，可以不再另行包装。

第八条 农产品包装应当符合农产品储藏、运输、销售及保障安全的要求，便于拆卸和搬运。

第九条 包装农产品的材料和使用的保鲜剂、防腐剂、添加剂等物质必须符合国家强制性技术规范要求。包装农产品应当防止机械损伤和二次污染。

第三章 农产品标识

第十条 农产品生产企业、农民专业合作经济组织以及从事农产品收购的单位或者个人包装销售的农产品，应当在包装物上标注或者附加标识标明品名、产地、生产者或者销售者名称、生产日期。

有分级标准或者使用添加剂的，还应当标明产品质量等级或者添加剂名称。

未包装的农产品，应当采取附加标签、标识牌、标识带、说明书等形式标明农产品的品名、生产地、生产者或者销售者名称等内容。

第十一条 农产品标识所用文字应当使用规范的中文。标识标注的内容应当准确、清晰、显著。

第十二条 销售获得无公害农产品、绿色食品、有机农产品等质量标志使用权的农产品，应当标注相应标志和发证机构。

禁止冒用无公害农产品、绿色食品、有机农产品等质量标志。

第十三条 畜禽及其产品、属于农业转基因生物的农产品，还应当按照有关规定进行标识。

第四章 监督检查

第十四条 农产品生产企业、农民专业合作经济组织以及从事农产品收购的单位或者个人，应当对其销售农产品的包装质量和标识内容负责。

第十五条 县级以上人民政府农业行政主管部门依照《中华人民共和国农产品质量安全法》对农产品包装和标识进行监督检查。

第十六条 有下列情形之一的，由县级以上人民政府农业行政主管部门按照《中华人民共和国农产品质量安全法》第四十八条、四十九条、五十一条、五十二条的规定处理、处罚：

（一）使用的农产品包装材料不符合强制性技术规范要求的；

（二）农产品包装过程中使用的保鲜剂、防腐剂、添加剂等材料不符合强制性技术规范要求的；

（三）应当包装的农产品未经包装销售的；

（四）冒用无公害农产品、绿色食品等质量标志的；

（五）农产品未按照规定标识的。

第五章　附则

第十七条 本办法下列用语的含义：

（一）农产品包装：是指对农产品实施装箱、装盒、装袋、包裹、捆扎等。

（二）保鲜剂：是指保持农产品新鲜品质，减少流通损失，延长贮存时间的人工合成化学物质或者天然物质。

（三）防腐剂：是指防止农产品腐烂变质的人工合成化学物质或者天然物质。

（四）添加剂：是指为改善农产品品质和色、香、味以及加工性能加入的人工合成化学物质或者天然物质。

（五）生产日期：植物产品是指收获日期；畜禽产品是指屠宰或者产出日期；水产品是指起捕日期；其他产品是指包装或者销售时的日期。

第十八条 本办法自 2006 年 11 月 1 日起施行。

附 录

附录一　实施无公害农产品认证的产品目录

实施无公害农产品认证的产品目录

一、种植业产品

序号	产品名称	产品标准	序号	产品名称	产品标准
1	稻谷	NY 5115—2002 无公害食品　大米	10	鲜食玉米	NY 5200—2004 无公害食品　鲜食玉米
2	大米		11	笋玉米	
3	小麦	NY 5301—2005 无公害食品　麦类及面粉	12	玉米	NY 5302—2005 无公害食品　玉米
4	大麦		13	玉米初级加工品	
5	黑麦		14	黏玉米（糯玉米）	
6	小黑麦		15	甜玉米	
7	麦粉		16	爆裂玉米	
8	麦片		17	速冻玉米	
9	燕麦				

实施无公害农产品认证的产品目录

一、种植业产品

序号	产品名称	产品标准	序号	产品名称	产品标准
18	红小豆		35	黎豆初级加工品	
19	红小豆初级加工品		36	瓜尔豆	
20	鹰嘴豆		37	瓜尔豆初级加工品	
21	鹰嘴豆初级加工品		38	利马豆	NY 5202—2005
22	绿豆		39	利马豆初级加工品	无公害食品　粮用豆
23	绿豆初级加工品		40	木豆	
24	饭豆		41	木豆初级加工品	
25	饭豆初级加工品		42	甘薯	
26	小扁豆	NY 5202—2005	43	甘薯初级加工品	NY 5304—2005
27	小扁豆初级加工品	无公害食品　粮用豆	44	木薯	无公害食品　薯
28	芸豆		45	木薯初级加工品	
29	芸豆初级加工品		46	小米	
30	粮用豌豆		47	黄米	NY 5305—2005
31	粮用豌豆初级加工品		48	大黄米	无公害食品　粟米
32	羽扇豆		49	大豆	
33	羽扇豆初级加工品		50	大豆初级加工品	NY 5310—2005
34	黎豆				无公害食品　大豆

一、种植业产品

序号	产品名称	产品标准	序号	产品名称	产品标准
51	花生	NY 5303—2005 无公害食品　花生	70	菊牛蒡	
52	大豆油		71	根荠菜	
53	菜籽油		72	辣根	
54	花生油		73	美洲防风	
55	棉籽油		74	婆罗门参	NY 5082—2005
56	芝麻油		75	黑婆罗门参	无公害食品　根菜
57	葵花籽油		76	山葵	类蔬菜
58	玉米胚芽油	NY 5306—2005	77	根芹菜	
59	米糠油	无公害食品　食用	78	芦笋	
60	橄榄油	植物油	79	大头菜	
61	胡麻油		80	普通白菜	NY 5213—2004 无公害食品　普通白菜
62	山茶油		81	菜薹	
63	食用棕榈油		82	乌塌菜	NY 5003—2001
64	食用椰子油		83	薹菜	无公害食品　白菜
65	萝卜		84	大白菜	类蔬菜
66	胡萝卜	NY 5082—2005	85	菜心	
67	芜菁	无公害食品　根菜	86	抱子甘蓝	NY 5008—2001
68	芜菁甘蓝	类蔬菜	87	结球甘蓝	无公害食品　甘蓝
69	牛蒡		88	花椰菜	类蔬菜

实施无公害农产品认证的产品目录

一、种植业产品

序号	产品名称	产品标准	序号	产品名称	产品标准
89	青花菜	NY 5008—2001 无公害食品 甘蓝类蔬菜	95	速冻青花菜	NY 5193—2002 无公害食品 速冻甘蓝类蔬菜
90	球茎甘蓝		96	速冻球茎甘蓝	
91	速冻芥蓝	NY 5193—2002 无公害食品 速冻甘蓝类蔬菜	97	根用芥菜	NY 5299—2005 无公害食品 芥菜类蔬菜
92	速冻抱子甘蓝		98	叶用芥菜	
93	速冻结球甘蓝		99	茎用芥菜	
94	速冻花椰菜		100	薹用芥菜	

一、种植业产品

序号	产品名称	产品标准	序号	产品名称	产品标准
101	芥蓝	NY 5215—2004 无公害食品 芥蓝	126	速冻扁豆	NY 5195—2002 无公害食品 速冻豆类蔬菜
102	番茄	NY 5005—2001 无公害食品 茄果类蔬菜	127	速冻刀豆	
103	茄子		128	速冻黎豆	
104	辣椒		129	速冻红花菜豆	
105	甜椒		130	速冻豇豆	
106	菜豆	NY 5078—2005 无公害食品 豆类蔬菜	131	速冻黑吉豆	
107	菜豆		132	黄瓜	NY 5074—2005 无公害食品 瓜类蔬菜
108	菜用豌豆		133	冬瓜	
109	荷兰豆		134	南瓜	
110	毛豆		135	节瓜	
111	扁豆		136	蛇瓜	
112	蚕豆		137	佛手瓜	
113	刀豆		138	笋瓜	
114	四棱豆		139	西葫芦	
115	菜用大豆		140	越瓜	
116	黎豆		141	菜瓜	
117	红花菜豆		142	丝瓜	
118	豇豆		143	苦瓜	
119	黑吉豆		144	瓠瓜	
120	速冻青蚕豆	NY 5195—2002 无公害食品 速冻豆类蔬菜	145	速冻瓜类蔬菜	NY 5194—2002 无公害食品 速冻瓜类蔬菜
121	速冻菜豆		146	韭菜	NY 5001—2001 无公害食品 韭菜
122	速冻菜豆		147	韭黄	
123	速冻菜用豌豆		148	韭菜苔	
124	速冻荷兰豆		149	洋葱	NY 5223—2004 无公害食品 洋葱
125	速冻毛豆		150	薤头（藠）	

实施无公害农产品认证的产品目录

一、种植业产品

序号	产品名称	产品标准	序号	产品名称	产品标准
151	大蒜	NY 5227—2004 无公害食品 大蒜	176	速冻绿叶类蔬菜	NY 5185—2002 无公害食品 速冻绿叶类蔬菜
152	蒜薹		177	马铃薯	NY 5221—2005 无公害食品 薯芋类蔬菜
153	速冻葱蒜类蔬菜	NY 5192—2002 无公害食品 速冻葱蒜类蔬菜	178	山药	
154	菠菜	NY 5089—2005 无公害食品 绿叶类蔬菜	179	生姜	
155	芹菜		180	洋姜	
156	莴苣		181	薯蓣	
157	茴香		182	豆薯	
158	苋菜		183	魔芋	
159	芫荽		184	草食蚕	
160	藜蒿（芦蒿）		185	葛	
161	茼蒿		186	菊芋	
162	香芹菜		187	香芋	
163	蕹菜		188	芋头	
164	菊苣		189	菜用土栾儿	
165	苦苣		190	山芋	
166	冬寒菜		191	蕉芋	
167	落葵		192	凉薯	
168	叶用莴苣		193	莲藕	NY 5238—2005 无公害食品 水生蔬菜
169	生菜		194	茭白	
170	油麦菜		195	慈菇	
171	油菜薹		196	荸荠	
172	叶甜菜		197	芡实	
173	鱼腥草		198	菱	
174	紫背天葵		199	豆瓣菜	
175	荠菜		200	莼菜	

一、种植业产品

序号	产品名称	产品标准	序号	产品名称	产品标准
201	水芹	NY 5238—2005 无公害食品 水生蔬菜	210	食用菊	NY 5230—2005 无公害食品 多年生蔬菜
202	蒲菜		211	朝鲜蓟	
203	水芋		212	霸王花	
204	水蕹菜		213	襄荷	
205	竹笋	NY 5230—2005 无公害食品 多年生蔬菜	214	食用大黄	
206	香椿		215	款冬	
207	金针菜		216	黄秋葵	
208	百合		217	树仔菜	
209	石刁柏（芦笋）		218	刺老鸦（刺嫩芽）	

实施无公害农产品认证的产品目录

一、种植业产品

序号	产品名称	产品标准	序号	产品名称	产品标准
219	豌豆苗		235	双孢蘑菇	NY 5097—2002 无公害食品 双孢蘑菇
220	种芽香椿		236	黑木耳	NY 5098—2002 无公害食品 黑木耳
221	绿豆芽		237	鸡腿菇	NY 5246—2004 无公害食品 鸡腿菇
222	黄豆芽	NY 5211—2004 无公害食品 绿化型 芽苗菜	238	茶树菇	NY 5247—2004 无公害食品 茶树菇
223	萝卜芽		239	罐装金针菇	NY 5187—2002 无公害食品 罐装 金针菇
224	荞麦芽		240	绿豆粉丝	
225	苜蓿芽		241	蚕豆粉丝	
226	黑豆芽	NY 5211—2004 无公害食品 绿化型 芽苗菜	242	豌豆粉丝	NY 5188—2002 无公害食品 粉丝
227	向日葵芽		243	木薯粉丝	
228	脱水蔬菜	NY 5184—2002 无公害食品 脱水 蔬菜	244	马铃薯粉丝	
229	脱水山野菜		245	甘薯粉丝	NY 5189—2002 无公害食品 豆腐
230	青蚕豆	NY 5209—2004 无公害食品 青蚕豆	246	豆腐	NY 5011—2001 无公害食品 苹果
231	竹笋干	NY 5232—2004 无公害食品 竹笋干	247	苹果	NY 5100—2002 无公害食品 梨
232	干制金针菜	NY 5186—2002 无公害食品 干制 金针菜	248	梨	NY 5252—2004 无公害食品 冬枣
233	香菇	NY 5095—2002 无公害食品 香菇	249	冬枣	NY 5112—2005 无公害食品 落叶 核果类果品
234	平菇	NY 5096—2002 无公害食品 平菇	250	桃	

一、种植业产品

序号	产品名称	产品标准	序号	产品名称	产品标准
251	油桃		259	酸枣	NY 5112—2005 无公害食品 落叶 核果类果品
252	李子		260	稠李	
253	梅		261	欧李	
254	油㮈	NY 5112—2005 无公害食品 落叶 核果类果品	262	核桃	NY 5307—2005 无公害食品 落叶 果树坚果
255			263	核桃果仁	
256	杏		264	山核桃	
257	樱桃		265	山核桃果仁	
258	枣		266	榛子	

实施无公害农产品认证的产品目录

一、种植业产品

序号	产品名称	产品标准	序号	产品名称	产品标准
267	榛子果仁		284	越橘	NY 5086—2005 无公害食品 落叶浆果类果品
268	扁桃	NY 5307—2005 无公害食品 落叶果树坚果	285	沙棘	
269	扁桃果仁		286	酸浆	
270	白果		287	柑橘	
271	白果果仁		288	橘	
272	板栗		289	甜橙	
273	板栗果仁		290	酸橙	NY 5014—2005 无公害食品 柑果类果品
274	柿	NY 5241—2004 无公害食品 柿	291	柠檬	
275	草莓	NY 5103—2002 无公害食品 草莓	292	来檬	
276	葡萄		293	柚	
277	桑椹		294	金柑	
278	无花果	NY 5086—2005 无公害食品 落叶浆果类果品	295	香蕉	NY 5021—2001 无公害食品 香蕉
279	树莓		296	火龙果	NY 5182—2005 无公害食品 常绿果树浆果类果品
280	醋栗		297	杨桃	
281	穗醋栗		298	枇杷	
282	石榴		299	西番莲	
283	猕猴桃		300	黄皮	

一、种植业产品

序号	产品名称	产品标准	序号	产品名称	产品标准
301	莲雾		315	海（椰）枣	NY 5024—2005 无公害食品 常绿果树核果类果品
302	蛋黄果	NY 5182—2005 无公害食品 常绿果树浆果类果品	316	仁面	
303	蒲桃		317	毛叶枣	
304	番木瓜		318	菠萝（凤梨、黄梨）	NY 5177—2002 无公害食品 菠萝
305	人心果		319	木菠萝（菠萝蜜、包蜜）	
306	番石榴		320	面包果	NY 5309—2005 无公害食品 聚复果
307	杨梅（树梅）	NY 5024—2005 无公害食品 常绿果树核果类果品	321	番荔枝	
308	油梨		322	刺番荔枝	
309	芒果		323	荔枝	NY 5173—2005 无公害食品 荔枝、龙眼、红毛丹
310	毛叶枣		324	龙眼	
311	橄榄		325	红毛丹	
312	乌榄		326	西瓜	NY 5109—2005 无公害食品 西甜瓜类
313	油橄榄		327	厚皮甜瓜	
314	余甘子		328	薄皮甜瓜	

实施无公害农产品认证的产品目录

一、种植业产品

序号	产品名称	产品标准	序号	产品名称	产品标准
329	哈密瓜	NY 5109—2005 无公害食品　西甜 瓜类	337	苦丁茶	
330	香瓜		338	白茶	NY 5244—2004 无公害食品　茶叶
331	白兰瓜		339	黄茶	
332	饮用菊花	NY 5119—2004 无公害食品　饮用菊花	340	黑茶	
333	窨茶用茉莉花	NY 5122—2002 无公害食品　窨茶 用茉莉花	341	辣椒干	NY 5229—2004 无公害食品　辣椒干
334	绿茶		342	枸杞	NY 5248—2004 无公害食品　枸杞
335	红茶	NY 5244—2004 无公害食品　茶叶	343	果蔗	NY 5308—2005 无公害食品　果蔗
336	青茶		344	甜菜	NY 5300—2005 无公害食品　甜菜

二、畜牧业产品

序号	产品名称	产品标准	序号	产品名称	产品标准
1	羊肉	NY 5147—2002 无公害食品　羊肉	5	牛肉	NY 5044—2001 无公害食品　牛肉
2	肉羊		6	肉牛	
3	兔肉	NY 5129—2002 无公害食品　兔肉	7	驴肉	NY 5271—2004 无公害食品　驴肉
4	肉兔		8	肉驴	

二、畜牧业产品

序号	产品名称	产品标准	序号	产品名称	产品标准
9	猪肝	NY 5146—2002 无公害食品　猪肝	16	鸭肉	
10	猪肉	NY 5029—2001 无公害食品　猪肉	17	鸭副产品（头、颈、爪、珍、心、肝、肠、翅尖、骨架、碎皮、碎肉、血）	
11	生猪		18	活鹅	NY 5034—2005 无公害食品　禽肉 及禽副产品
12	活鸡	NY 5034—2005 无公害食品　禽肉 及禽副产品	19	鹅肉	
13	鸡肉		20	鹅副产品（头、颈、掌、碎肉、肝、肠、翅尖、骨架、碎皮）	
14	鸡副产品（头、颈、爪、珍、心、肝、肠、翅尖、骨架、碎皮、碎肉、血）		21	活火鸡	
15	活鸭		22	火鸡肉	

实施无公害农产品认证的产品目录

二、畜牧业产品

序号	产品名称	产品标准	序号	产品名称	产品标准
23	火鸡副产品（头、颈、爪、内脏、翅尖、骨架、碎皮、碎肉）	NY 5034—2005 无公害食品 禽肉及禽副产品	36	鲜鸭蛋	NY 5039—2005 无公害食品 鲜禽蛋
24	活鸵鸟		37	鲜鹅蛋	
25	鸵鸟肉		38	鲜鸵鸟蛋	
26	活鹌鹑		39	鲜鹌鹑蛋	
27	鹌鹑肉		40	鸽蛋	
28	活鹧鸪		41	皮蛋	NY 5143—2002 无公害食品 皮蛋
29	鹧鸪肉		42	咸鸭蛋	NY 5144—2002 无公害食品 咸鸭蛋
30	活鸽		43	生鲜牛乳	NY 5140—2005 无公害食品 液态乳
31	鸽肉		44	生鲜羊乳	
32	其他饲养特种活禽		45	生鲜马乳	
33	其他饲养特种禽鲜肉		46	巴氏杀菌乳	
34	鲜鸡蛋	NY 5039—2005 无公害食品 鲜禽蛋	47	灭菌乳	
35	鸡胚（活珠子）		48	酸牛奶	NY 5142—2002 无公害食品 酸牛奶

二、畜牧业产品

序号	产品名称	产品标准	序号	产品名称	产品标准
49	新鲜牛肚	NY 5268—2004 无公害食品 毛肚	56	盐渍羊肚	NY 5268—2004 无公害食品 毛肚
50	干牛肚		57	冷冻羊肚	
51	盐渍牛肚		58	胀发羊肚	
52	冷冻牛肚		59	蜂蜜	NY 5134—2002 无公害食品•蜂蜜
53	胀发牛肚		60	蜂王浆	NY 5135—2002 无公害食品 蜂王浆与蜂王浆冻干粉
54	新鲜羊肚		61	蜂胶	NY 5136—2002 无公害食品 蜂胶
55	干羊肚		62	蜂花粉	NY 5137—2002 无公害食品 蜂花粉

三、渔业产品

序号	产品名称	产品标准	序号	产品名称	产品标准
1	鳜	NY 5166—2002 无公害食品 鳜	7	团头鲂	NY 5278—2004 无公害食品 团头鲂
2	其他鳜		8	三角鲂	
3	日本沼虾（青虾）	NY 5158—2005 无公害食品 淡水虾	9	广东鲂	
4	罗氏沼虾		10	长春鲂	
5	克氏螯虾		11	其他鲂	
6	其他淡水虾				

实施无公害农产品认证的产品目录

三、渔业产品

序号	产品名称	产品标准	序号	产品名称	产品标准
12	黄鳝	NY 5168—2002 无公害食品 黄鳝	24	紫菜	
13	虹鳟	NY 5160—2002 无公害食品 虹鳟	25	麒麟菜	NY 5056—2005 无公害食品 海藻
14	乌鳢	NY 5164—2002 无公害食品 乌鳢	26	江蓠	
15	日本鳗鲡	NY 5068—2001 无公害食品 鳗鲡	27	羊栖菜	
16	欧洲鳗鲡		28	菲律宾蛤仔（杂色蛤）	
17	中华鳖	NY 5066—2001 无公害食品 中华鳖	29	文蛤	NY 5288—2004 无公害食品 菲律宾蛤仔
18	皱纹盘鲍	NY 5313—2005 无公害食品 鲍	30	青蛤	
19	杂色鲍（九孔鲍）		31	巴非蛤	
20	耳鲍		32	其他蛤	
21	其他鲍		33	海蜇	NY 5171—2002 无公害食品 海蜇
22	海带	NY 5056—2005 无公害食品 海藻	34	黄斑海蜇	
23	裙带菜				

三、渔业产品

序号	产品名称	产品标准	序号	产品名称	产品标准
35	大黄鱼		48	鲑点石斑鱼	
36	美国红鱼		49	赤点石斑鱼	NY 5312—2005 无公害食品 石斑鱼
37	鮸鱼		50	巨石斑鱼	
38	鮸状黄姑鱼	NY 5060—2005 无公害食品 石首鱼	51	其他石斑鱼	
39	黄姑鱼		52	近江牡蛎	
40	双棘黄姑鱼		53	褶牡蛎	NY 5154—2002 无公害食品 近江牡蛎
41	浅色黄姑鱼		54	太平洋牡蛎	
42	日本黄姑鱼		55	长牡蛎	
43	褐毛鲿		56	其他活牡蛎	
44	其他石首鱼		57	水发水产品	
45	斜带石斑鱼	NY 5312—2005 无公害食品 石斑鱼	58	浸泡解冻品	NY 5172—2002 无公害食品 水发水产品
46	青石斑鱼		59	浸泡鲜品	
47	点带石斑鱼		60	咸鱼	NY 5291—2004 无公害食品 咸鱼

实施无公害农产品认证的产品目录

三、渔业产品

序号	产品名称	产品标准	序号	产品名称	产品标准
61	锯缘青蟹	NY 5276—2004 无公害食品　锯缘青蟹	74	真鲷	NY 5311—2005 无公害食品　鲷
62	三疣梭子蟹	NY 5162—2002 无公害食品　三疣梭子蟹	75	断斑石鲈	
63	中华绒螯蟹（河蟹、毛蟹）	NY 5064—2005 无公害食品　淡水蟹	76	黄鳍鲷	
64	红螯相手蟹		77	胡椒鲷	
65	日本绒螯蟹		78	黑鲷	
66	直额绒螯蟹		79	其他鲷科鱼	
67	其他淡水蟹		80	鲈鱼（花鲈）	NY 5272—2004 无公害食品　鲈鱼
68	平鲷	NY 5311—2005 无公害食品　鲷	81	尖吻鲈	
69	白星笛鲷		82	条纹鲈	
70	紫红笛鲷		83	缢蛏	NY 5314—2005 无公害食品　蛏
71	红鳍笛鲷		84	大竹蛏	
72	花尾胡椒鲷		85	长竹蛏	
73	斜带髭鲷		86	其他海水蛏	

三、渔业产品

序号	产品名称	产品标准	序号	产品名称	产品标准
87	海湾扇贝	NY 5062—2001 无公害食品　海湾扇贝	104	刀额新对虾	NY 5058—2001 无公害食品　对虾
88	栉孔扇贝		105	其他大型虾	
89	华贵栉孔扇贝		106	大菱鲆	NY 5152—2002 无公害食品　大菱鲆
90	虾夷扇贝		107	牙鲆	NY 5274—2004 无公害食品　牙鲆
91	其他扇贝		108	牛蛙	NY 5156—2002 无公害食品　牛蛙
92	贻贝		109	草鱼	NY 5053—2005 无公害食品　普通淡水鱼
93	马氏珠母贝		110	青鱼	
94	大珠母贝		111	鲢	
95	栉江珧（江珧）		112	鳙	
96	其他活扇贝		113	鲮	
97	中国对虾	NY 5058—2001 无公害食品　对虾	114	鲤	
98	长毛对虾		115	鲫	
99	南美白对虾		116	淡水白鲳	
100	日本对虾		117	加洲鲈（大口黑鲈）	
101	斑节对虾		118	长吻	
102	墨吉对虾		119	黄颡鱼	
103	宽沟对虾		120	鲶（鲇）	

实施无公害农产品认证的产品目录

三、渔业产品

序号	产品名称	产品标准	序号	产品名称	产品标准
121	尼罗罗非鱼		126	毛蚶	
122	奥利亚罗非鱼		127	魁蚶	NY 5315—2005 无公害食品 蚶
123	其他尼罗罗非鱼	NY 5053—2005 无公害食品 普通 淡水鱼	128	其他活蚶	
124	其他食用鲤科淡水鱼		129	斑点叉尾鲴	NY 5286—2004 无公害食品 斑点叉尾鲴
125	泥蚶	NY 5315—2005 无公害食品 蚶			

附录二 无公害产地认定农产品认证一体化推进实施意见

为从根本上解决无公害农产品产地认定与产品认证脱节问题，提高产地认定和产品认证工作效率，加快产地认定与产品认证步伐，农业部农产品质量安全中心决定在黑龙江省一体化试点的基础上，进一步扩大试点范围，加快无公害农产品产地认定与产品认证一体化推动进程。现就推进无公害农产品产地认定与产品认证一体化工作提出如下实施意见。

一、总体思路

紧紧围绕全国无公害农产品"全面加快发展，全力打造品牌"中心任务，以提升农产品质量安全水平为目标，以贯彻实施《农产品质量安全法》为契机，以行政推动和依法管理相结合为发展基本方向，在现有制度框架基础上，围绕提高无公害农产品产地认定与产品认证工作质量和效率，在操作层面按照"统一规范、简便快捷"和"循序渐进、稳步推进"的工作原则，用一体化推进的理念和要求，统筹产地认定与产品认证全过程，不断创新工作方式方法，简便工作程序和流程，强化各环节相互衔接，充分发挥体系队伍的管理和技术优势，突出工作重点，做好整体推进工作。力争用2年左右的时间，全面实现无公害农产品产地认定与产品认证工作一体化推进，产地认定与产品认证工作机构一体化运作，产地认定与产品认证与认证后监管同步实施，证书核发与标志使用同步进行的工作目标。

二、推进重点

根据总体思路，按照无公害农产品产地认定与产品认证一体化推进工作流程规范（附件1），一体化推进的重点主要集中在以下5个方面。

（一）将产地认定与产品认证申请书合二为一

将目前产地认定的"县级—地级—省级"和产品认证的"县级—地级—省级—部直分中心—部中心"两个工作流程8个环节整合为"县级—地级—省级—部直分中心—部中心"一个工作流程5个环节。申请人提交一次申请书，即可完成产地认定和产品认证申请。

（二）将产地认定与产品认证申请材料合二为一

将目前产地认定和产品认证需要分别提交的两套申请材料共 20 个附件合并简化为一套申请材料 7 个附件，一套申报材料同时满足产地认定和产品认证两个方面的需要（附件 2）。

（三）将产地认定和产品认证审查工作合并进行

在整个产地认定和产品认证过程中需要技术审查与现场检查的，同步安排，技术审查和现场检查的结果在产地认定与产品认证审批发证时共享。

（四）改单一产品独立申报为多产品合并申报

同一产地、同一申请人可以通过一份申请书和一套附报材料一次完成多个产品认证的同时申报。

（五）放宽申请人资格条件

凡是具有一定组织能力和责任追溯能力的单位和个人，都可以作为无公害农产品产地认定和产品认证申报的主体，包括部分乡镇人民政府及其所属的各种产销联合体、协会等服务农民和拓展农产品市场的服务组织。

三、实施要求

（一）因地制宜拟定实施方案并迅速组织实施

为稳步开展一体化推进工作，农业部农产品质量安全中心在总结黑龙江试点工作的基础上，将在不同区域省份扩大一体化推进工作试点。各省级农产品质量安全工作机构（无公害农产品工作机构）要根据总体思路和一体化推进工作重点，结合本地区、本行业无公害农产品发展实际，对本地区、本行业一体化推进工作作出全面部署和安排。对纳入试点优先实施一体化推进的重点区域、重点产品、重点产业和企业，要从简化、衔接、规范等方面入手，抓紧研究制定切实可行的一体化推进实施方案，并以正式文件形式向农业部农产品质量安全中心提出一体化推进试点申请，报经审查认可后全面组织实施。

（二）努力构建良好的一体化推进政策环境

为确保一体化推进工作顺利开展，各省级农产品质量安全工作机构要在省级农业（农林、农牧、畜牧、兽医、渔业、农垦）主管厅（局、委、办）的领导下，抓住《农产品质量安全法》实施的有利时机，把一体化推进工作纳入本地区、本行业农产品质量安全"十一五"发展规划，多渠道争取财政支持和政策扶持，为一体化推进工作创造有利条件。

（三）进一步强化一体化推进的宣传培训工作

无公害农产品产地认定与产品认证一体化推进，是一项推动农产品质量安全工作深入开展的新探索。要通过广播、电视、报刊等媒体，加大一体化推进的宣传力度，普及相关知识，提高社会认知度。要通过技术、管理培训，培养一批掌握一体化推进要求的业务骨干，提高业务能力和工作效率。农业部农产品质量安全中心将结合一体化推进进展情况，举办专项培训，重点培训各省级工作机构的业务负责人和技术骨干。各省级工作机构也要结合本地实际和工作进展情况，有针对性地做好本地区、本行业地县两级一体化推进的专项培训。

（四）切实加强对一体化推进工作的组织领导

对无公害农产品产地认定与产品认证实施一体化推进，是新阶段做好无公害农产品工作的重要举措，影响面大、政策性强，关系到整个无公害农产品事业的有序、快速、健康发展。各省级农产品质量安全工作机构，要高度重视，切实加强组织领导，把一体化推进工作摆上重要日程，明确工作目标和责任，采取有力措施，实现一体化推进工作在省、地、县层层有人管，事事有人抓，一抓到底，抓出成效。

第四节　无公害农产品标志管理办法

第一条　为加强对无公害农产品标志的管理，保证无公害农产品的质量，维护生产者、经营者和消费者的合法权益，根据《无公害农产品管理办法》，制定本办法。

第二条　无公害农产品标志是加施于获得无公害农产品认证的产品或者其包装上的证明性标记。

本办法所指无公害农产品标志是全国统一的无公害农产品认证标志。

国家鼓励获得无公害农产品认证证书的单位和个人积极使用全国统一的无公害农产品标志。

第三条　农业部和国家认证认可监督管理委员会（以下简称国家认监委）对全国统一的无公害农产品标志实行统一监督管理。

县级以上地方人民政府农业行政主管部门和质量技术监督部门按照职责分工依法负责本行政区域内无公害农产品标志的监督检查工作。

第四条　本办法适用于无公害农产品标志的申请、印制、发放、使用和监督管理。

第五条　无公害农产品标志基本图案、规格和颜色如下：

（一）无公害农产品标志基本图案为：

（二）无公害农产品标志规格分为五种，其规格、尺寸（直径）为：

规格	1号	2号	3号	4号	5号
尺寸（mm）	10	15	20	30	60

（三）无公害农产品标志标准颜色由绿色和橙色组成。

第六条　根据《无公害农产品管理办法》的规定获得无公害农产品认证资格的认证机构（以下简称认证机构），负责无公害农产品标志的申请受理、审核和发放工作。

第七条　凡获得无公害农产品认证证书的单位和个人，均可以向认证机构申请无公害农产品标志。

第八条　认证机构应当向申请使用无公害农产品标志的单位和个人说明无公害农产品标志的管理规定，并指导和监督其正确使用无公害农产品标志。

第九条　认证机构应当按照认证证书标明的产品品种和数量发放无公害农产品标志，认证机构应当建立无公害农产品标志出入库登记制度。无公害农产品标志出入库时，应当清点数量，登记台账；无公害农产品标志出入库台账应当存档，保存时间为 5 年。

第十条　认证机构应当将无公害农产品标志的发放情况每 6 个月报农业部和国家认监委。

第十一条　获得无公害农产品认证证书的单位和个人，可以在证书规定的产品或者其包装上加施无公害农产品标志，用以证明产品符合无公害农产品标准。

印制在包装、标签、广告、说明书上的无公害农产品标志图案，不能作为无公害农产品标志使用。

第十二条　使用无公害农产品标志的单位和个人，应当在无公害农产品认证证书规定的产品范围和有效期内使用，不得超范围和逾期使用，不得买卖和转让。

第十三条　使用无公害农产品标志的单位和个人，应当建立无公害农产品标志的使用管理制度，对无公害农产品标志的使用情况如实记录并存档。

第十四条　无公害农产品标志的印制工作应当由经农业部和国家认监委考核合格的印制单位承担，其他任何单位和个人不得擅自印制。

第十五条　无公害农产品标志的印制单位应当具备以下基本条件：

（一）经工商行政管理部门依法注册登记，具有合法的营业证明；

（二）获得公安、新闻出版等相关管理部门发放的许可证明；

（三）有与其承印的无公害农产品标志业务相适应的技术、设备及仓储保管设施等条件；

（四）具有无公害农产品标志防伪技术和辨伪能力；

（五）有健全的管理制度；

（六）符合国家有关规定的其他条件。

第十六条　无公害农产品标志的印制单位应当按照本办法规定的基本图案、规格和颜色印制无公害农产品标志。

第十七条　无公害农产品标志的印制单位应当建立无公害农产品标志出入库登记制度。无公害农产品标志出入库时，应当清点数量，登记台账；无公害农产品标志出入库台账应当存档，期限为 5 年。

对废、残、次无公害农产品标志应当进行销毁，并予以记录。

第十八条　无公害农产品标志的印制单位，不得向具有无公害农产品认证资格的认证机构以外的任何单位和个人转让无公害农产品标志。

第十九条　伪造、变造、盗用、冒用、买卖和转让无公害农产品标志以及违反本办法规定的，按照国家有关法律法规的规定，予以行政处罚；构成犯罪的，依法追究其刑事责任。

第二十条　从事无公害农产品标志管理的工作人员滥用职权、徇私舞弊、玩忽职守，由所在单位或者所在单位的上级行政主管部门给予行政处分；构成犯罪的，依法追究刑事责任。

第二十一条　对违反本办法规定的，任何单位和个人可以向认证机构投诉，也可以直接向农业部或者国家认监委投诉。

第二十二条 本办法由农业部和国家认监委负责解释。

第二十三条 本办法自公告之日起实施。

第五节 农产品地理标志管理办法

农产品地理标志管理办法

（中华人民共和国农业部第11号令）

第一章 总则

第一条 为规范农产品地理标志的使用，保证地理标志农产品的品质和特色，提升农产品市场竞争力，依据《中华人民共和国农业法》、《中华人民共和国农产品质量安全法》相关规定，制定本办法。

第二条 本办法所称农产品是指来源于农业的初级产品，即在农业活动中获得的植物、动物、微生物及其产品。

本办法所称农产品地理标志，是指标示农产品来源于特定地域，产品品质和相关特征主要取决于自然生态环境和历史人文因素，并以地域名称冠名的特有农产品标志。

第三条 国家对农产品地理标志实行登记制度。经登记的农产品地理标志受法律保护。

第四条 农业部负责全国农产品地理标志的登记工作，农业部农产品质量安全中心负责农产品地理标志登记的审查和专家评审工作。

省级人民政府农业行政主管部门负责本行政区域内农产品地理标志登记申请的受理和初审工作。

农业部设立的农产品地理标志登记专家评审委员会，负责专家评审。农产品地理标志登记专家评审委员会由种植业、畜牧业、渔业和农产品质量安全等方面的专家组成。

第五条 农产品地理标志登记不收取费用。县级以上人民政府农业行政主管部门应当将农产品地理标志管理经费编入本部门年度预算。

第六条 县级以上地方人民政府农业行政主管部门应当将农产品地理标志保护和利用纳入本地区的农业和农村经济发展规划，并在政策、资金等方面予以支持。

国家鼓励社会力量参与推动地理标志农产品发展。

第二章 登记

第七条 申请地理标志登记的农产品，应当符合下列条件：

（一）称谓由地理区域名称和农产品通用名称构成；

（二）产品有独特的品质特性或者特定的生产方式；

（三）产品品质和特色主要取决于独特的自然生态环境和人文历史因素；

（四）产品有限定的生产区域范围；

（五）产地环境、产品质量符合国家强制性技术规范要求。

第八条　农产品地理标志登记申请人为县级以上地方人民政府根据下列条件择优确定的农民专业合作经济组织、行业协会等组织。

（一）具有监督和管理农产品地理标志及其产品的能力；

（二）具有为地理标志农产品生产、加工、营销提供指导服务的能力；

（三）具有独立承担民事责任的能力。

第九条　符合农产品地理标志登记条件的申请人，可以向省级人民政府农业行政主管部门提出登记申请，并提交下列申请材料：

（一）登记申请书；

（二）申请人资质证明；

（三）产品典型特征特性描述和相应产品品质鉴定报告；

（四）产地环境条件、生产技术规范和产品质量安全技术规范；

（五）地域范围确定性文件和生产地域分布图；

（六）产品实物样品或者样品图片；

（七）其他必要的说明性或者证明性材料。

第十条　省级人民政府农业行政主管部门自受理农产品地理标志登记申请之日起，应当在 45 个工作日内完成申请材料的初审和现场核查，并提出初审意见。符合条件的，将申请材料和初审意见报送农业部农产品质量安全中心；不符合条件的，应当在提出初审意见之日起 10 个工作日内将相关意见和建议通知申请人。

第十一条　农业部农产品质量安全中心应当自收到申请材料和初审意见之日起 20 个工作日内，对申请材料进行审查，提出审查意见，并组织专家评审。

专家评审工作由农产品地理标志登记评审委员会承担。农产品地理标志登记专家评审委员会应当独立做出评审结论，并对评审结论负责。

第十二条　经专家评审通过的，由农业部农产品质量安全中心代表农业部对社会公示。

有关单位和个人有异议的，应当自公示截止日起 20 日内向农业部农产品质量安全中心提出。公示无异议的，由农业部做出登记决定并公告，颁发《中华人民共和国农产品地理标志登记证书》，公布登记产品相关技术规范和标准。

专家评审没有通过的，由农业部做出不予登记的决定，书面通知申请人，并说明理由。

第十三条　农产品地理标志登记证书长期有效。

有下列情形之一的，登记证书持有人应当按照规定程序提出变更申请：

（一）登记证书持有人或者法定代表人发生变化的；

（二）地域范围或者相应自然生态环境发生变化的。

第十四条　农产品地理标志实行公共标识与地域产品名称相结合的标注制度。公共标识基本图案见附图。农产品地理标志使用规范由农业部另行制定公布。

第三章　标志使用

第十五条　符合下列条件的单位和个人，可以向登记证书持有人申请使用农产品地理标志：

（一）生产经营的农产品产自登记确定的地域范围；

（二）已取得登记农产品相关的生产经营资质；

（三）能够严格按照规定的质量技术规范组织开展生产经营活动；

（四）具有地理标志农产品市场开发经营能力。

使用农产品地理标志，应当按照生产经营年度与登记证书持有人签订农产品地理标志使用协议，在协议中载明使用的数量、范围及相关的责任义务。

农产品地理标志登记证书持有人不得向农产品地理标志使用人收取使用费。

第十六条 农产品地理标志使用人享有以下权利：

（一）可以在产品及其包装上使用农产品地理标志；

（二）可以使用登记的农产品地理标志进行宣传和参加展览、展示及展销。

第十七条 农产品地理标志使用人应当履行以下义务：

（一）自觉接受登记证书持有人的监督检查；

（二）保证地理标志农产品的品质和信誉；

（三）正确规范地使用农产品地理标志。

第四章 监督管理

第十八条 县级以上人民政府农业行政主管部门应当加强农产品地理标志监督管理工作，定期对登记的地理标志农产品的地域范围、标志使用等进行监督检查。

登记的地理标志农产品或登记证书持有人不符合本办法第七条、第八条规定的，由农业部注销其地理标志登记证书并对外公告。

第十九条 地理标志农产品的生产经营者，应当建立质量控制追溯体系。农产品地理标志登记证书持有人和标志使用人，对地理标志农产品的质量和信誉负责。

第二十条 任何单位和个人不得伪造、冒用农产品地理标志和登记证书。

第二十一条 国家鼓励单位和个人对农产品地理标志进行社会监督。

第二十二条 从事农产品地理标志登记管理和监督检查的工作人员滥用职权、玩忽职守、徇私舞弊的，依法给予处分；涉嫌犯罪的，依法移送司法机关追究刑事责任。

第二十三条 违反本办法规定的，由县级以上人民政府农业行政主管部门依照《中华人民共和国农产品质量安全法》有关规定处罚。

第五章 附则

第二十四条 农业部接受国外农产品地理标志在中华人民共和国的登记并给予保护，具体办法另行规定。

第二十五条 本办法自 2008 年 2 月 1 日起施行。

附图：

公共标识基本图案

第六节 国务院关于加强食品等产品安全监督管理的特别规定

国务院关于加强食品等产品安全监督管理的特别规定

中华人民共和国国务院令

（第503号）

《国务院关于加强食品等产品安全监督管理的特别规定》已经 2007 年 7 月 25 日国务院第 186 次常务会议通过，现予公布，自公布之日起施行。

总理 温家宝

2007 年 7 月 26 日

第一条 为了加强食品等产品安全监督管理，进一步明确生产经营者、监督管理部门和地方人民政府的责任，加强各监督管理部门的协调、配合，保障人体健康和生命安全，制定本规定。

第二条 本规定所称产品除食品外，还包括食用农产品、药品等与人体健康和生命安全有关的产品。

对产品安全监督管理，法律有规定的，适用法律规定；法律没有规定或者规定不明确的，适用本规定。

第三条 生产经营者应当对其生产、销售的产品安全负责，不得生产、销售不符合法定要求的产品。

依照法律、行政法规规定生产、销售产品需要取得许可证照或者需要经过认证的，应当按照法定条件、要求从事生产经营活动。不按照法定条件、要求从事生产经营活动或者生产、销售不符合法定要求产品的，由农业、卫生、质检、商务、工商、药品等监督管理部门依据各自职责，没收违法所得、产品和用于违法生产的工具、设备、原材料等物品，货值金额不足 5 000 元的，并处 5 万元罚款；货值金额 5 000 元以上不足 1 万元的，并处 10 万元罚款；货值金额 1 万元以上的，并处货值金额 10 倍以上 20 倍以下的罚款；造成严重后果的，由原发证部门吊销许可证照；构成非法经营罪或者生产、销售伪劣商品罪等犯罪的，依法追究刑事责任。

生产经营者不再符合法定条件、要求，继续从事生产经营活动的，由原发证部门吊销许可证照，并在当地主要媒体上公告被吊销许可证照的生产经营者名单；构成非法经营罪或者生产、销售伪劣商品罪等犯罪的，依法追究刑事责任。

依法应当取得许可证照而未取得许可证照从事生产经营活动的，由农业、卫生、质检、商务、工商、药品等监督管理部门依据各自职责，没收违法所得、产品和用于违法生产的工具、设备、原材料等物品，货值金额不足 1 万元的，并处 10 万元罚款；货值金额 1 万元以上的，并处货值金额 10 倍以上 20 倍以下的罚款；构成非法经营罪的，依法追究刑事责任。

有关行业协会应当加强行业自律，监督生产经营者的生产经营活动；加强公众健康知识的普及、宣传，引导消费者选择合法生产经营者生产、销售的产品以及有合法标识的产品。

第四条 生产者生产产品所使用的原料、辅料、添加剂、农业投入品，应当符合法律、行政法规的规定和国家强制性标准。

违反前款规定，违法使用原料、辅料、添加剂、农业投入品的，由农业、卫生、质检、商务、药品等监督管理部门依据各自职责没收违法所得，货值金额不足 5 000 元的，并处 2 万元罚款；货值金额 5 000 元以上不足 1 万元的，并处 5 万元罚款；货值金额 1 万元以上的，并处货值金额 5 倍以上 10 倍以下的罚款；造成严重后果的，由原发证部门吊销许可证照；构成生产、销售伪劣商品罪的，依法追究刑事责任。

第五条 销售者必须建立并执行进货检查验收制度，审验供货商的经营资格，验明产品合格证明和产品标识，并建立产品进货台账，如实记录产品名称、规格、数量、供货商及其联系方式、进货时间等内容。从事产品批发业务的销售企业应当建立产品销售台账，如实记录批发的产品品种、规格、数量、流向等内容。在产品集中交易场所销售自制产品的生产企业应当比照从事产品批发业务的销售企业的规定，履行建立产品销售台账的义务。进货台账和销售台账保存期限不得少于 2 年。销售者应当向供货商按照产品生产批次索要符合法定条件的检验机构出具的检验报告或者由供货商签字或者盖章的检验报告复印件；不能提供检验报告或者检验报告复印件的产品，不得销售。

违反前款规定的，由工商、药品监督管理部门依据各自职责责令停止销售；不能提供检验报告或者检验报告复印件销售产品的，没收违法所得和违法销售的产品，并处货值金额 3 倍的罚款；造成严重后果的，由原发证部门吊销许可证照。

第六条 产品集中交易市场的开办企业、产品经营柜台出租企业、产品展销会的举办企业，应当审查入场销售者的经营资格，明确入场销售者的产品安全管理责任，定期对入场销售者的经营环境、条件、内部安全管理制度和经营产品是否符合法定要求进行检查，发现销售不符合法定要求产品或者其他违法行为的，应当及时制止并立即报告所在地工商行政管理部门。

违反前款规定的，由工商行政管理部门处以 1 000 元以上 5 万元以下的罚款；情节严重的，责令停业整顿；造成严重后果的，吊销营业执照。

第七条 出口产品的生产经营者应当保证其出口产品符合进口国（地区）的标准或者合同要求。法律规定产品必须经过检验方可出口的，应当经符合法律规定的机构检验合格。

出口产品检验人员应当依照法律、行政法规规定和有关标准、程序、方法进行检验，对其出具的检验证单等负责。

出入境检验检疫机构和商务、药品等监督管理部门应当建立出口产品的生产经营者良好记录和不良记录，并予以公布。对有良好记录的出口产品的生产经营者，简化检验检疫手续。

出口产品的生产经营者逃避产品检验或者弄虚作假的，由出入境检验检疫机构和药品监督管理部门依据各自职责，没收违法所得和产品，并处货值金额 3 倍的罚款；构成犯罪的，依法追究刑事责任。

第八条　进口产品应当符合我国国家技术规范的强制性要求以及我国与出口国（地区）签订的协议规定的检验要求。

质检、药品监督管理部门依据生产经营者的诚信度和质量管理水平以及进口产品风险评估的结果，对进口产品实施分类管理，并对进口产品的收货人实施备案管理。进口产品的收货人应当如实记录进口产品流向。记录保存期限不得少于2年。

质检、药品监督管理部门发现不符合法定要求产品时，可以将不符合法定要求产品的进货人、报检人、代理人列入不良记录名单。进口产品的进货人、销售者弄虚作假的，由质检、药品监督管理部门依据各自职责，没收违法所得和产品，并处货值金额3倍的罚款；构成犯罪的，依法追究刑事责任。进口产品的报检人、代理人弄虚作假的，取消报检资格，并处货值金额等值的罚款。

第九条　生产企业发现其生产的产品存在安全隐患，可能对人体健康和生命安全造成损害的，应当向社会公布有关信息，通知销售者停止销售，告知消费者停止使用，主动召回产品，并向有关监督管理部门报告；销售者应当立即停止销售该产品。销售者发现其销售的产品存在安全隐患，可能对人体健康和生命安全造成损害的，应当立即停止销售该产品，通知生产企业或者供货商，并向有关监督管理部门报告。

生产企业和销售者不履行前款规定义务的，由农业、卫生、质检、商务、工商、药品等监督管理部门依据各自职责，责令生产企业召回产品、销售者停止销售，对生产企业并处货值金额3倍的罚款，对销售者并处1 000元以上5万元以下的罚款；造成严重后果的，由原发证部门吊销许可证照。

第十条　县级以上地方人民政府应当将产品安全监督管理纳入政府工作考核目标，对本行政区域内的产品安全监督管理负总责，统一领导、协调本行政区域内的监督管理工作，建立健全监督管理协调机制，加强对行政执法的协调、监督；统一领导、指挥产品安全突发事件应对工作，依法组织查处产品安全事故；建立监督管理责任制，对各监督管理部门进行评议、考核。质检、工商和药品等监督管理部门应当在所在地同级人民政府的统一协调下，依法做好产品安全监督管理工作。

县级以上地方人民政府不履行产品安全监督管理的领导、协调职责，本行政区域内一年多次出现产品安全事故、造成严重社会影响的，由监察机关或者任免机关对政府的主要负责人和直接负责的主管人员给予记大过、降级或者撤职的处分。

第十一条　国务院质检、卫生、农业等主管部门在各自职责范围内尽快制定、修改或者起草相关国家标准，加快建立统一管理、协调配套、符合实际、科学合理的产品标准体系。

第十二条　县级以上人民政府及其部门对产品安全实施监督管理，应当按照法定权限和程序履行职责，做到公开、公平、公正。对生产经营者同一违法行为，不得给予2次以上罚款的行政处罚；对涉嫌构成犯罪、依法需要追究刑事责任的，应当依照《行政执法机关移送涉嫌犯罪案件的规定》，向公安机关移送。

农业、卫生、质检、商务、工商、药品等监督管理部门应当依据各自职责对生产经营者进行监督检查，并对其遵守强制性标准、法定要求的情况予以记录，由监督检查人员签字后归档。监督检查记录应当作为其直接负责主管人员定期考核的内容。公众有权查阅监督检查记录。

第十三条 生产经营者有下列情形之一的，农业、卫生、质检、商务、工商、药品等监督管理部门应当依据各自职责采取措施，纠正违法行为，防止或者减少危害发生，并依照本规定予以处罚：

（一）依法应当取得许可证照而未取得许可证照从事生产经营活动的；

（二）取得许可证照或者经过认证后，不按照法定条件、要求从事生产经营活动或者生产、销售不符合法定要求产品的；

（三）生产经营者不再符合法定条件、要求继续从事生产经营活动的；

（四）生产者生产产品不按照法律、行政法规的规定和国家强制性标准使用原料、辅料、添加剂、农业投入品的；

（五）销售者没有建立并执行进货检查验收制度，并建立产品进货台账的；

（六）生产企业和销售者发现其生产、销售的产品存在安全隐患，可能对人体健康和生命安全造成损害，不履行本规定的义务的；

（七）生产经营者违反法律、行政法规和本规定的其他有关规定的。

农业、卫生、质检、商务、工商、药品等监督管理部门不履行前款规定职责、造成后果的，由监察机关或者任免机关对其主要负责人、直接负责的主管人员和其他直接责任人员给予记大过或者降级的处分；造成严重后果的，给予其主要负责人、直接负责的主管人员和其他直接责任人员撤职或者开除的处分；其主要负责人、直接负责的主管人员和其他直接责任人员构成渎职罪的，依法追究刑事责任。

违反本规定，滥用职权或者有其他渎职行为的，由监察机关或者任免机关对其主要负责人、直接负责的主管人员和其他直接责任人员给予记过或者记大过的处分；造成严重后果的，给予其主要负责人、直接负责的主管人员和其他直接责任人员降级或者撤职的处分；其主要负责人、直接负责的主管人员和其他直接责任人员构成渎职罪的，依法追究刑事责任。

第十四条 农业、卫生、质检、商务、工商、药品等监督管理部门发现违反本规定的行为，属于其他监督管理部门职责的，应当立即书面通知并移交有权处理的监督管理部门处理。有权处理的部门应当立即处理，不得推诿；因不立即处理或者推诿造成后果的，由监察机关或者任免机关对其主要负责人、直接负责的主管人员和其他直接责任人员给予记大过或者降级的处分。

第十五条 农业、卫生、质检、商务、工商、药品等监督管理部门履行各自产品安全监督管理职责，有下列职权：

（一）进入生产经营场所实施现场检查；

（二）查阅、复制、查封、扣押有关合同、票据、账簿以及其他有关资料；

（三）查封、扣押不符合法定要求的产品，违法使用的原料、辅料、添加剂、农业投入品以及用于违法生产的工具、设备；

（四）查封存在危害人体健康和生命安全重大隐患的生产经营场所。

第十六条 农业、卫生、质检、商务、工商、药品等监督管理部门应当建立生产经营者违法行为记录制度，对违法行为的情况予以记录并公布；对有多次违法行为记录的生产经营者，吊销许可证照。

第十七条 检验检测机构出具虚假检验报告，造成严重后果的，由授予其资质的部门吊销其检验检测资质；构成犯罪的，对直接负责的主管人员和其他直接责任人员依法追究刑事责任。

　　第十八条　发生产品安全事故或者其他对社会造成严重影响的产品安全事件时，农业、卫生、质检、商务、工商、药品等监督管理部门必须在各自职责范围内及时作出反应，采取措施，控制事态发展，减少损失，依照国务院规定发布信息，做好有关善后工作。

　　第十九条　任何组织或者个人对违反本规定的行为有权举报。接到举报的部门应当为举报人保密。举报经调查属实的，受理举报的部门应当给予举报人奖励。

　　农业、卫生、质检、商务、工商、药品等监督管理部门应当公布本单位的电子邮件地址或者举报电话；对接到的举报，应当及时、完整地进行记录并妥善保存。举报的事项属于本部门职责的，应当受理，并依法进行核实、处理、答复；不属于本部门职责的，应当转交有权处理的部门，并告知举报人。

　　第二十条　本规定自公布之日起施行。

第七节　农产品质量安全相关的农业部公告

中华人民共和国农业部公告第193号

　　为保证动物源性食品安全，维护人民身体健康，根据《兽药管理条例》的规定，我部制定了《食品动物禁用的兽药及其他化合物清单》（以下简称《禁用清单》），现公告如下。

　　一、《禁用清单》序号1至18所列品种的原料药及其单方、复方制剂产品停止生产，已在兽药国家标准、农业部专业标准及兽药地方标准中收载的品种，废止其质量标准，撤销其产品批准文号；已在我国注册登记的进口兽药，废止其进口兽药质量标准，注销其《进口兽药登记许可证》。

　　二、截止2002年5月15日，《禁用清单》序号1至18所列品种的原料药及其单方、复方制剂产品停止经营和使用。

　　三、《禁用清单》序号19至21所列品种的原料药及其单方、复方制剂产品不准以抗应激、提高饲料报酬、促进动物生长为目的在食品动物饲养过程中使用。

　　食品动物禁用的兽药及其他化合物清单序号兽药及其他化合物名称 禁止用途 禁用动物

　　1. 兴奋剂类：克仑特罗 Clenbuterol、沙丁胺醇 Salbutamol、西马特罗 Cimaterol 及其盐、酯及制剂 所有用途 所有食品动物

　　2. 性激素类：己烯雌酚 Diethylstilbestrol 及其盐、酯及制剂 所有用途 所有食品动物

　　3. 具有雌激素样作用的物质：玉米赤霉醇 Zeranol、去甲雄三烯醇酮 Trenbolone、醋酸甲孕酮 Mengestrol Acetate 及制剂 所有用途 所有食品动物

　　4. 氯霉素 Chloramphenicol、及其盐、酯（包括：琥珀氯霉素 Chloramphenicol Succinate）及制剂 所有用途 所有食品动物

　　5. 氨苯砜 Dapsone 及制剂 所有用途 所有食品动物

6. 硝基呋喃类：呋喃唑酮 Furazolidone、呋喃它酮 Furaltadone、呋喃苯烯酸钠 Nifurstyrenate sodium 及制剂 所有用途 所有食品动物

7. 硝基化合物：硝基酚钠 Sodium nitrophenolate、硝呋烯腙 Nitrovin 及制剂 所有用途 所有食品动物

8. 催眠、镇静类：安眠酮 Methaqualone 及制剂 所有用途 所有食品动物

9. 林丹（丙体六六六）Lindane 杀虫剂 所有食品动物

10. 毒杀芬（氯化烯）Camahechlor 杀虫剂、清塘剂 所有食品动物

11. 呋喃丹（克百威）Carbofuran 杀虫剂 所有食品动物

12. 杀虫脒（克死螨）Chlordimeform 杀虫剂 所有食品动物

13. 双甲脒 Amitraz 杀虫剂 水生食品动物

14. 酒石酸锑钾 Antimony potassium tartrate 杀虫剂 所有食品动物

15. 锥虫胂胺 Tryparsamide 杀虫剂 所有食品动物

16. 孔雀石绿 Malachite green 抗菌、杀虫剂 所有食品动物

17. 五氯酚酸钠 Pentachlorophenol sodium 杀螺剂 所有食品动物

18. 各种汞制剂包括：氯化亚汞（甘汞）Calomel、硝酸亚汞 Mercurous nitrate、醋酸汞 Mercurous acetate、吡啶基醋酸汞 Pyridyl mercurous acetate 杀虫剂 所有食品动物

19. 性激素类：甲基睾丸酮 Methyltestosterone、丙酸睾酮 Testosterone Propionate 苯丙酸诺龙 Nandrolone Phenylpropionate、苯甲酸雌二醇 Estradiol Benzoate 及其盐、酯及制剂 促生长 所有食品动物

20. 催眠、镇静类：氯丙嗪 Chlorpromazine、地西泮（安定）Diazepam 及其盐、酯及制剂 促生长 所有食品动物

21. 硝基咪唑类：甲硝唑 Metronidazole、地美硝唑 Dimetronidazole 及其盐、酯及制剂 促生长 所有食品动物

注：食品动物是指各种供人食用或其产品供人食用的动物

二○○二年四月

中华人民共和国农业部公告第194号

（2002 年 4 月 22 日）

为了促进无公害农产品生产的发展，保证农产品质量安全，增强我国农产品的国际市场竞争力，经全国农药登记评审委员会审议，我部决定，在 2000 年对甲胺磷等 5 种高毒有机磷农药加强登记管理的基础上，再停止受理一批高毒、剧毒农药的登记申请，撤销一批高毒农药在一些作物上的登记，现将有关事项公告如下。

一、停止受理甲拌磷等 11 种高毒、剧毒农药新增登记

自公告之日起，停止受理甲拌磷（phorate）、氧乐果（omethoate）、水胺硫磷（isocarbophos）、特丁硫磷（terbufos）、甲基硫环磷（phosfolan-methyl）、治螟磷（sulfotep）、甲基异柳磷（isofenphos-methyl）、内吸磷（demeton）、涕灭威（aldicarb）、克百威（carbofuran)、灭多威（methomyl）等 11 种高毒、剧毒农药（包括混剂）产品的新增临时登记申请；已受理的产品，其申请者在 3 个月内，未补齐有关资料的，则停止批准登记。通过缓释技术等生产的低毒化剂型，或用于种衣剂、杀线虫剂的，经农业部农药临时登记评审委员会专题审查通过，可以受理其临时登记申请。对已经批准登记的农药（包括混剂）产品，我部将商有关部门，根据农业生产实际和可持续发展的要求，分批分阶段限制其使用作物。

二、停止批准高毒、剧毒农药分装登记

自公告之日起，停止批准含有高毒、剧毒农药产品的分装登记。对已批准分装登记的产品，其农药临时登记证到期不再办理续展登记。

三、撤销部分高毒农药在部分作物上的登记

自 2002 年 6 月 1 日起，撤销下列高毒农药（包括混剂）在部分作物上的登记：氧乐果在甘蓝上，甲基异柳磷在果树上，涕灭威在苹果树上，克百威在柑橘树上，甲拌磷在柑橘树上，特丁硫磷在甘蔗上。

所有涉及以上撤销登记产品的农药生产企业，须在本公告发布之日起 3 个月之内，将撤销登记产品的农药登记证（或农药临时登记证）交回农业部农药检定所；如果撤销登记产品还取得了在其他作物上的登记，应携带新设计的标签和农药登记证（或农药临时登记证），向农业部农药检定所更换新的农药登记证（或农药临时登记证）。

各省、自治区、直辖市农业行政主管部门和所属的农药检定机构要将农药登记管理的有关事项尽快通知到辖区内农药生产企业，并将执行过程中的情况和问题，及时报送我部种植业管理司和农药检定所。

中华人民共和国农业部第 199 号公告

（2002 年 5 月 24 日）

为从源头上解决农产品尤其是蔬菜、水果、茶叶的农药残留超标问题，我部在对甲胺磷等 5 种高毒有机磷农药加强登记管理的基础上，又停止受理一批高毒、剧毒农药的登记申请，撤销一批高毒农药在一些作物上的登记。现公布国家明令禁止使用的农药和不得在蔬菜、果树、茶叶、中草药材上使用的高毒农药品种清单。

一、国家明令禁止使用的农药

六六六，滴滴涕，毒杀芬，二溴氯丙烷，杀虫脒，二溴乙烷，除草醚，艾氏剂，狄氏剂，汞制剂，砷、铅类，敌枯双，氟乙酰胺，甘氟，毒鼠强，氟乙酸钠，毒鼠硅。

二、在蔬菜、果树、茶叶、中草药材上不得使用和限制使用的农药甲胺磷，甲基对硫磷，对硫磷，久效磷，磷胺，甲拌磷，甲基异柳磷，特丁硫磷，甲基硫环磷，治螟磷，内吸磷，克百威，涕灭威，灭线磷，硫环磷，蝇毒磷，地虫硫磷，氯唑磷，苯线磷 19 种高毒农药不得用于蔬菜、果树、茶叶、中草药材上。三氯杀螨醇、氰戊菊酯不得用于茶树上。任何农药产品都不得超出农药登记批准的使用范围使用。

    各级农业部门要加大对高毒农药的监管力度,按照《农药管理条例》的有关规定,对违法生产、经营国家明令禁止使用的农药的行为,以及违法在果树、蔬菜、茶叶、中草药材上使用不得使用或限用农药的行为,予以严厉打击。要引导农药生产者、经营者和使用者生产、推广和使用安全、高效、经济的农药,促进无公害农产品生产发展。